Einführung in die Quantenphysik

Peter Rennert · Angelika Chassé ·
Wolfram Hergert

Einführung in die Quantenphysik

Experimentelle und theoretische Grundlagen mit Aufgaben, Lösungen und Mathematica-Notebooks

Springer Spektrum

Peter Rennert
Dresden, Deutschland

Wolfram Hergert
Angelika Chassé
Institut für Physik
Martin-Luther-Universität Halle-Wittenberg
Halle, Deutschland

ISBN 978-3-658-00769-0
DOI 10.1007/978-3-658-00770-6
ISBN 978-3-658-00770-6 (eBook)

Die Deutsche Nationalbibliothek verzeichnet diese Publikation in der Deutschen Nationalbibliografie; detaillierte bibliografische Daten sind im Internet über http://dnb.d-nb.de abrufbar.

Springer Spektrum

Gedruckt auf säurefreiem und chlorfrei gebleichtem Papier.

Springer Spektrum ist eine Marke von Springer DE. Springer DE ist Teil der Fachverlagsgruppe Springer Science+Business Media
www.springer-spektrum.de

Vorwort

Die Ergebnisse und Vorstellungen der Quantenphysik sind heute fester Bestandteil nicht nur der Physik, sondern aller Naturwissenschaften. Untersuchungsmethoden wie Elektronenmikroskopie und Rastertunnelmikroskopie, die Informationen über Festkörper mit atomarer Auflösung liefern, sind ohne Quantenphysik nicht denkbar. Quanteneffekte wie der Riesenmagnetowiderstand (Nobelpreis Grünberg und Fert 2007) oder das neue Gebiet der Spintronik revolutionieren die Informationstechnologien, werden zur Definition des Masseinheitensystems verwandt und sind grundlegend für die weitere Entwicklung der Photovoltaik als Grundlage der alternativen Energiegewinnung.

Alle Betrachtungen, die von den elementaren Bausteinen der Natur ausgehen oder die interessierenden Größen auf elementare Prozesse zurückzuführen versuchen, stützen sich somit mehr oder weniger stark auf die Quantenphysik, weil eben die Gleichungen der Quantenmechanik die Bewegungsgleichungen dieser Bausteine darstellen.

Es ist deshalb günstig, wenn Physikstudenten, oder Studenten anderer Fachrichtungen, die Physik als Nebenfach, oder Physik im Rahmen eines Lehramtsstudiums belegen, die Grundbegriffe und Grundgedanken der Quantenphysik in einem möglichst frühen Stadium ihres Studiums kennenlernen. Auch Sachverhalte, die in anderen Vorlesungen behandelt werden, werden dadurch leichter verständlich, und lassen sich besser in ein physikalisches Gesamtbild der Erscheinungen einordnen.

Auf Grund des breiten Raums, den die Quantenphysik heute bei der Diskussion naturwissenschaftlicher Phänomene einnimmt soll auch interessierten Laien oder Abiturienten, die über eine entsprechende mathematische Vorbildung verfügen, ein hilfreiches Buch an die Hand gegeben werden. Gerade für diesen Leserkreis sind Lehrbücher der Quantentheorie auf Grund des vorausgesetzten mathematischen Wissens und des oft geringen Bezugs zu Experimenten und der historischen Entwicklung des Gebietes wenig hilfreich.

Es ist dabei vorteilhaft, die theoretische Beschreibung gleich über die Schrödingergleichung und deren Lösungen kennen zu lernen. Einige Probleme lassen sich zwar mit halbklassischen Modellen lösen. Die Unterschiede zwischen der klassischen und Quantenmechanik werden dabei aber verwischt; damit wird das Verständnis der Quantenmechanik letzten Endes erschwert.

Das Buch beinhaltet die experimentellen und theoretischen Grundlagen der Quantenphysik. Dabei wird nur das Einteilchenproblem behandelt. Die bei Mehrteilchensystemen auftretenden Besonderheiten, wie Ununterscheidbarkeit, Pauliprinzip, werden nicht besprochen. Die mit einem Stern versehenen Abschnitte können beim ersten Lesen übergangen werden. Sie enthalten einerseits Beispiele dafür, dass grundlegende Experimente, die einst die quantenmechanischen Vorstellungen entwickeln halfen, auch in der modernen Forschung - mit teilweise anderer Zielstellung - ihren Platz haben. Andererseits runden einige Abschnitte die Darlegungen der Theorie ab; sie brauchen aber nicht durchgearbeitet zu werden, um die Hauptaussagen der behandelten Probleme zu verstehen. In diesen Abschnitten begegnet der Leser auch öfters Begriffen und Bezeichnungen, deren Erläuterung hier zu weit führen würde.

Alle Gedankengänge und insbesondere die Rechnungen wurden ausführlich dargestellt, viele Schritte der Zwischenrechnung werden angegeben. Diese Darstellung trägt der Tatsache Rechnung, dass die Quantenphysik - die neuartigen physikalischen Vorstellungen wie auch die geforderte Mathematik - für die Studenten und insbesondere für andere Interessierte ein schwieriges Gebiet sind. Die Studenten haben im Allgemeinen die klassische Mechanik noch nicht richtig verarbeitet, das Studium der klassischen Physik steht im Vordergrund, und die mathematischen Hilfsmittel sind nicht gefestigt. Um ein selbständiges intensives Arbeiten mit dem Buch zu erleichtern, wurde eine Reihe von Übungsaufgaben eingefügt. Die Übungsaufgaben haben dabei unterschiedlichen Schwierigkeitsgrad. Weiterhin wird im Text auf Notebooks für das Computeralgebrasystem *Mathematica* hingewiesen, die durch grafische Darstellungen oder eine weiterführende Analyse bestimmter Probleme das Verständnis der Quantenphysik erleichtern sollen.

Notebooks und die Lösungen zu den Übungen sind unter folgendem Link *http://www.springer.com/978-3-658-00769-0* zu finden.

Für die Überlassung neueren experimentellen Materials danken wir Prof. Dr. W. Widdra (LEED-Bilder, STM-Bilder) sowie Privatdozent Dr. H.S. Leipner und Herrn F. Syrowatka (Mikrosondenergebnisse). Unser Dank gilt ebenso der Arbeitsgruppe von Herrn Prof. Dr. O. Brümmer(†) [1].

Herrn Sebastian Schenk danken wir für ein sorgfältiges Korrekturlesen. Herrn Paul Zech und Frau Zech danken wir für die Hilfe bei den Abbildungen.

Halle, Oktober 2012 P. Rennert, A. Chassé, W. Hergert

Inhaltsverzeichnis

Kapitel 1
Experimentelle und theoretische Grundlagen der Quantenphysik

1.1 Das Teilchenbild

Zusammenfassung: Ein System von Teilchen wird durch eine Hamiltonfunktion $H(p_i, q_i)$ beschrieben, die bei konservativen Kräften die Energie des Systems darstellt. Der Zustand eines freien Teilchens ist durch seinen Impuls bestimmt. Seine Energie ist $E = H(\mathbf{p}) = c\sqrt{(mc)^2 + \mathbf{p}^2} \approx mc^2 + \mathbf{p}^2/2m$ im relativistischen bzw. nichtrelativistischen Bereich. Die Auswertung des Photoeffektes und des Comptoneffektes zeigt, dass das Licht aus Teilchen, den Photonen, besteht, die der gleichen Energie-Impuls-Beziehung genügen. Energie und Impuls des Photons sind über $E = \hbar\omega$ bzw. $\mathbf{p} = \hbar\mathbf{k}$ mit den Welleneigenschaften Kreisfrequenz ω und Wellenvektor $\mathbf{k}$ verknüpft. Das Plancksche Wirkungsquantum h bestimmt sich zu $\hbar = h/(2\pi) = 1{,}0546 \cdot 10^{-34}$ Ws^2.

1.1.1 Grundgleichungen der Punktmechanik

Der Bewegungsablauf eines Systems von Punktmassen mit insgesamt f *Freiheitsgraden* wird durch die Angabe von f Funktionen der Zeit $q_1(t), \ldots, q_f(t), [q_i(t)]$, beschrieben, wobei die q_i so gewählt wurden, dass sie die Lage aller Massen eindeutig festlegen. Die möglichen Lösungen $q_i(t)$ werden durch die Eigenschaften des zu untersuchenden Systems bestimmt, insbesondere durch die auf die Teilchen wirkenden Kräfte. Alle diese Eigenschaften können in einer einzigen Funktion, der Hamiltonfunktion, zusammengefasst werden; kennt man die Hamiltonfunktion, dann können alle im System möglichen Bewegungsabläufe berechnet werden. Bei gegebenen Anfangswerten kann man die spezielle Bahnkurve erhalten.

Die *Hamiltonfunktion* $H(p_i, q_i, t)$ ist eine Funktion von $2f + 1$ Variablen, den Koordinaten q_i, den kanonisch konjugierten Impulsen p_i und der Zeit t. Die Bewegungsgleichungen sind *die kanonischen Gleichungen*

$$\dot{p}_i = -\frac{\partial H}{\partial q_i}, \quad \dot{q}_i = \frac{\partial H}{\partial p_i}, \quad H = H(p_i, q_i, t)\,, \tag{1.1}$$

in die nur die Hamiltonfunktion eingeht.

Wir interessieren uns speziell für die Bewegung einer Masse im Raum. Dabei sollen die auf das Teilchen wirkenden Kräfte $\mathbf{F}(\mathbf{r}) = -\nabla V(\mathbf{r})$ als Gradient eines Potentials $V(\mathbf{r})$ darstellbar sein. Als Koordinaten können wir die kartesischen Koordinaten x, y, z wählen, wir können aber auch an die Angabe von zwei Winkeln und einem Abstand in Kugelkoordinaten denken. Die Hamiltonfunktion

$$H(\mathbf{p}, \mathbf{r}) = \frac{\mathbf{p}^2}{2m} + V(\mathbf{r}) = E \tag{1.2}$$

hat hier die Bedeutung der Energie des Teilchens und setzt sich aus *kinetischer* und *potentieller Energie* zusammen.

Auch ohne die Bewegungsgleichung zu lösen, kann man oft weitgehende Aussagen über den Bewegungsablauf machen. *Invarianz-* bzw. *Symmetrieeigenschaften* der Hamiltonfunktion spiegeln sich in der Existenz bestimmter *Erhaltungsgrößen* wider. So folgt aus der Invarianz der Hamiltonfunktion gegenüber einer Translation der Zeit (das ist der Fall, wenn H die Zeit nicht explizit enthält), dass die Energie eine Erhaltungsgröße ist. Weitere Erhaltungsgrößen sind in Tab. 1.1 zusammengestellt. Für ein abgeschlossenes System sind wegen der Homogenität der Zeit und der Homogenität und Isotropie des Raumes damit Energie, Impuls und Drehimpuls stets Erhaltungsgrößen.

Tabelle 1.1 Zusammenstellung der Erhaltungsgrößen, die aus bestimmten Invarianzeigenschaften der Lagrange- oder Hamiltonfunktion folgen

Invarianz gegen	Transformation	Erhaltungsgröße
Translation der Zeit	$t \to t + \delta t$	Energie
Translation des Raumes	$\mathbf{r} \to \mathbf{r} + \delta\mathbf{r}$	Impuls
Drehung des Raumes	$\mathbf{r} \to \mathbf{r} + \delta\boldsymbol{\varphi} \times \mathbf{r}$	Drehimpuls
Galilei-Transformation	$\mathbf{r} \to \mathbf{r} + t\delta\mathbf{v}$	Anfangsschwerpunkt

Für den Fall freier Teilchen $V(\mathbf{r}) = \text{konst.} = 0$ soll der Zusammenhang zwischen Energie und Impuls auch für den relativistischen Fall ins Gedächtnis gerufen werden:

$$H(\mathbf{p}, \mathbf{r}) = E = c\sqrt{(mc)^2 + \mathbf{p}^2} = mc^2 + \frac{\mathbf{p}^2}{2m} + \ldots\,. \tag{1.3}$$

In der Entwicklung für kleine Geschwindigkeiten tritt neben der kinetischen Energie die Ruhenergie mc^2 auf. Sie kann in der nichtrelativistischen Form (1.2) weggelassen werden, wenn keine Erzeugung oder Vernichtung von Teilchen betrachtet wird, da die Energie E nur bis auf eine additive Konstante bestimmt ist.

1.1.2 Der Photoeffekt

Wir wollen nun auf ein Gebiet zu sprechen kommen, das in der klassischen Mechanik im allgemeinen nicht auftritt, wenn man die Teilchenbewegungen untersucht. Während dort von Pendelgewichten, Geschossen und Planeten die Rede ist, sollen hier die Teilchen des elektromagnetischen Feldes, die Photonen, betrachtet werden.

Die *Photoemission* kann als experimenteller Nachweis für die Existenz der Photonen angesehen werden. Nach der Einführung von Energiequanten durch *Planck* (1900) [2, 3] war der Photoeffekt eines der Beispiele, an denen *Einstein* (1905) [4] die Fruchtbarkeit dieser Hypothese zeigte. Die von *Lenard* (1899, 1902) [5, 6, 7] experimentell gefundene Photoelektronenverteilung wurde erklärt.

Fällt ein Lichtstrom auf ein Metall, dann können aus diesem Metall Elektronen herausgeschlagen werden. Die Verteilung der kinetischen Energie in diesem Elektronenstrom wird gemessen, indem man die Elektronen gegen ein Potential U anlaufen lässt (siehe Abb. 1.1). Der jeweilige Wert des Stromes I charakterisiert die Zahl der Elektronen, deren kinetische Energie $E_{\text{kin}} \geq eU$ groß genug ist, um die Gegenspannung U zu überwinden.

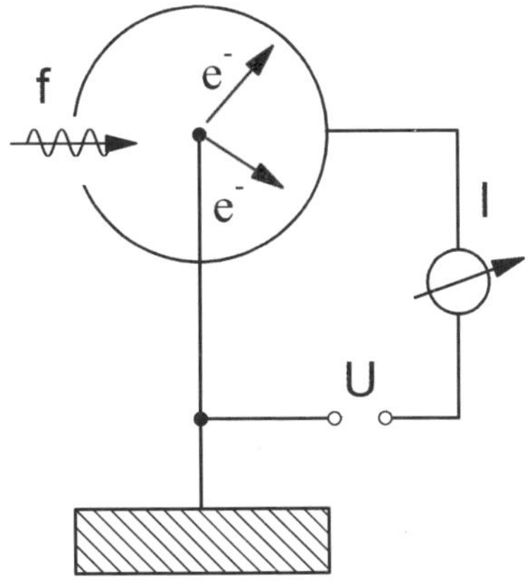

Abb. 1.1 Messung des Photoelektronenstromes in Abhängigkeit von der Gegenspannung U.

Welches Ergebnis wäre, vom Standpunkt der Elektrodynamik und der Mechanik aus gesehen, zu erwarten? 1. Die Energiedichte der elektromagnetischen Welle ist dem Quadrat der Feldstärke proportional. Bei Erhöhung der Feldstärke, also der Intensität, wird man mit einer Erhöhung der Zahl der Photoelektronen rechnen. 2. Da die Kraft auf ein Elektron im elektromagnetischen Feld proportional zur Feldstärke ist, wird man bei Erhöhung der Feldstärke weiterhin erwarten, dass die Energie der emittierten Elektronen anwächst.

Das experimentelle Ergebnis ist in Abb. 1.2 dargestellt. Dabei werden die experimentellen Bedingungen zunächst dadurch genauer fixiert, dass der Lichtstrom durch einen Filter monochromatisiert wird. Nehmen wir an, man misst die Kurve

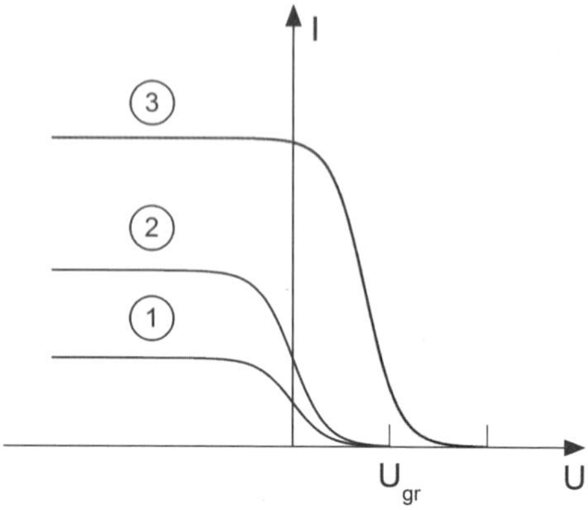

Abb. 1.2 Schematische Darstellung der Ergebnisse bei der Messung des Photoelektronenstromes bei der Bestrahlung mit monochromatischem Licht. Bei der Messung 2 wurde die Intensität, bei der Messung 3 die Frequenz gegenüber der Messung 1 erhöht.

1 der Abb. 1.2. Jetzt erhöhen wir die Intensität des Lichtstromes. Das führt zu der Messkurve 2. Nun tauschen wir das Filter aus, so dass die Wellenlänge des auftreffenden Lichtes kürzer als im Fall 1 und 2 ist, bzw. die Frequenz höher liegt. Dann erhalten wir Messkurve 3.

Der Vergleich der Kurven 1 und 2 bestätigt die Erwartung (1.), *mit zunehmender Intensität erhöht sich die Photoelektronenausbeute*. Dagegen ändert sich U_{gr} nicht. U_{gr} charakterisiert aber die maximale kinetische Energie, dic ein Photoelektron besitzt. Wir machen uns das anhand von Abb. 1.3 klar. Die Energie ΔE, die ein Elektron aufnimmt, dient zunächst dazu, das Elektron aus dem Metall herauszulösen. Das erfordert eine Energiezufuhr vom Betrag der *Bindungsenergie* E_B und der *Austrittsarbeit* Φ. Die Austrittsarbeit ist dabei die Energie, die man einem Elektron im energetisch höchstliegenden besetzten Zustand des Leitungsbandes - man sagt, im Zustand mit der *Fermienergie* E_F - zuführen muss, um es gerade, d. h. mit verschwindender kinetischer Energie, aus dem Metall herauslösen zu können. Die Bindungsenergie gibt an, wie weit das Elektron unter dem Ferminiveau E_F liegt. Zieht man von der dem Elektron zugeführten Energie Bindungsenergie und Austrittsarbeit ab, dann erhält man die Energie, die das Photoelektron als kinetische Energie mitführt. Maximale kinetische Energie haben diejenigen Elektronen, die

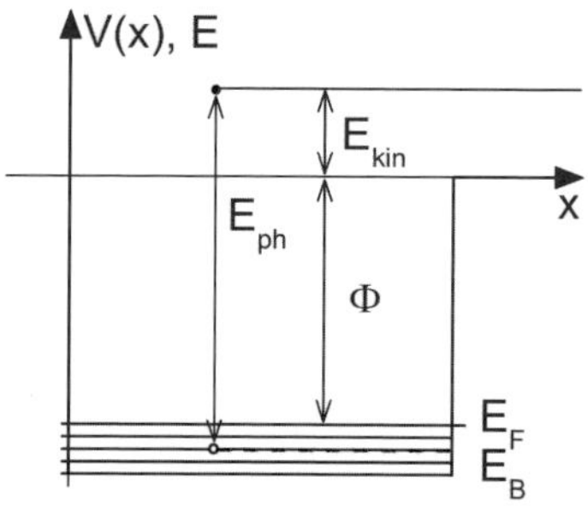

Abb. 1.3 Energiebilanz bei der Photoelektronenemission.

vor der Energiezufuhr im Ferminiveau E_F saßen (und beim Austritt keinen Energieverlust durch irgendwelche Stöße erlitten). Die Konstanz von U_{gr} beim Erhöhen der Intensität (Kurven 1 bzw. 2 der Abb. 1.2) zeigt also, dass der einem Elektron zugeführte Energiebetrag ΔE nicht von der Intensität abhängt. Die Erwartung (2.) ist also falsch. U_{gr} erhöht sich nur, wenn die Frequenz des einfallenden Lichtes größer gewählt wird, wie Kurve 3 zeigt.

Die über die Mechanik und Elektrodynamik hinausgehende Erklärung, die die Messkurven aus Abb. 1.2 verständlich macht, gab *Einstein* 1905 mit der Photonenhypothese. Er nahm *Planck* (s. Abschn. 1.3.3.) folgend an, dass das elektromagnetische Feld aus Teilchen, den Lichtquanten oder *Photonen*, besteht, deren Energie durch die Frequenz f des Lichtes $E_{ph} = hf = \hbar\omega$ bestimmt ist.

Mit dieser Hypothese lässt sich der Kurvenverlauf von Abb. 1.2 leicht erklären. In den Fällen 1 und 2 ist die Energie der Photonen wegen $f_1 = f_2$ gleich groß. Im Fall 2 trifft nur eine größere Zahl von Photonen auf. *Bei der Absorption nimmt das Elektron die Energie eines Photons auf.* Damit wird die Energie des Elektrons und somit auch die maximale kinetische Energie der austretenden Elektronen unabhängig von der Intensität des Lichtes. Ein erhöhter Photonenstrom führt nur zu einer größeren Zahl von Anregungen, also zu einem stärkeren Strom I. Erhöht man jedoch die Frequenz des Lichtes, dann besitzt jedes einzelne Photon eine höhere Energie. Somit nimmt das Elektron bei der Absorption des Photons eine größere Energie auf, was sich im Anwachsen der kinetischen Energie der austretenden Elektronen bemerkbar macht, also in der Erhöhung von U_{gr}. Damit ist zunächst der experimentelle Befund beim Photoeffekt erklärt. Ist die Photonenhypothese richtig, dann muss aber auch der in der Einsteinbeziehung zwischen Frequenz und Photonenenergie

$$E_{ph} = hf = \hbar\omega, \quad \hbar = \frac{h}{2\pi} \tag{1.4}$$

auftretende Proportionalitätsfaktor h, das *Plancksche Wirkungsquantum*, experimentell bestimmbar sein. Dazu schreiben wir uns die Energiebilanz auf:

$$hf = E_{kin} + \Phi + |E_B| \,. \tag{1.5}$$

Die Elektronen mit maximaler kinetischer Energie $E_{kin} = eU_{gr}$ kamen vom Ferminiveau mit $E_B = 0$. Daher gilt

$$hf = eU_{gr} + \Phi \,. \tag{1.6}$$

Damit die Elektronen überhaupt aus dem Metall heraustreten können, muss die Frequenz so hoch liegen, dass $E_{ph} > \Phi$ gilt. In Tab. 1.2 sind für einige Metalle die Austrittsarbeiten angegeben. Auch wurden die Wellenlängen notiert, die der Beziehung $hf = \Phi$ entsprechen. Bei einigen Metallen kann also schon sichtbares Licht Photoelektronen auslösen, andere muss man mit ultraviolettem Licht bestrahlen.
Zur Bestimmung von h kann man die Messung der Austrittsarbeit umgehen, indem man die Grenzspannung U_{gr} an demselben Metall für verschiedene Wellenlängen des Lichtes erfasst. Trägt man die so gemessenen Werte über f oder $1/\lambda$ auf, dann

Tabelle 1.2 Effektive Austrittsarbeit (nach Schulze, G.E.R.: Metallphysik, 2. Aufl. Berlin: Akademie-Verlag 1974)

Metall	Φ/eV	λ/μm	Metall	Φ/eV	λ/μm
Ag	4,08	0,303	Pt	5,32	0,232
Au	4,42	0,280	Rh	4,58	0,270
Ca	3,20	0,390	Ta	4,19	0,295
Cr	4,60	0,269	W	4,52	0,274
Cs	1,81	0,683	Ba auf W	1,56	0,793
Fe	4,72	0,262	Cs auf W	1,36	0,911
Mo	4,30	0,290	Th auf W	2,60	0,480
Ni	4,61	0,268	LaB_6	2,66	0,465

muss sich eine Gerade ergeben (siehe Abb. 1.4), deren Steigung nach (1.6) durch h bestimmt ist. Vergleicht man Messungen an verschiedenen Metallen, dann muss man parallele Geraden finden, da sich in (1.6) nur Φ ändert.

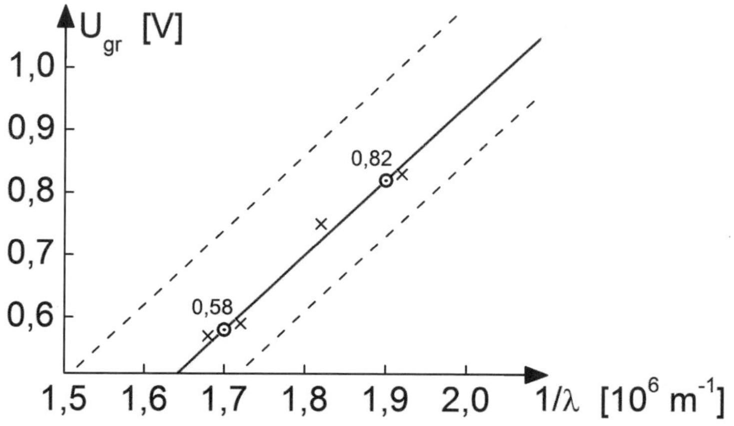

Abb. 1.4 Abhängigkeit der Grenzspannung U_{gr} von der Wellenlänge des auffallenden Lichtes (nach einem Praktikumsversuch). Die gestrichelten Linien deuten Ergebnisse für andere Metalle (mit anderer Austrittsarbeit) an. Aus der durch die Messpunkte gelegten Geraden folgt

$$h = \frac{e}{c}\frac{dU_{gr}}{d(1/\lambda)} = \frac{1,6\cdot 10^{-19}\cdot 0,24}{3\cdot 10^{8}\cdot 0,2\cdot 10^{6}}\,\mathrm{Ws}^2 = 6,4\cdot 10^{-34}\,\mathrm{Ws}^2\,.$$

Auf diese Weise kann man schon im Praktikumsversuch einen *Wert des Planckschen Wirkungsquantums*

$$\hbar = \frac{h}{2\pi} = 1,0546\cdot 10^{-34}\,\mathrm{Ws}^2, \quad h = 6,626\cdot 10^{-34}\,\mathrm{Ws}^2 \tag{1.7}$$

bestimmen.

1.1.3 Photoelektronenspektroskopie*

Der Photoeffekt wird auch heutzutage intensiv erforscht. Dabei zielen die Untersuchungen natürlich nicht mehr auf den Nachweis der Quantisierung des Lichtes oder auf die Bestimmung von h hin, in erster Linie interessieren die Eigenschaften der Probe, die die Elektronen emittiert. Auf die Bestimmung des Energiespektrums der Elektronen in einem Festkörper wollen wir näher eingehen. In Abb. 1.5 wurde eine Messapparatur schematisch dargestellt. Mit ihr wird die Energieverteilung der Elektronen, die bei der Bestrahlung der Probe mit Photonen einer festen Energie austreten, gemessen. Abb. 1.6 zeigt die Energiebilanz bei der Photoemission. *Im*

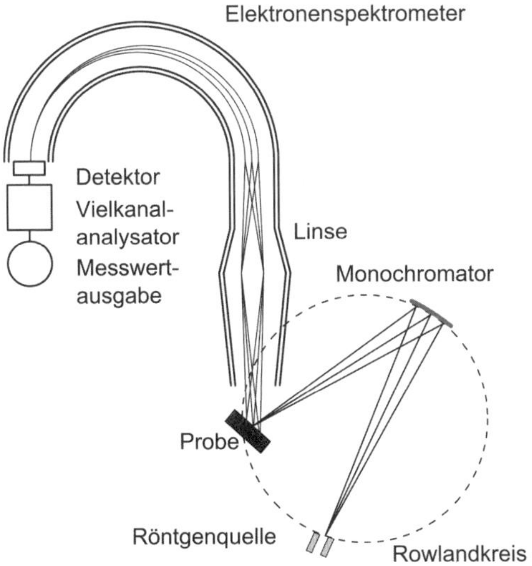

Abb. 1.5 Messanordnung eines Photoelektronenspektrometers. Aus der von der Quelle ausgesandten charakteristischen Röntgenstrahlung wird mittels eines Monochromators eine bestimmte Wellenlänge herausgegriffen und auf die Probe gelenkt. Das Elektronenspektrometer arbeitet mit einer festen Spannung, so dass auf den Detektor nur Elektronen einer bestimmten Energie treffen. Das gesamte Energiespektrum wird durch Verschiebung der Elektronenenergien in der Linse abgefahren.

Festkörper gibt es scharfe Rumpfzustände E_c und die Energiebänder der Valenz- und Leitungselektronen $E(\mathbf{k})$. Die Rumpfzustände entsprechen den atomaren Zuständen, die bei der Zusammenlagerung der Atome zum Festkörper nicht verbreitert werden. Die diskreten atomaren Niveaus der Valenzelektronen bilden im Festkörper ein Kontinuum von Zuständen in den Valenz- und Leitungsbändern. Jeder Zustand kann nach dem *Pauliprinzip* ein Elektron aufnehmen, so dass die Energiebänder je nach der Zahl der Valenzelektronen bis zu einer bestimmten Höhe, der so genannten Fermienergie E_F, aufgefüllt sind.

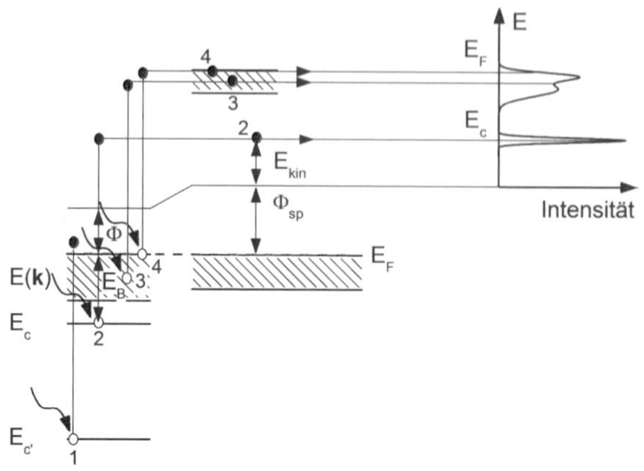

Abb. 1.6 Energiebilanz bei der Photoemission. Durch Photonen gegebener Energie werden Elektronen je nach ihrer Ausgangsenergie in unterschiedliche Höhe gehoben. Die vorhandenen Ausgangsenergien spiegeln sich im Spektrum der kinetischen Energie der Photoelektronen wider.

Bei der Bestrahlung mit Photonen der Energie hf werden Elektronen angeregt. Die Energie nach dem Austritt aus der Probe hängt davon ab, aus welchem Niveau das Elektron kommt. Im Spektrometer werden die Elektronen nach ihrer Energie analysiert. Das thermodynamische Gleichgewicht ist dadurch charakterisiert, dass das chemische Potential der Elektronen im Gesamtsystem (Probe und Spektrometer) gleich ist. Das heißt, *die Fermienergie liegt in beiden Teilsystemen auf gleicher Höhe.* Die kinetische Energie, mit der das Elektron auf das Spektrometer auftrifft, ist daher durch

$$hf = E_B + \Phi_{sp} + E_{kin} + eU \tag{1.8}$$

bestimmt. In Abb. 1.6 wurde diese Energiebilanz für das Elektron 2 für den Fall $U = 0$ eingetragen. Die Photonenenergie muss größer als die Bindungsenergie E_B des Elektrons sein, damit das Photon absorbiert und das Elektron in einen freien Platz oberhalb der Fermienergie angehoben werden kann. Die verbleibende Energie teilt sich in die Austrittsarbeit des Spektrometers Φ_{sp} und in kinetische Energie E_{kin} auf. Φ_{sp} enthält dabei die Austrittsarbeit Φ aus der Probe und die Kontaktspannung. Wird zwischen Probe und Spektrometer eine Spannung angelegt, dann muss auch diese vom Elektron auf Kosten der kinetischen Energie überwunden werden.

In Abb. 1.6 wird auf der rechten Seite gezeigt, welche Energieverteilung der Elektronen man misst. Sie gibt detaillierte Informationen über die Verteilung der besetzten Energiezustände in der Probe. Dabei kann man nicht nur die Breite des Energiebandes oder die relative Lage der Zustände ablesen. Der Intensitätsverlauf gibt auch Hinweise über die Zahl der Zustände in einem bestimmten Energieintervall, d. h. über die *Zustandsdichte*. Die Abbildungen 1.7, 1.8 und 1.9 zeigen Messkurven für die Substanz Bi_2Te_3.

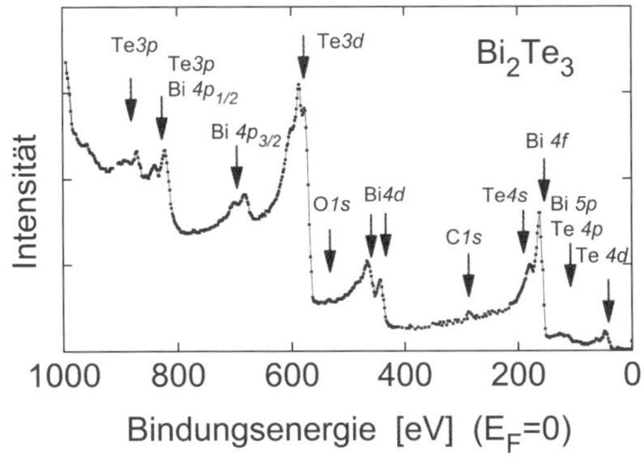

Abb. 1.7 Photoelektronenspektrum von polykristallinem Bi_2Te_3 (geglättet). Bei der Bestrahlung mit der Al-K$\alpha_{1,2}$-Linie (1486 eV) ist die Lage verschiedener Rumpfzustände zu sehen. Die Valenzzustände tragen nur mit geringer Intensität bei [nach *U. Berg* und *O. Brümmer*].

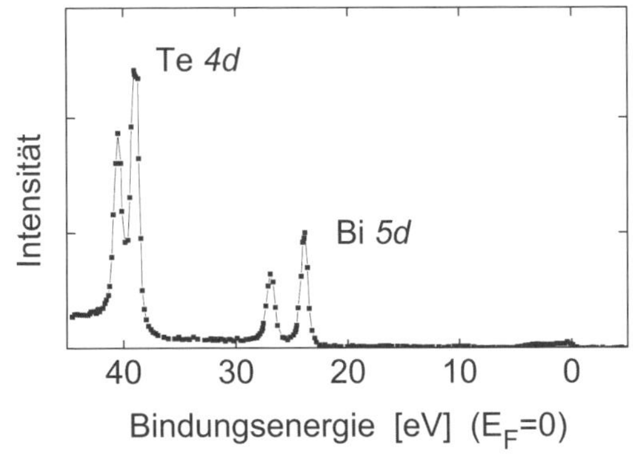

Abb. 1.8 Vom Photoelektronenspektrum der Abb. 1.7 wird hier vom Vielkanalanalysator ein kleinerer Energiebereich registriert. Dadurch liegen die Messpunkte dichter. Die obersten Rumpfzustände treten jetzt klar hervor, ihre Struktur ist erkennbar [nach *U. Berg* und *O. Brümmer*].

Ist die Probe ein Einkristall und misst man nur Elektronen, die die Probe in einer bestimmten Richtung verlassen, dann kann man neben der Bindungsenergie des Elektrons auch seinen Impuls im Ausgangszustand (genauer den Quasiimpuls **k**, der sich vom Impuls um einen Vektor des reziproken Gitters unterscheidet) messen. Man erhält dann experimentell die Bandstruktur $E(\mathbf{k})$ der Probe. Abb. 1.10 zeigt ein Beispiel dazu.

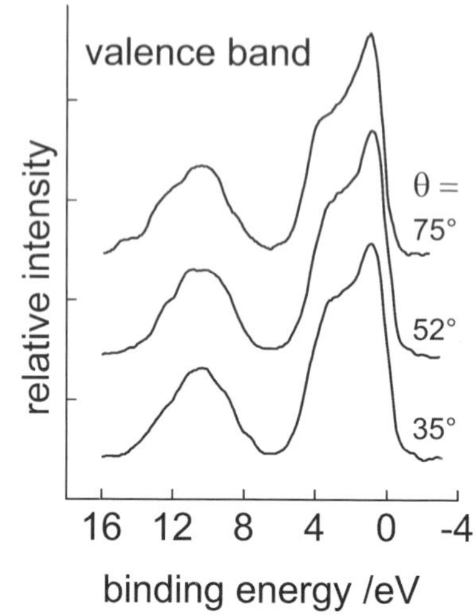

Abb. 1.9 Winkelaufgelöste Valenzbandspektren von Bi_2Te_3 für drei Polarwinkel θ [*T. Chassé, U. Berg*, Cryst. Res. Technol. **20**, 1475(1985)].

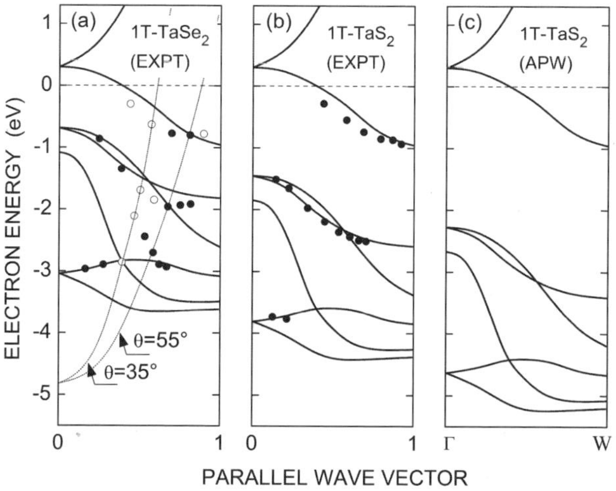

Abb. 1.10 Photoelektronenspektrum von $TaSe_2$ und TaS_2. Bei Messungen an einem Einkristall und definierten Einfalls- und Austrittsrichtungen kann nicht nur auf die Energie, sondern auch auf den Impuls (Wellenvektor **k**) des Elektrons im Kristall geschlossen werden. Man kann also die Bandstruktur $E(\mathbf{k})$ ausmessen [nach *Smith, N. V. ; Traum, M.M.*: Phys. Rev. B **11**, 2087 (1975)].

1.1.4 Der Comptoneffekt

Als *Compton* (1921/22) [8] die von Graphit reflektierten Röntgenstrahlen analysierte, stellte er fest, dass neben der eingestrahlten Wellenlänge noch eine verschobene

Linie auftritt. Es erfolgt also auch *eine inelastische Streuung des Lichtes*. Die Auswertung der Experimente festigte nicht nur die Photonenhypothese, sondern zeigte auch über den Photoeffekt hinaus, dass dem Photon ein bestimmter Impuls zuzuschreiben ist.

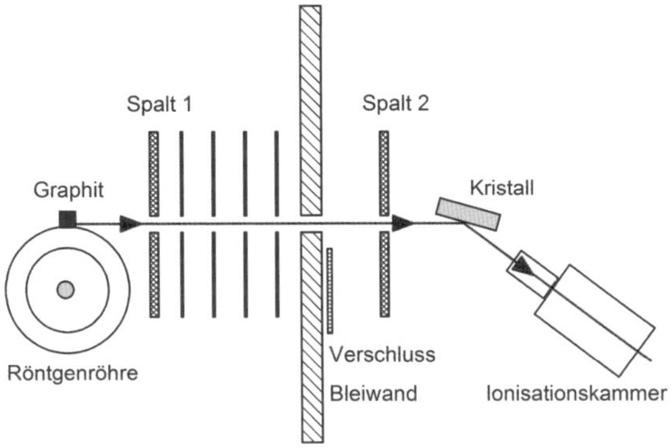

Abb. 1.11 Messapparatur von *Compton* zur Beobachtung der inelastischen Streuung von Photonen [nach *Compton, A.H.*: Phys. Rev. **22**, 409 (1923)].

Abb. 1.11 zeigt den experimentellen Aufbau. Die in der Röntgenröhre erzeugte Mo-K_α-Strahlung trifft auf den Graphit. In der Abbildung wird das um 90° gestreute Licht beobachtet. Der Kristall dient als Spektrometer, die Ionisationskammer als Strahlungsempfänger. Die Stellung des Kristalls bestimmt die Wellenlänge des Lichtes, das in die Ionisationskammer eintreten kann. So kann die spektrale Verteilung der vom Graphit gestreuten Strahlung aufgenommen werden.

Abb. 1.12 zeigt das Ergebnis für verschiedene Streuwinkel. Neben der elastisch gestreuten Strahlung tritt eine nach größeren Wellenlängen hin verschobene Linie auf, deren Lage sich mit dem Streuwinkel ändert. Der Vergleich verschiedener Messungen zeigte, dass die Wellenlängenverschiebung weder von der verwendeten Röntgenstrahlung noch von dem Probenmaterial abhing.

Compton (1923) [9] fand auch die Erklärung des Effektes. Er ging davon aus, dass dem Photon mit der Kreisfrequenz ω und dem Wellenvektor $\mathbf{k}$ (1.21) neben einer Energie auch ein bestimmter Impuls zugeschrieben werden muss

$$E_{\text{ph}} = \hbar\omega, \quad \mathbf{p}_{\text{ph}} = \hbar\mathbf{k}, \tag{1.9}$$

und *die Streuung als Stoß zwischen einem Elektron und einem Photon* aufzufassen ist. Wir wollen die Wellenlängenänderung in diesem Bild berechnen. Wir rechnen relativistisch, weil die Rechnung in diesem Fall einfacher ist. Auch können die Elektronen beim Stoß mit hochenergetischen γ-Quanten nach dem Stoß eine Energie im relativistischen Bereich besitzen.

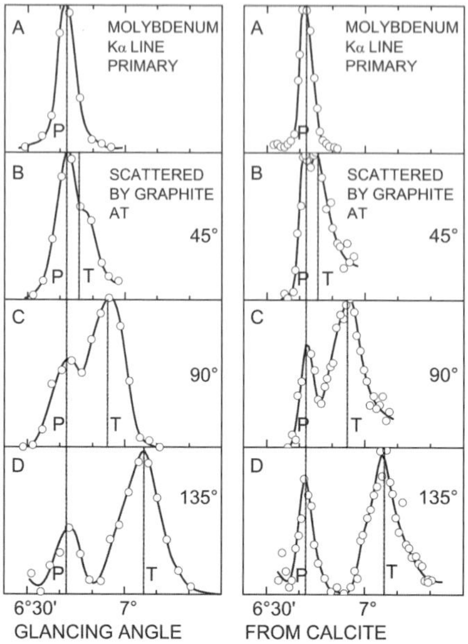

Abb. 1.12 Messkurven für die Streuung der Mo-K_α-Strahlung an Graphit. Die Wellenlängenänderung hängt vom Ablenkwinkel ab. Bei der zweiten Messung wurde die Spaltbreite verringert [nach *Compton, A.H.*: Phys. Rev. **22**, 409 (1923)].

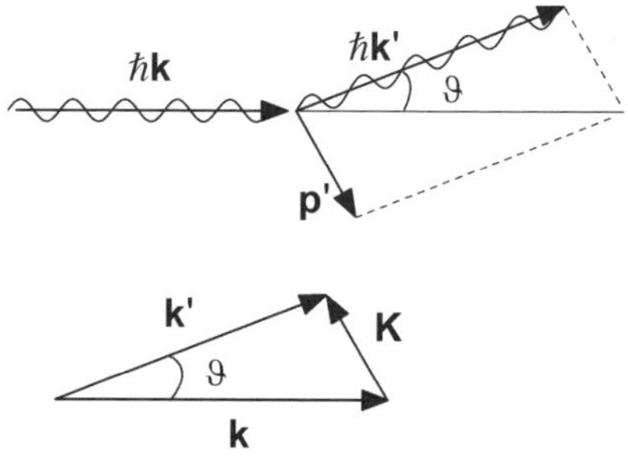

Abb. 1.13 Impulsbilanz beim Comptoneffekt an einem ruhenden Elektron. Der Übergangsimpuls $\hbar\mathbf{K}$ (hier $-\mathbf{p}'$) beschreibt die Impulsänderung des Photons.

Energie- und Impulssatz lauten mit (1.9) und (1.3)

$$\begin{aligned} \hbar\omega + mc^2 &= \hbar\omega' + c\sqrt{(mc)^2 + \mathbf{p}'^2}, \\ \hbar\mathbf{k} &= \hbar\mathbf{k}' + \mathbf{p}' . \end{aligned} \tag{1.10}$$

Entsprechend Abb. 1.13 kennzeichnen die gestrichenen Größen die Werte nach dem

Stoß. Der Ablenkwinkel des Photons wird mit ϑ bezeichnet. Ersetzen wir die Frequenzen über die Dispersionsbeziehung $\omega = ck$ (s. Abschn. 1.1.5) durch die Wellenzahlen und eliminieren den Elektronenimpuls $\mathbf{p}'$ aus (1.10), dann erhalten wir

$$hc\left[\frac{k-k'}{2\pi}+\frac{mc}{h}\right] = hc\sqrt{\left(\frac{mc}{h}\right)^2+\left(\frac{\mathbf{k}-\mathbf{k}'}{2\pi}\right)^2} \,. \tag{1.11}$$

In (1.11) tritt eine charakteristische Länge, die *Comptonwellenlänge* des Elektrons,

$$\lambda_C = \frac{h}{mc} = 2{,}4263\cdot 10^{-12}\,\mathrm{m} \tag{1.12}$$

auf. Beim Quadrieren von (1.11) heben sich einige Terme links und rechts weg. Wir setzen noch $k = 2\pi/\lambda$ und beachten, dass ϑ der Winkel zwischen $\mathbf{k}$ und $\mathbf{k}'$ ist. Dann verbleibt

$$-2\frac{1}{\lambda\lambda'}+2\left(\frac{1}{\lambda}-\frac{1}{\lambda'}\right)\frac{1}{\lambda_C} = -2\frac{1}{\lambda\lambda'}\cos\vartheta \,. \tag{1.13}$$

Nach Multiplikation mit $\lambda\lambda'\lambda_C/2$ lautet (1.13) (mit $\lambda'-\lambda = \Delta\lambda$)

$$\Delta\lambda = \lambda_C(1-\cos\vartheta) = 2\lambda_C\sin^2(\vartheta/2) \,. \tag{1.14}$$

Die Annahme eines Stoßes mit den Eigenschaften (1.9) für das Photon führt zu einer *Wellenlängenänderung* $\Delta\lambda$*, die unabhängig von* λ *und von dem Material ist.*

Der aus der Verschiebung in Abb. 1.12 experimentell ermittelte Vorfaktor λ_C stimmte mit h/mc (1.12) überein. Die sich in (1.9) ausdrückende Vorstellung von Photonen als Teilchen mit durch Frequenz und Wellenvektor bestimmten Werten von Energie und Impuls war bestätigt worden.

1.1.5 Comptonspektroskopie*

Wie beim Photoeffekt wird auch der Comptoneffekt bei erhöhter Messgenauigkeit heutzutage genutzt, um Informationen über den Aufbau der Probe zu erhalten. Hier stecken die Informationen in der genauen *Form der verschobenen Linie* aus Abb. 1.12.

Um dies zu erkennen, müssen wir die Rechnung von Abschn. 1.1.4 dahingehend erweitern, dass das *Elektron auch im Anfangszustand einen von Null verschiedenen Impuls* $\mathbf{p}$ hat. Wir wollen hier der Einfachheit halber nichtrelativistisch rechnen und annehmen, dass der Photonenimpuls p_{ph} bzw. p'_{ph} groß gegen den Elektronenimpuls p bzw. p' sei. Aus der Bilanz

$$\begin{aligned} \hbar\omega + \frac{\mathbf{p}^2}{2m} &= \hbar\omega' + \frac{\mathbf{p}'^2}{2m}, \\ \hbar\mathbf{k} + \mathbf{p} &= \hbar\mathbf{k}' + \mathbf{p}' \end{aligned} \tag{1.15}$$

kann wiederum $\mathbf{p}'$ eliminiert werden:

$$\begin{aligned} \hbar\left(\omega - \omega'\right) + \frac{\mathbf{p}^2}{2m} &= \frac{\hbar^2}{2m}\left(\mathbf{k} - \mathbf{k}'\right)^2 + \frac{\mathbf{p}^2}{2m} + \frac{\hbar\left(\mathbf{k} - \mathbf{k}'\right)\cdot\mathbf{p}}{m}, \\ \hbar\left(\omega - \omega'\right) &= \frac{\hbar^2}{2m}\left(\mathbf{k} - \mathbf{k}'\right)^2 + \frac{\hbar\left(\mathbf{k} - \mathbf{k}'\right)\cdot\mathbf{p}}{m} \; . \end{aligned} \tag{1.16}$$

Die Frequenzänderung ist hier nicht nur dadurch bestimmt, dass das Elektron eine *Rückstoßenergie* aufnimmt, sondern dass zusätzlich eine *Dopplerverschiebung* (zweiter Summand rechts) auftritt. Unter der betrachteten Voraussetzung ist $\lambda \approx \lambda'$, das Dreieck in Abb. 1.13 also gleichschenklig, und der Betrag des *Übergangsimpulses* $\mathbf{K} = \mathbf{k} - \mathbf{k}'$ ist durch $K = 2k\sin(\vartheta/2)$ bestimmt. Die linke Seite von (1.16) ist mit $\Delta\lambda = \lambda' - \lambda$ in der gleichen Näherung $hc\Delta\lambda/\lambda^2$, so dass wir die Wellenlängenänderung

$$\Delta\lambda(p_z) = \lambda_C\left(2\sin^2(\vartheta/2) + \frac{\mathbf{K}\cdot\mathbf{p}/\hbar}{k^2}\right) \tag{1.17}$$

erhalten. Abhängig von der Impulskomponente des Elektrons in Richtung des Übergangsimpulses $\mathbf{K}$ (diese Richtung wollen wir die z-Richtung nennen) tritt eine zusätzliche Linienverschiebung auf.

Man wählt nun die experimentellen Bedingungen so, dass die Intensität der um $\Delta\lambda$ verschobenen Strahlung bei festem Ablenkwinkel ϑ und fester Richtung des Übergangsimpulses $\mathbf{K}$ in Bezug auf die kristallographischen Richtungen des untersuchten Kristalls gemessen wird. Die Verbreiterung der Linie (1.17) gegenüber (1.14) ist dann dadurch bedingt, dass es im Kristall Elektronen mit verschiedener z-Komponente des Impulses p_z gibt. Die Intensität $I(q)$ der Linie mit der Verschiebung $\Delta\lambda(q)$ wird um so größer sein, je mehr Elektronen mit $p_z = q$ im Kristall vorhanden sind. Gibt $n(\mathbf{p})\; d^3\mathbf{p}$ die Zahl der Elektronen mit dem Impuls $\mathbf{p}$ im Impulsvolumen $d^3\mathbf{p}$ an, dann ist

$$I(q) = \text{konst.} \int d^3\mathbf{p}\; n(\mathbf{p})\delta(p_z - q) \; . \tag{1.18}$$

Betrachten wir das zu erwartende Ergebnis für ein Metall unter der Annahme, dass dessen Leitungselektronen als freie Elektronen aufgefasst werden können. Die Energie eines Elektrons mit dem Impuls $\mathbf{p}$ ist dann $\mathbf{p}^2/2m$. Bei der Temperatur $T = 0\mathrm{K}$ besetzen die Leitungselektronen die Zustände tiefster Energie, das sind im Impulsraum alle Zustände bis zu einem Maximalimpuls, dem sogenannten *Fermiimpuls* p_F, der zur Fermienergie in Abb. 1.14 gehört. Die Impulsverteilung $n(\mathbf{p}) = \theta(p_\mathrm{F} - p)$ ist in der in Abb. 1.14 dargestellten Kugel konstant und außerhalb gleich Null. Zum

Integral (1.18) tragen dann nur die Punkte des **p**-Raumes bei, die auf der Schnittfläche der *Fermikugel* mit der Ebene $p_z = q$ liegen. Das ist der in Abb. 1.14 schraffierte Kreis. Das Integral ist proportional zur Kreisfläche

$$\begin{aligned} I(q) &\sim \int d^3\mathbf{p}\ \theta(p_\mathrm{F} - p)\delta(p_z - q) \\ &= \int_0^{p_\mathrm{F}} dp_z \int_0^{\sqrt{p_\mathrm{F}^2 - p_z^2}} 2\pi\ p dp\ \delta(p_z - q) \\ &= \pi\left(p_F^2 - q^2\right) . \end{aligned} \tag{1.19}$$

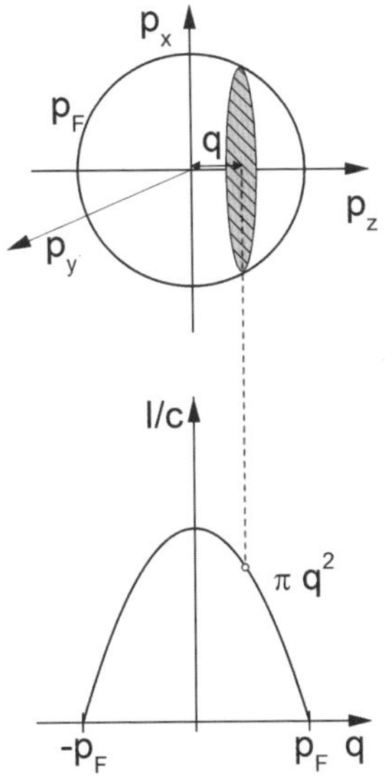

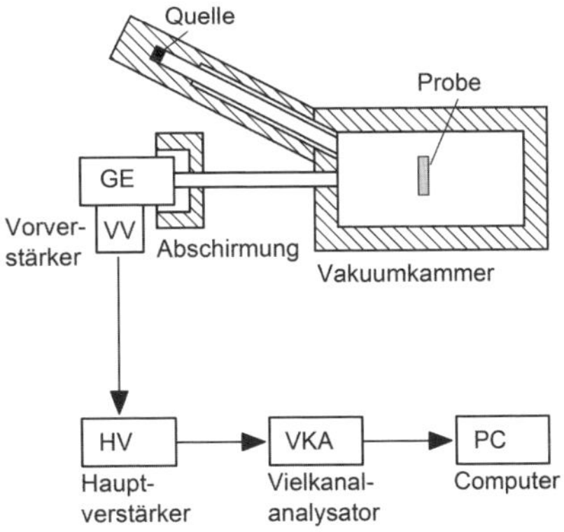

Abb. 1.14 Der Schnitt der Fermikugel mit der Ebene $p_z = q$ ist eine Kreisfläche mit dem Flächeninhalt πq^2. Für die Intensität des Comptonprofils ergibt sich daher eine Parabel.

Abb. 1.15 Schematische Darstellung eines Compton-Gamma-Spektrometers. Der Streuwinkel beträgt 170°. Quelle und Kammer sind gegeneinander verschiebbar. Die Tellurquelle emittiert γ-Quanten mit einer Energie von 159,5 keV. Über den Ge(Li)-Detektor werden die inelastisch gestreuten Quanten energiedispersiv registriert und in der Nachfolgeelektronik verarbeitet.

Abb. 1.15 zeigt das Schema einer Apparatur zur Messung der inelastischen Streuung von γ-Quanten und damit der Impulsverteilung der Elektronen. Die Eigenart einer Substanz kommt in charakteristischen Abweichungen der Impulsverteilung von der Fermikugel zum Ausdruck. Für verschiedene Substanzen ergeben sich unterschiedliche Abweichungen von der Parabel der Abb. 1.14. Die Abb. 1.16 bzw. 1.17

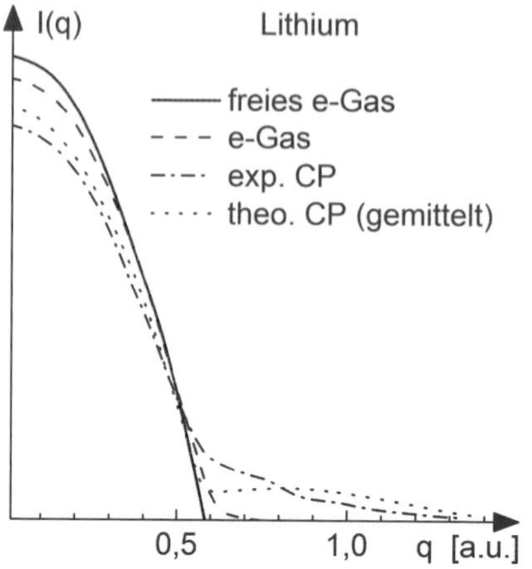

Abb. 1.16 Comptonprofil der Leitungselektronen von Li, aufgenommen mit Mo-K_α-Strahlung. Das Profil hat etwa den Verlauf der Parabel freier Elektronen. Die Abweichungen von der Parabel sind durch die Coulombwechselwirkung der Elektronen (Elektronengas) und durch das periodische Kristallpotential bedingt. Die berechnete Kurve (......) berücksichtigt beide Einflüsse [nach *K. Berndt* und *O. Brümmer*].

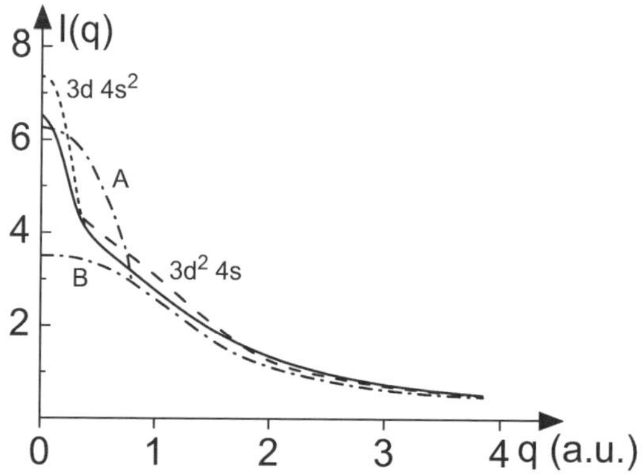

Abb. 1.17 Comptonprofil von Scandium, aufgenommen mit Mo-K_α-Strahlung. Die experimentelle Kurve (—-) wird mit verschiedenen Näherungen für die drei Valenzelektronen pro Atom verglichen. Die Kurve B stellt das Profil der Rumpfelektronen dar, die Kurve A ist eine Parabel freier Elektronen für drei Elektronen je Atom. Die mit $3d4s^2$ und $3d^24s$ gekennzeichneten Kurven geben das aus atomaren Funktionen für verschiedene Konfigurationen gewonnene Profil an. Das Comptonprofil von Übergangsmetallen erhält man näherungsweise, wenn man für die *d*-Elektronen atomare Funktionen verwendet und die *s*-Elektronen durch freie Elektronen annähert. Im Unterschied zum freien Atom muss man im Metall mit etwa einem *s*-Elektron je Atom rechnen [nach *Manninen, S.*: J. Phys. **F1**, L60 (1971)].

zeigen das Comptonprofil von Lithium bzw. Scandium bei der Messung an einer polykristallinen Probe.

In einem Einkristall ist die *Impulsverteilung anisotrop*. Je nach der Orientierung des Übergangsimpulses $\hbar\mathbf{K}$ zu den kristallographischen Achsen erhält man verschiedene Comptonprofile. Abb. 1.18 zeigt die Ergebnisse für Beryllium. Durch solche Messungen kann man also weitgehende Aussagen über die Impulsverteilung der Elektronen im Festkörper erhalten.

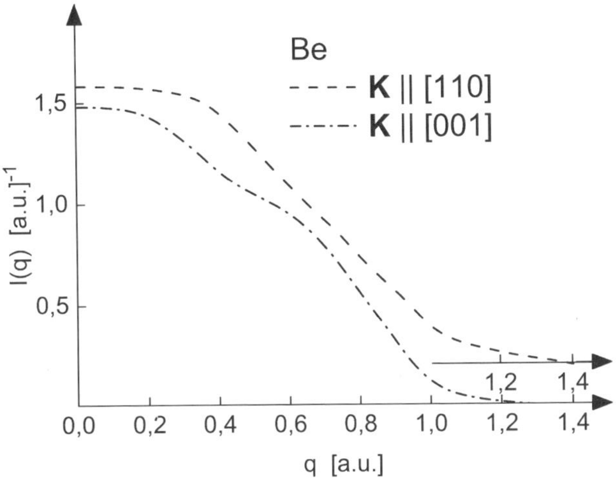

Abb. 1.18 Comptonprofil der Valenzelektronen von Beryllium, aufgenommen mit Mo-K_α-Strahlung. Bei Messungen an Einkristallen werden je nach der relativen Lage des Streuvektors **K** zu den kristallographischen Achsen verschiedene Profile gemessen. Dies zeigt die Anisotropie des Fermikörpers als Abweichung von der Fermikugel freier Elektronen und den Einfluss des Kristallpotentials [nach *U. Berg* und *O. Brümmer*].

1.1.6 Aufgaben

1.1. Die Kathode einer Vakuumphotozelle werde mit monochromatischem blaugrünen Licht ($\lambda = 500\,\text{nm}$) bestrahlt.

a) Berechnen Sie die kinetische Energie der Photoelektronen, wenn die Austrittsarbeit $\Phi = 2{,}72\cdot 10^{-19}\,\text{J}$ beträgt.
b) Was sind die Folgen einer Änderung der Lichtintensität? Begründen Sie Ihre Antwort!
c) Für welche Wellenlängen des eingestrahlten Lichtes fließt kein Photostrom? Begründung!

1.2. Ein Photon habe eine Wellenlänge, die gerade genau so groß ist wie die Compton-Wellenlänge. Es trifft auf ein ruhendes Elektron. Dabei beträgt die Richtungsänderung des Photons gerade 90°. Welche Wellenlänge und welche Energie hat das gestreute Photon? Welche Energie wird auf das ruhende Elektron übertragen?

1.3. Welche Energie wurde bei einem Compton-Prozess an die Elektronen abgegeben, wenn die Frequenz der gestreuten Strahlung $f' = 0,99 \cdot 10^{19}$ Hz und die der ursprünglichen Strahlung $f = 1,00 \cdot 10^{19}$ Hz beträgt?

1.2 Das Wellenbild

Zusammenfassung: Felder ordnen jedem Raumpunkt zu jedem Zeitpunkt eine physikalische Größe zu. Ihre räumliche und zeitliche Änderung wird durch eine Wellengleichung bestimmt. Im homogenen Medium haben alle Wellengleichungen ebene Wellen als Lösung. Verschiedene Wellenausbreitungen unterscheiden sich durch die Form der Wellengleichung und durch die Bedeutung der Wellenfunktion. Die Maxwellschen Gleichungen sind die Wellengleichungen für das elektromagnetische Feld. Den Wellencharakter einer Erscheinung weist man durch Beugungs-und Interferenzexperimente nach. Mit dem Gitterspektrographen erfolgt eine Zerlegung der Welle nach Wellenlängen. Das Auflösungsvermögen wächst mit der Strichzahl und der Beugungsordnung an. Die Experimente von *Davisson* und *Germer* bzw. *Thomson* zeigen, dass mit der Bewegung des Elektrons die Ausbreitung einer Welle mit der de-Broglie-Wellenlänge $\lambda = h/mv$ verknüpft ist. Die Eigenschaft $\Delta x \Delta k \gtrsim 1$ eines Wellenpaketes hat für das Elektron die Unbestimmtheitsrelation $\Delta x \Delta p \geq \hbar/2$ zur Folge.

1.2.1 Wellengleichungen

Wellenausbreitungen werden als Zeitablauf physikalischer Felder beobachtet. Unter einem Feld versteht man eine physikalische Größe, die zu jedem Zeitpunkt an jedem Raumpunkt (oder in einem begrenzten Bereich dieser Variablen) einen bestimmten Wert hat. Ein Feld wird also durch eine Funktion von Ort und Zeit beschrieben. Wir sprechen von *skalaren Feldern*, wenn jedem Raumpunkt ein Zahlenwert zugeordnet wird. Beispiele dafür sind die Ladungsdichte $\rho(\mathbf{r},t)$, ein Temperaturverlauf $T(\mathbf{r},t)$ oder ein Potential $U(\mathbf{r},t)$. Bei *Vektorfeldern* wird jedem Raumpunkt ein Vektor zugeordnet. Elektrisches Feld $\mathbf{E}(\mathbf{r},t)$, Magnetfeld $\mathbf{H}(\mathbf{r},t)$ oder die Geschwindigkeitsverteilung $\mathbf{v}(\mathbf{r},t)$ der Atome eines Gases sind wohlbekannte Beispiele.

Die Änderung der räumlichen Verteilung eines Feldes im Zeitablauf wird durch Wellengleichungen bestimmt. Ein Beispiel dafür ist die *Wellengleichung* des skalaren elektrischen Potentials $U(\mathbf{r},t)$ im Vakuum

$$\Box U(\mathbf{r},t) = 0, \quad \Box = \frac{1}{c^2}\frac{\partial^2}{\partial t^2} - \left(\frac{\partial^2}{\partial x^2} + \frac{\partial^2}{\partial y^2} + \frac{\partial^2}{\partial z^2}\right) . \tag{1.20}$$

Eine Lösung dieser Gleichung ist die *Wellenfunktion*

$$\begin{aligned} U(\mathbf{r},t) &= U_0\, e^{-i(\omega t - \mathbf{k}\cdot\mathbf{r})} \\ \Re U &= U_0 \cos(\omega t - \mathbf{k}\cdot\mathbf{r}) . \end{aligned} \tag{1.21}$$

Hierin gibt $\omega = 2\pi f$ die *Kreisfrequenz* an, d.h., nach einer Schwingungsdauer $T = 2\pi/\omega = 1/f$ hat sich die Phase dieser Funktion an einem festen Ort $\mathbf{r}$ entsprechend Abb. 1.19 um 2π erhöht. $\mathbf{k}$ ist der *Wellenvektor*. Sein Betrag $k = 2\pi/\lambda$ bestimmt die *Wellenlänge* λ. Legen wir z.B. die x-Achse in Richtung von $\mathbf{k} = k\mathbf{e}_x$,

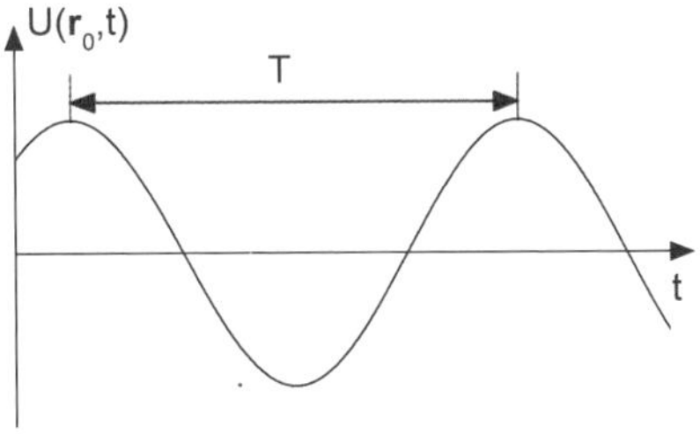

Abb. 1.19 Ausbreitung einer ebenen Welle mit dem Wellenvektor $\mathbf{k} = k\mathbf{e}_x$. Zeitlicher Ablauf der Amplitude an einem festen Ort $\mathbf{r}_0$.

dann vereinfacht sich $\mathbf{k}\cdot\mathbf{r}$ zu kx. Zu einem festen Zeitpunkt haben wir also, wie Abb. 1.20 zeigt, auf einer Strecke $\Delta x = \lambda$ einen Phasenzuwachs von 2π. Wir su-

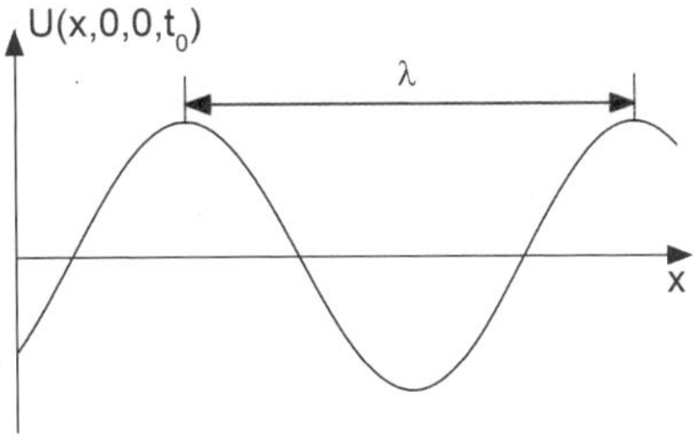

Abb. 1.20 Ausbreitung einer ebenen Welle mit dem Wellenvektor $\mathbf{k} = k\mathbf{e}_x$. Räumlicher Verlauf zu einem festen Zeitpunkt t_0.

chen jetzt nach den Raumpunkten, an denen die Wellenfunktion (1.21) zum Zeitpunkt t_0 eine bestimmte *Phase* besitzt. Das ist für die Punkte der Fall, für die $\mathbf{k}\cdot\mathbf{r} = \text{konst.} = kd + n\cdot 2\pi$ gilt. Das sind aber alle Punkte auf einer Ebene, deren Flächennormale in Richtung von $\mathbf{k}$ weist und die einen Abstand d vom Ursprung besitzt, wie in Abb. 1.21 dargestellt ist. Auch auf Ebenen mit dem Abstand $d + n\lambda$

hat die Wellenfunktion die gleiche Phase (wenn man Vielfache von 2π nicht mitrechnet). Da die Flächen konstanter Phase Ebenen sind, nennt man die Wellenfunktion (1.21) auch eine *ebene Welle*. Im Zeitablauf wandern die Flächen konstanter Phase in Richtung von **k**, wie der gestrichelte Verlauf in Abb. 1.21 zeigt. Der *Wellenvektor* **k** enthält also Ausbreitungsrichtung und Wellenlänge der ebenen Welle. Wir

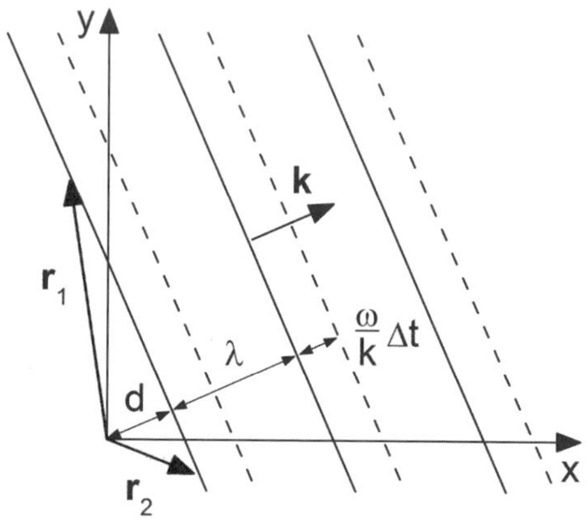

Abb. 1.21 Ausbreitung einer ebenen Welle. Die Flächen konstanter Phase sind Ebenen, die sich im Zeitablauf in **k**-Richtung ausbreiten.

müssen noch einmal zu der angenommenen Lösung (1.21) der betrachteten Wellengleichung (1.20) zurückkehren. Wir wollen überprüfen, ob diese Aussage stimmt. Dazu setzen wir die ebene Welle (1.21) in (1.20) ein. Bei der Anwendung auf die Exponentialfunktion (1.21) führt dabei jede Differentiation nach der Zeit zu einem Faktor $-i\omega$ und jede Differentiation nach dem Ort zu einem Faktor $i\mathbf{k}$:

$$\frac{\partial}{\partial t} \to -i\omega, \qquad \frac{\partial}{\partial \mathbf{r}} \to i\mathbf{k}\,. \tag{1.22}$$

Damit geht (1.20) in

$$\left[\frac{1}{c^2}(-i\omega)^2 - (i\mathbf{k})^2\right] U = -\frac{1}{c^2}\left[\omega^2 - (ck)^2\right] U = 0 \tag{1.23}$$

über. Diese Gleichung ist nur dann erfüllt, wenn die *Dispersionsbeziehung*

$$\omega(\mathbf{k}) = c|\mathbf{k}|, \quad \lambda f = c \tag{1.24}$$

zwischen der Kreisfrequenz und dem Wellenvektor, bzw. zwischen der Frequenz und der Wellenlänge besteht.

Wir betrachten jetzt die *Ausbreitung eines beliebigen Feldes in einem räumlich und zeitlich homogenen System.* Die Wellengleichung, die diesen Vorgang beschreibt, kann wegen der angenommenen Homogenität von Raum und Zeit die Variablen Ort und Zeit nicht explizit enthalten, denn sonst wäre eben ein Raumpunkt (bzw. ein Zeitpunkt) gegenüber einem anderen ausgezeichnet. (Das Gegenteil ist in einem inhomogenen System der Fall. An einer Grenzfläche zwischen zwei Medien ändert sich z. B. der Brechungsindex n, so dass die Wellengleichung des Lichtes in diesem Falle den explizit von $\mathbf{r}$ abhängigen Brechungsindex $n(\mathbf{r})$ enthält.) In der Wellengleichung können somit nur die Ableitungen nach der Zeit und nach dem Ort auftreten, sie hat die Form

$$L\left(\frac{\partial}{\partial t}, \frac{\partial}{\partial \mathbf{r}}\right) \psi(\mathbf{r}, t) = 0, \tag{1.25}$$

wenn ψ das untersuchte Feld ist. Wir wollen im weiteren annehmen, dass die Differentialgleichung (1.25) linear ist, d. h. ψ nur in erster Potenz enthält. Nur solche Fälle treten bei den uns interessierenden Problemen auf.

Auch die Wellengleichung (1.25) hat ebene Wellen als Lösung. Der Unterschied zu (1.20) besteht darin, dass eine andere Dispersionsbeziehung auftritt. Setzen wir die ebene Welle (1.21) in (1.25) ein, dann erhalten wir mit (1.22)

$$L(-i\omega, i\mathbf{k})\, \psi = 0\,. \tag{1.26}$$

Diese Gleichung ist erfüllt, wenn der Zusammenhang zwischen ω und $\mathbf{k}$ entsprechend

$$L(-i\omega, i\mathbf{k}) = 0, \quad \omega = \omega(\mathbf{k})\,. \tag{1.27}$$

gewählt wird. Diese Überlegungen zeigen, warum man ebenen Wellen in allen Gebieten der Physik begegnet.

Wir können noch einen Schritt weitergehen. Es ist sogar möglich, *die allgemeine Lösung der Wellengleichung* (1.25) anzugeben. Eine ebene Welle ist durch eine bestimmte Wellenlänge und eine bestimmte Ausbreitungsrichtung charakterisiert, d.h. durch einen speziellen Wert des Wellenvektors $\mathbf{k}$. Allgemeinere Lösungen kann man finden, indem man Wellen mit verschiedenen Wellenlängen und verschiedenen Ausbreitungsrichtungen überlagert. Wegen der Linearität der Gleichung (1.25) ist die Summe von Lösungen wieder eine Lösung.

Die allgemeine Lösung hat daher die Form

$$\psi(\mathbf{r}, t) = \int \frac{d^3\mathbf{k}}{(2\pi)^3}\, f(\mathbf{k})\, e^{-i[\omega(\mathbf{k})t - \mathbf{k}\cdot\mathbf{r}]}\,. \tag{1.28}$$

Die ebenen Wellen wurden mit verschiedenen, durch $f(\mathbf{k})$ charakterisierten Amplituden überlagert.

Zusammenfassend können wir sagen, dass eine Wellenausbreitung in einem räumlich und zeitlich homogenen System durch eine Wellengleichung (1.25) beschrieben wird. Aus dieser folgt die Dispersionsbeziehung (1.27). Die allgemeine Lösung ist eine Überlagerung von ebenen Wellen verschiedener Wellenlänge und Ausbreitungsrichtung:

$$L\left(\frac{\partial}{\partial t},\frac{\partial}{\partial \mathbf{r}}\right)\psi(\mathbf{r},t)=0, \qquad \omega=\omega(\mathbf{k}),$$
$$\psi\,(\mathbf{r},t)=\int \frac{d^3\mathbf{k}}{(2\pi)^3}\,f(\mathbf{k})e^{-i[\omega(\mathbf{k})t-\mathbf{k}\cdot\mathbf{r}]}\,. \tag{1.29}$$

Verschiedene Wellenausbreitungen unterscheiden sich in der Form der Wellengleichung, d.h. in der Form der Dispersionsbeziehung, und in der Bedeutung der Wellenfunktion $\psi(\boldsymbol{r},t)$.

1.2.2 Elektromagnetische Wellen

Als Beispiel wollen wir das elektromagnetische Feld näher betrachten. Mit der Maxwellschen Theorie haben wir hier eine abgeschlossene Theorie. Auch werden wir diese Gleichungen bei späteren Rechnungen benötigen.

Eine Hauptaufgabe der Elektrodynamik besteht in der Berechnung des elektromagnetischen Feldes aus der Ladungs- und Stromverteilung. Das *elektrische Feld* **E** und das *Magnetfeld* **B** sind *Vektorfelder*. (Im Allgemeinen wird **B** magnetische Induktion genannt. Wir betrachten hier aber nur Felder im Vakuum $\mathbf{B}=\mu_0\mathbf{H}$, und nur in Substanzen unterscheiden sich **B** und **H** um die Magnetisierung.) *Der räumliche Verlauf von Vektorfeldern ist dann bestimmt, wenn man deren Quellen und Wirbel kennt* (außerdem sind noch Randbedingungen erforderlich). Diese Aussagen sind in den *Maxwellschen Gleichungen* vereint:

$$\varepsilon_0\nabla\cdot\mathbf{E}=\rho, \qquad \nabla\times\mathbf{E}=-\frac{\partial\mathbf{B}}{\partial t},$$
$$\nabla\cdot\mathbf{B}=0, \qquad \nabla\times\mathbf{B}=\mu_0\,\mathbf{j}+\frac{1}{c^2}\frac{\partial\mathbf{E}}{\partial t}\,. \tag{1.30}$$

Sie bestimmen darüber hinaus den Zeitablauf der Felder, da die zeitlichen Änderungen von **E** und **B** wieder als Wirbel wirksam werden. Es gilt $\varepsilon_0\mu_0=1/c^2$, mit c als der Vakuumlichtgeschwindigkeit.

Die rechten Gleichungen in (1.30) erlauben die *Einführung des Vektorpotentials* **A** *und des skalaren Potentials U:*

$$\mathbf{B}=\nabla\times\mathbf{A}, \qquad \mathbf{E}=-\nabla U-\frac{\partial\mathbf{A}}{\partial t}\,. \tag{1.31}$$

Die linken Gleichungen von (1.30) liefern dann die Bestimmungsgleichungen für diese Potentiale $\left(\Box=\frac{1}{c^2}\frac{\partial^2}{\partial t^2}-\triangle, s.(1.20)\right)$:

$$\Box U=\rho/\varepsilon_0, \quad \Box\,\mathbf{A}=\mu_0\,\mathbf{j}, \quad \nabla\cdot\mathbf{A}+\frac{1}{c^2}\frac{\partial U}{\partial t}=0\,. \tag{1.32}$$

Wählt man die Quellen von **A** entsprechend der *Lorenzkonvention* (1.32) erhält man entkoppelte Wellengleichungen für U und **A**.

Die Lösungen der Wellengleichungen (1.32) mit im Unendlichen verschwindenden Feldern sind die retardierten Potentiale

$$\begin{aligned} U(\mathbf{r},t) &= \int d^3\mathbf{r}' \, \frac{\rho\left(\mathbf{r}', t - \frac{|\mathbf{r}-\mathbf{r}'|}{c}\right)}{4\pi\varepsilon_0 \mid \mathbf{r}-\mathbf{r}' \mid} , \\ \mathbf{A}(\mathbf{r},t) &= \int d^3\mathbf{r}' \, \frac{\mathbf{j}\left(\mathbf{r}', t - \frac{|\mathbf{r}-\mathbf{r}'|}{c}\right)}{4\pi\mu_0^{-1} \mid \mathbf{r}-\mathbf{r}' \mid} . \end{aligned} \tag{1.33}$$

Die *Energiedichte* des elektromagnetischen Feldes ist

$$\eta = \frac{\varepsilon_0}{2}\mathbf{E}^2 + \frac{1}{2\mu_0}\mathbf{B}^2 . \tag{1.34}$$

Für ebene Wellen sind beide Anteile in (1.34) gleich groß. Die *Energiestromdichte* $c\eta$ wird durch den *Poyntingvektor*

$$\mathbf{S} = \mathbf{E} \times \mathbf{H} \ \rightarrow \ c\eta \mathbf{e_k} \tag{1.35}$$

beschrieben. Für ebene Wellen ist der Poyntingvektor durch das Produkt von Energiedichte und Ausbreitungsgeschwindigkeit gegeben. $\mathbf{e_k}$ ist der Einheitsvektor in Ausbreitungsrichtung. Die *Impulsdichte*

$$\boldsymbol{\pi} = \mathbf{D} \times \mathbf{B} \ \rightarrow \ \mathbf{S}/c^2 \tag{1.36}$$

lässt sich im Vakuum einfach durch die Energiestromdichte ausdrücken.

Ein *elektrischer Dipol* $\mathbf{p}(t) = e\mathbf{s}(t)$ strahlt ein elektromagnetisches Feld ab, welches sich aus (1.33) in großer Entfernung vom Dipol zu

$$\mathbf{A}(\mathbf{r},t) = \frac{\dot{\mathbf{p}}(t - r/c)}{4\pi\mu_o^{-1} r} \tag{1.37}$$

berechnet. Dazu gehören die Felder

$$\mathbf{E} = \frac{\mathbf{e} \times (\mathbf{e} \times \ddot{\mathbf{p}})}{4\pi\mu_0^{-1} r}, \qquad \mathbf{B} = \frac{\ddot{\mathbf{p}} \times \mathbf{e}}{4\pi\mu_0^{-1} cr} \tag{1.38}$$

und die *abgestrahlte Leistung*

$$N(t) = \oint\!\!\oint d^2\mathbf{a} \cdot \mathbf{S} = \frac{2}{3c^3} \frac{\ddot{\mathbf{p}}^2(t - r/c)}{4\pi\varepsilon_0} . \tag{1.39}$$

In (1.39) wird über eine Kugelfläche in großer Entfernung r vom Dipol integriert.

1.2.3 Beugung

Typische Nachweismittel für die Wellennatur einer Erscheinung sind *Beugung* und *Interferenz*. Fällt eine Welle auf ein Strichgitter (Abb. 1.22), dann breiten sich nach dem Huygensschen Prinzip die Wellen hinter dem Gitter so aus, als würden von jedem Punkt der Gitterzwischenräume Kugelwellen ausgesandt. Als Beispiel wird in Abb. 1.22 ein Doppelspalt betrachtet. Die unter einem Winkel α aus den einzelnen Spalten austretenden Amplituden überlagern sich zu einer hohen Intensität, wenn der Gangunterschied der Strahlen benachbarter Spalte ein Vielfaches von λ beträgt,

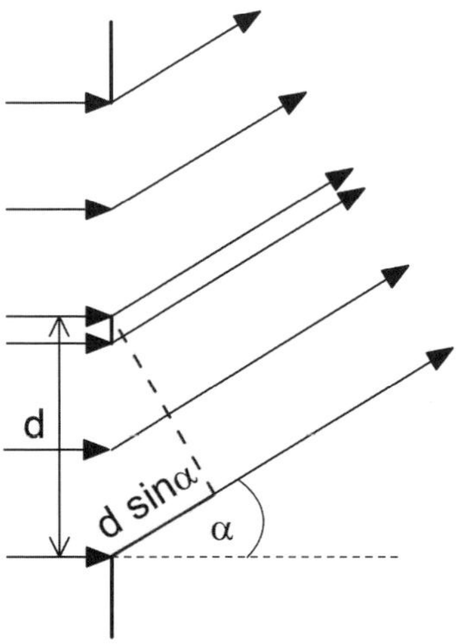

Abb. 1.22 Gangunterschied bei einer am Doppelspalt gebeugten Welle.

$$d \sin \alpha = m\lambda \tag{1.40}$$

und die vom einzelnen Spalt in dieser Richtung erzeugte Amplitude nicht verschwindend klein ist.

Dagegen tritt eine Auslöschung auf, wenn die beiden Wellen mit einem Gangunterschied $\lambda/2$ überlagert werden. Je nach dem Wert von m spricht man von Beugungsmaxima erster, zweiter, ... Ordnung.

Enthält die einlaufende Welle nur diskrete Wellenlängen, dann ergeben sich entsprechend (1.40) die Intensitätsmaxima in diskreten Richtungen. Man kann also aus (1.40) die beteiligten Wellenlängen berechnen, bzw. bei bekannten Wellenlängen auf den Gitterabstand d schließen. (1.40) zeigt auch, dass man Beugungsbilder nur dann beobachten kann, wenn die Wellenlänge in der Größenordnung des Gitterabstandes (mit $\lambda < d$) liegt. Bei besonderen experimentellen Bedingungen (streifender Einfall) kann die Wellenlänge auch einige Größenordnungen kleiner als d sein.

1.2.4 Das Auflösungsvermögen des Gitterspektrographen

In der Regel besteht die Aufgabe nicht darin, die Wellennatur einer bestimmten Strahlung nachzuweisen, sondern das Spektrum der Strahlung zu analysieren. Gerade bei Atomspektren mit ihren diskreten Linien ist es von besonderem Interesse, die auftretenden Wellenlängen genau zu bestimmen und auch eng benachbarte Linien zu trennen. Wir wollen hier untersuchen, welche Wellenlängen ein Gitter noch trennen kann. Die experimentelle Einrichtung besteht entsprechend Abb. 1.23 aus

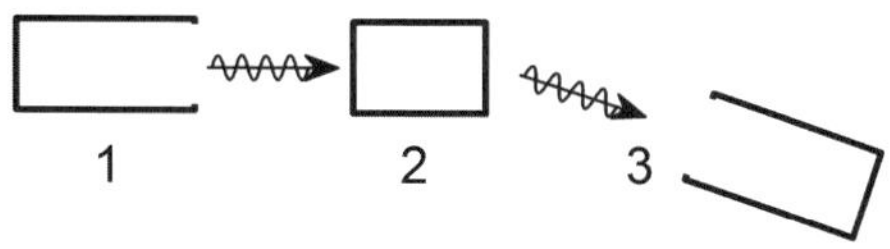

Abb. 1.23 Schema eines Beugungs- oder Streuexperimentes. Die Versuchsanordnung besteht aus der Strahlungsquelle (1), dem Spektralapparat (2) und dem Strahlungsempfänger (3).

der *Strahlungsquelle*, dem *Spektralapparat* und dem *Strahlungsempfänger*. Wir betrachten den Spektralapparat, der die Strahlung nach ihren Wellenlängen zerlegt - als Beispiel nehmen wir einen Gitterspektrographen.

Die Beugungsmaxima sind um so schärfer, je größer die Strichzahl N des Gitters, also die Zahl der überlagerten Bündel ist. In Abb. 1.24 ist die Intensitätsverteilung dargestellt. Das Beugungsmaximum liegt entsprechend Abb. 1.25 und (1.40) bei dem Winkel α, für den der Gangunterschied der von benachbarten Spalten kommenden Bündel $m\lambda$ ist. Hierbei werden Wellen bis zu einem Gangunterschied von Nm-Wellenlängen überlagert. Verringern wir den Winkel auf α' derart, dass dieser Gangunterschied auf $Nm - 1$ absinkt, dann lassen sich entsprechend Abb. (1.25) die Bündel aus der oberen und unteren Hälfte des Gitters paarweise mit einem Gangunterschied $\lambda/2$ (plus ein Vielfaches von λ) zuordnen. Für diesen Winkel

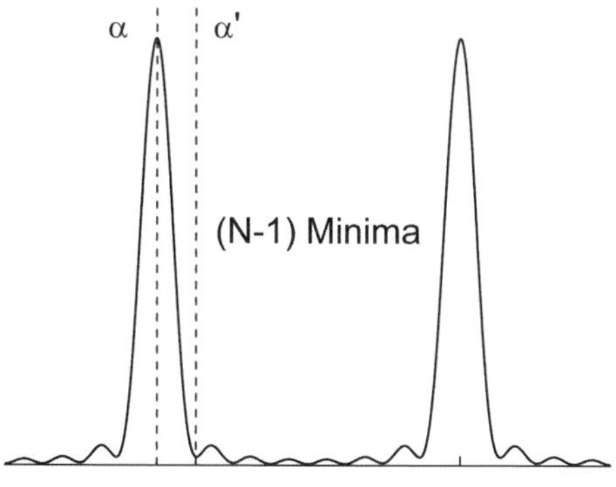

Abb. 1.24 Intensitätsverlauf zwischen zwei Beugungsmaxima bei der Überlagerung von N-Teilbündeln.

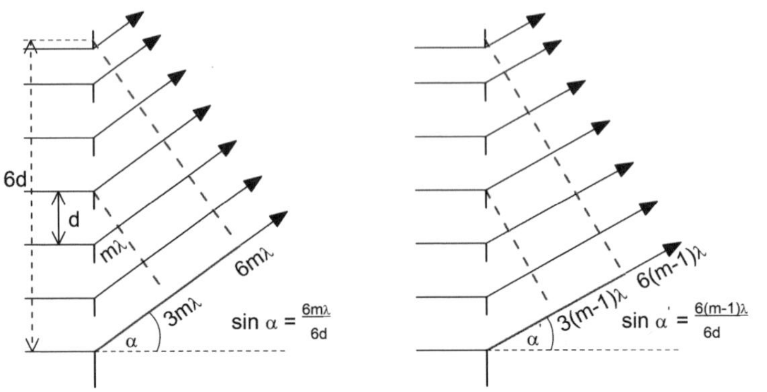

Abb. 1.25 Beugung an einem Strichgitter mit N = 6. Unter dem Winkel α wird das Beugungsmaximum m-ter Ordnung beobachtet, unter dem Winkel α' das erste Minimum, da die Bündel des ersten und vierten, des zweiten und fünften und des dritten und sechsten Spaltes jeweils einen Gangunterschied $\lambda/2$ besitzen.

$$Nd\sin\alpha' = (Nm-1)\lambda \tag{1.41}$$

haben wir das erste Intensitätsminimum.

Zwei Wellenlängen λ und $\lambda - \delta\lambda$ kann man nun noch trennen, wenn das Beugungsmaximum zur Wellenlänge $\lambda - \delta\lambda$

$$Nd\sin\alpha' = Nm(\lambda - \delta\lambda) \tag{1.42}$$

in dieses erste Minimum fällt (oder wenn der Winkelunterschied größer ist). Der Vergleich von (1.41) und (1.42) führt auf

$$\frac{\lambda}{\delta\lambda} = mN\,. \tag{1.43}$$

Das Auflösungsvermögen $\lambda/\delta\lambda$ wächst mit der Strichzahl und der Ordnung an.

Mit wachsender Auflösung werden zwei Wellenlängen stärker getrennt. Daraus ergibt sich, dass der Spektralbereich, der untersucht werden kann, beschränkter wird. Fordert man entsprechend Abb. 1.26, dass sich die Beugungsbilder m-ter und $(m+1)$-ter Ordnung nicht überlappen, dann ergibt sich die Bedingung

$$\sin\alpha = \frac{m\lambda_{\max}}{d} = \frac{(m+1)\lambda_{\min}}{d}\,. \tag{1.44}$$

Man sieht, dass die größte Wellenlänge

$$\lambda_{\max} = \left(1+\frac{1}{m}\right)\lambda_{\min} \le 2\lambda_{\min} \tag{1.45}$$

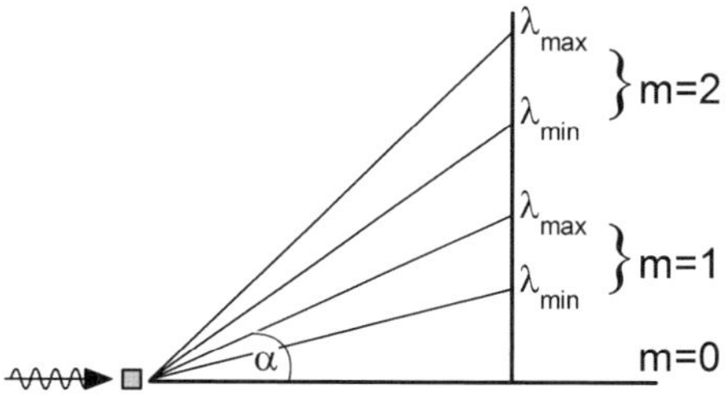

Abb. 1.26 Der Spektralbereich muss so gewählt werden, dass sich Beugungsmaxima verschiedener Ordnungen nicht überlappen.

höchstens das Doppelte der kleinsten Wellenlänge sein darf. Bei einem breiten Spektrum macht sich daher oft eine Vorzerlegung erforderlich, so dass nur ein schmaler Wellenlängenbereich auf den hochauflösenden Spektralapparat fällt.

1.2.5 Elektronenbeugung

Die Photonenhypothese war erfolgreich auf die Erklärung des Photo- und des Comptoneffektes angewendet worden. Beim Comptoneffekt zeigte sich, dass man dem Photon nicht nur eine Energie $E = \hbar\omega$, sondern auch einen Impuls $\mathbf{p} = \hbar\mathbf{k}$ zuordnen muss. *Louis de Broglie* [10, 11, 12] vermutete, dass diese Eigenschaft

$$\mathbf{p} = \hbar\mathbf{k}, \quad \lambda = \frac{h}{mv} \tag{1.46}$$

bei allen Teilchen und Wellen auftritt. Eine Teilchenbewegung sollte also mit einer Wellenausbreitung verbunden sein, wobei die *de-Broglie-Wellenlänge* (1.46) mit $p = m \cdot v$ durch Masse und Geschwindigkeit bestimmt wird.

Dieser Gedanke wurde von *Elsasser* (1925) [13] aufgegriffen, um Anisotropien bei den Elektronenstreuexperimenten von *Davisson* und *Kunsman* (1923) [14] als Beugungseffekte von Elektronenwellen zu deuten. Als *Davisson* und *Germer* (1927) [15] wiederum Anisotropien bei ihren Elektronenstreuexperimenten feststellten, die stark davon abhingen, ob die Probe ein Einkristall oder ein polykristalliner Stoff war, verfolgten sie systematisch die Vorstellung einer Elektronenbeugung. Dabei konnte die de-Broglie-Beziehung (1.46) experimentell bestätigt werden. Es war bewiesen worden, dass *mit der Bewegung eines Elektrons die Ausbreitung einer Elektronenwelle verknüpft ist.*

Hat ein anfangs ruhendes Elektron ein Spannungsgefälle U durchlaufen, dann ist seine Energie (1.3)

$$E = mc^2 + eU = c\sqrt{(mc)^2 + \mathbf{p}^2} = mc^2 + \frac{\mathbf{p}^2}{2m} + \dots \, . \tag{1.47}$$

Löst man (1.47) mittels der de-Broglie-Beziehung (1.46) nach λ auf, dann ergibt sich

$$\lambda = \frac{h}{mc}\sqrt{\frac{mc^2}{2eU}}\frac{1}{\sqrt{1+(eU)/(2mc^2)}}\,, \tag{1.48}$$

$$\simeq \frac{h}{mc}\sqrt{\frac{mc^2}{2eU}}\left[1-\frac{1}{4}\frac{eU}{mc^2}\right]\,. \tag{1.49}$$

Der Ausdruck für die Wellenlänge enthält als Vorfaktor die Comptonwellenlänge $\lambda_C = h/mc$. Unter der Wurzel steht das Verhältnis von Ruhenergie $mc^2 = 0{,}511\,\text{MeV}$ zur Energie eU, die das Elektron bei der Beschleunigung gewonnen hat. Der Zahlenwert von (1.49) ist

$$\lambda = \frac{1{,}226\ \text{nm}}{\sqrt{U/\text{V}}}(1-0{,}49\cdot 10^{-6}U/\text{V})\,. \tag{1.50}$$

(1.50) enthält eine relativistische Korrektur, die sich aber erst bei Spannungen ab 10^4 V bemerkbar macht. In Tab. 1.3 sind Wellenlängenwerte zusammengestellt.

Tabelle 1.3 Wellenlänge von Photonen, Elektronen und Protonen verschiedener Energie. Die Wellenlängen wurden mit den Werten für e, m, c, h aus Tab. III berechnet. Die Fehler dieser Konstanten machen sich in den angegebenen Ziffern nicht bemerkbar.

Energie (eV)	Wellenlänge (nm)		
	Photonen	Elektronen	Protonen
0,01	$1{,}2399\cdot 10^{5}$	$1{,}2264\cdot 10^{1}$	$2{,}8621\cdot 10^{-1}$
0,1	$1{,}2399\cdot 10^{4}$	$3{,}8783\cdot 10^{0}$	$9{,}0508\cdot 10^{-2}$
0,2	$6{,}1992\cdot 10^{3}$	$2{,}7424\cdot 10^{0}$	$6{,}3999\cdot 10^{-2}$
0,5	$2{,}4797\cdot 10^{3}$	$1{,}7344\cdot 10^{0}$	$4{,}0470\cdot 10^{-2}$
1,0	$1{,}2399\cdot 10^{3}$	$1{,}2264\cdot 10^{0}$	$2{,}8621\cdot 10^{-2}$
2,0	$6{,}1992\cdot 10^{2}$	$8{,}6722\cdot 10^{-1}$	$2{,}0238\cdot 10^{-2}$
5,0	$2{,}4797\cdot 10^{2}$	$5{,}4848\cdot 10^{-1}$	$1{,}2800\cdot 10^{-2}$
10,0	$1{,}2399\cdot 10^{2}$	$3{,}8783\cdot 10^{-1}$	$9{,}0508\cdot 10^{-3}$
20,0	$6{,}1992\cdot 10^{1}$	$2{,}7424\cdot 10^{-1}$	$6{,}3999\cdot 10^{-3}$
50,0	$2{,}4797\cdot 10^{1}$	$1{,}7344\cdot 10^{-1}$	$4{,}0477\cdot 10^{-3}$
100	$1{,}2399\cdot 10^{1}$	$1{,}2264\cdot 10^{-1}$	$2{,}8621\cdot 10^{-3}$
200	$6{,}1993\cdot 10^{0}$	$8{,}6713\cdot 10^{-2}$	$2{,}0238\cdot 10^{-3}$
500	$2{,}4797\cdot 10^{0}$	$5{,}4834\cdot 10^{-2}$	$1{,}2800\cdot 10^{-3}$
1000	$1{,}2399\cdot 10^{0}$	$3{,}8764\cdot 10^{-2}$	$9{,}0508\cdot 10^{-4}$
10^4	$1{,}2399\cdot 10^{-1}$	$1{,}2205\cdot 10^{-2}$	$2{,}8621\cdot 10^{-4}$
10^5	$1{,}2399\cdot 10^{-2}$	$3{,}7015\cdot 10^{-3}$	$9{,}0506\cdot 10^{-5}$
10^6	$1{,}2399\cdot 10^{-3}$	$8{,}7192\cdot 10^{-4}$	$2{,}8614\cdot 10^{-5}$
10^7	$1{,}2399\cdot 10^{-4}$	$1{,}1810\cdot 10^{-4}$	$9{,}0268\cdot 10^{-6}$
10^8	$1{,}2399\cdot 10^{-5}$	$1{,}2336\cdot 10^{-5}$	$2{,}7888\cdot 10^{-6}$
10^9	$1{,}2399\cdot 10^{-6}$	$1{,}2392\cdot 10^{-6}$	$7{,}3102\cdot 10^{-7}$
10^{10}	$1{,}2399\cdot 10^{-7}$	$1{,}2398\cdot 10^{-7}$	$1{,}1377\cdot 10^{-7}$

Davisson und *Germer* streuten niederenergetische Elektronen (Beschleunigungsspannungen bis zu 1000 V) an einem Nickeleinkristall mit einer [111]-Oberfläche. Der Versuchsaufbau ist in Abb. 1.27 dargestellt. Die beschleunigten Elektronen fallen auf die Nickelprobe. Die unter einem Winkel ϑ reflektierten Elektronen werden beobachtet, wobei eine Gegenspannung am inneren Faradaykäfig dafür sorgte, dass nur die elastisch reflektierten Elektronen registriert wurden. Die Nickelprobe konnte um ihre Achse gedreht, der Azimutwinkel φ somit von 0 bis 2π variiert werden.

Abb. 1.28 zeigt für zwei Azimutwinkel und verschiedene Beschleunigungsspannungen die Abhängigkeit der Intensität von ϑ. Für $\varphi \mathrel{\hat{=}} [111]$ bildete sich bei $\vartheta = 50°$ ein Maximum heraus, das für $U = 54\,\text{V}$ am stärksten ausgebildet war. Für $\varphi \mathrel{\hat{=}} [100]$ trat ein Maximum bei $\vartheta = 44°$ und $U = 65\,\text{V}$ Beschleunigungsspannung auf. Abb.1.29 zeigt die Intensitätsverteilung für diese Werte von ϑ und U in Abhängigkeit vom Azimutwinkel φ. Dabei tritt die Dreizähligkeit der [111]-Probennormalen klar hervor.

Aus der Struktur und der Orientierung des Nickelkristalls folgt die Lage der Intensitätsmaxima in Abhängigkeit von der Wellenlänge aus zu (1.40) analogen Formeln. Die daraus ermittelte Wellenlänge der Strahlung konnte mit (1.50) verglichen werden. Innerhalb des Messfehlers ergab sich eine Übereinstimmung, wenn man berücksichtigte, dass das mittlere Potential im Kristall den Potentialnullpunkt noch verschiebt. Im gleichen Jahr wurden von *Thomson* (1927) Elektronenbeugungsver-

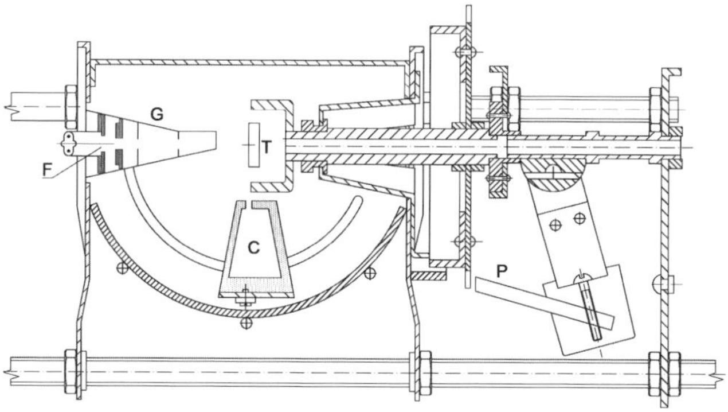

Abb. 1.27 Versuchsaufbau von *Davisson* und *Germer*. Die Elektronen treten aus der W-Kathode F mit thermischer Energie aus, werden in G beschleunigt und auf die Probe T mit senkrechtem Einfall geschossen. Der Strom der in den inneren Faradaykäfig C gestreuten Elektronen wird über ein empfindliches Galvanometer gemessen. Der Raum um die Probe herum ist feldfrei, da sich äußerer Faradaykäfig, Probe und Gehäuse des Elektronenbeschleunigers auf gleichem Potential befinden. Der Faradaykäfig kann auf einem Kreis geführt und damit ϑ verändert werden [nach *Davisson, C.* , *Germer, L. H.*: Phys. Rev. **30**, 705 (1927)].

suche durchgeführt, die die Richtigkeit von (1.50) noch klarer bestätigten. *Thomson* durchstrahlte entsprechend Abb. 1.30 dünne polykristalline Metallfolien mit hochenergetischen Elektronen (20-70 keV). Die Durchmesser der Debye-Scherrer-Ringe

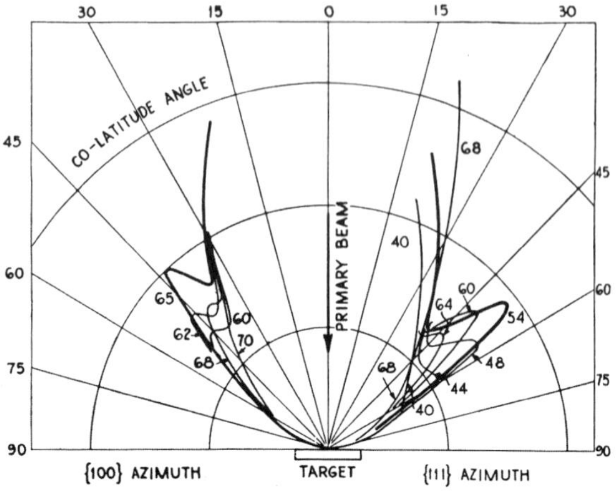

Abb. 1.28 Intensität der gestreuten Elektronen in Abhängigkeit von der Stellung ϑ des Faradaykäfigs für zwei Probenstellungen. Die Beschleunigungsspannung U ist an den Kurven vermerkt [*Davisson, C. , Germer, L. H.*: Phys. Rev. **30**, 705 (1927)].

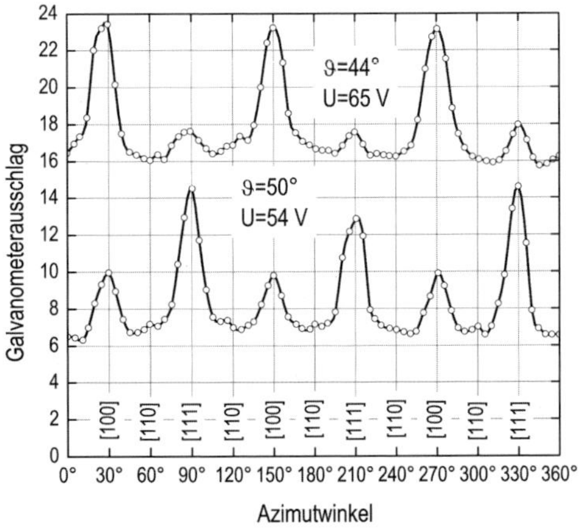

Abb. 1.29 Intensitätsverlauf bei Drehung der Probe für feste Werte von ϑ und U [nach *Davisson, C.; Germer, L. H.*: Phys. Rev. **30**, 705 (1927)].

wurden für verschiedene Spannungen ausgemessen. Tab. 1.4 zeigt die Ergebnisse für den [200]-Ring von Al. Mit größerer Spannung verringert sich die Wellenlänge der Elektronenwelle und damit der Ringdurchmesser D, da $D \sim \lambda$ ist. Nach (1.50) sollte also $D\sqrt{U}$ konstant sein. Dieser Wert wurde in Tab. 1.4 auch angegeben, wobei die hier bis zu 3% betragenden relativistischen Korrekturen mitberücksichtigt wurden. Bei Auswertung aller Ringe (für Al konnten bis zu acht Ringe ausgemessen werden) ergab sich ein Mittelwert der Gitterkonstanten.

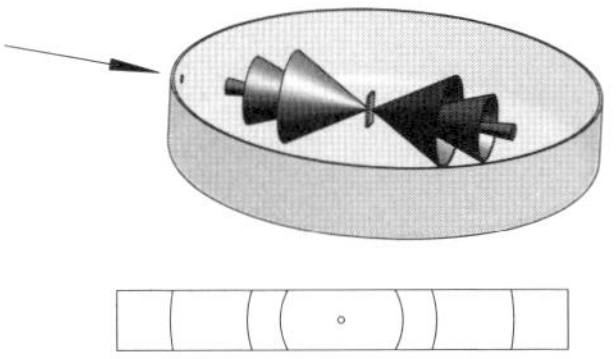

Abb. 1.30 Versuchsaufbau bei einer Debye-Scherrer-Aufnahme mit einem ringförmig eingelegten Film. Die Streuung an der polykristallinen Probe führt zu auf Kegeln liegenden Intensitätsmaxima. Auf dem aufgebogenen Film können die Ringdurchmesser ausgemessen werden.

Tabelle 1.4 Auswertung der (200)-Ringe von Debye-Scherrer-Aufnahmen von Al durch *Thomson* [nach *Thomson, G.P.*: Proc, Royal Soc. **119**, 651 (1928)]

U	D	$D\sqrt{U/\mathrm{V}}(1+0{,}49\cdot 10^{-6}U/\mathrm{V})$
64,000	1,47	3,84
57,600	1,62	3,98
45,000	1,78	3,88
34,500	2,00	3,78
21,800	2,42	3,61

Thomson verglich seine Werte mit denen, die bei der Beugung von Röntgenstrahlen ermittelt wurden. Beide Experimente führen auf gleichartige Beugungsbilder. In Abb. 1.31 werden zwei Debye-Scherrer-Aufnahmen (hier mit Planfilm) von Silber verglichen. *Die Elektronenstrahlen ergeben ebenso wie die Röntgenstrahlen die für eine Beugung typischen Ringe. Die unterschiedlichen Ringdurchmesser sind durch die verschiedenen Wellenlängen bedingt.* Tab. 1.5 enthält *Thomsons* Werte für Al, Au und Pt. Die mittlere Abweichung zwischen beiden Messungen betrug 1%. Die Existenz der Elektronenwellen und die Anwendbarkeit der de-Broglie-Beziehung waren eindeutig bestätigt worden.

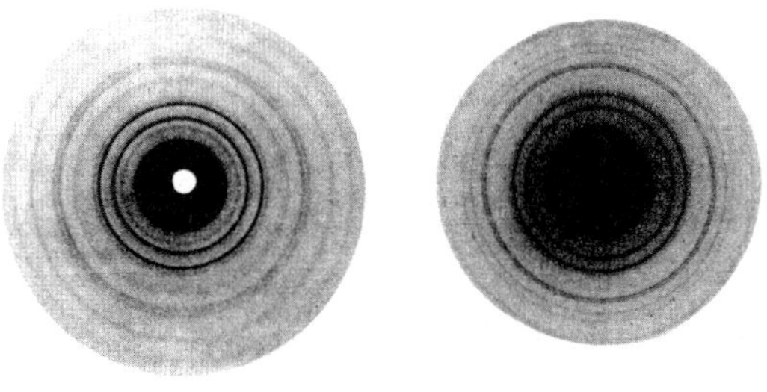

Abb. 1.31 Debye-Scherrer-Aufnahmen an Silber, hier mit Planfilm. (a) Röntgenstrahlen von 0,071 nm, (b) Elektronenstrahlen mit 0,00645 nm [Aufnahmen von *Wierl, R.*, in *Fues. E.*: Handb. d. Exp. Physik E II, 7 (1935)].

Tabelle 1.5 Vergleich der aus Elektronenbeugung gewonnenen Gitterparameter mit den durch Beugung von Röntgenstrahlen bestimmten Werten in nm [nach *Thomson, G. P.*: Proc. Royal Soc. (London) **119**, 651 (1928)]

	Al	Au	Pt
Kathodenstrahlen	0,4035	0,4200	0,3890
Röntgenstrahlen	0,4043	0,4064	0,3913

1.2.6 LEED★

Die Elektronenbeugung findet auch heutzutage vielfältige Anwendungen. Bei den sogenannten LEED-Messungen (*Low-Energy Electron Diffraction*) wird die Probe mit niederenergetischen Elektronen im Energiebereich um 100 eV bestrahlt. Die elastisch gebeugten Elektronen werden beobachtet. Da die freie Weglänge der Elektronen im Festkörper sehr klein ist, sind diese Elektronen nur an den obersten Atomlagen gestreut worden. LEED ist somit eine Methode zur Untersuchung von Oberflächeneigenschaften, wie Oberflächenstruktur, Wachstum, Adsorption, Korrosion, u. ä.

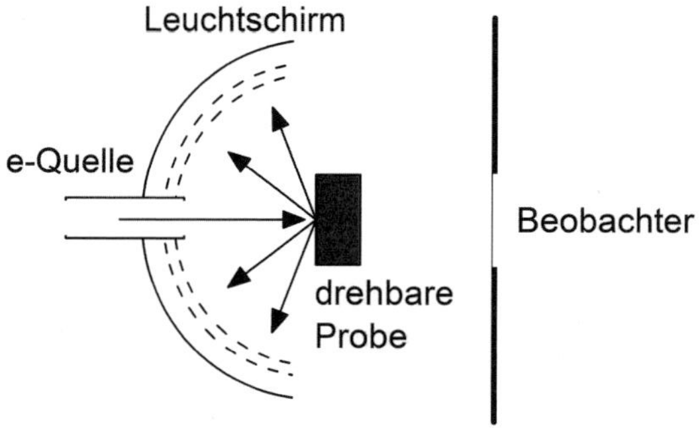

Abb. 1.32 Schema einer LEED-Messung mit Betrachtung eines Leuchtschirmbildes. Die einige mm vor dem Leuchtschirm angebrachten Gitter sorgen dafür, dass nur die elastisch gestreuten Elektronen auf den Schirm auftreffen.

Der prinzipielle Aufbau der Apparatur bei LEED-Messungen ist der gleiche wie bei den Beugungsexperimenten von *Davisson* und *Germer* (Abb. 1.27), bei denen der Strom der gestreuten Elektronen nacheinander in verschiedenen Raumrichtungen gemessen wird, oder wie in Abb. 1.32, wo ein Leuchtschirmbild ausphotometriert wird. Dabei erhält man schnell einen Gesamtüberblick über das Beugungsbild, während im ersteren Fall die Intensitäten genauer messbar sind.

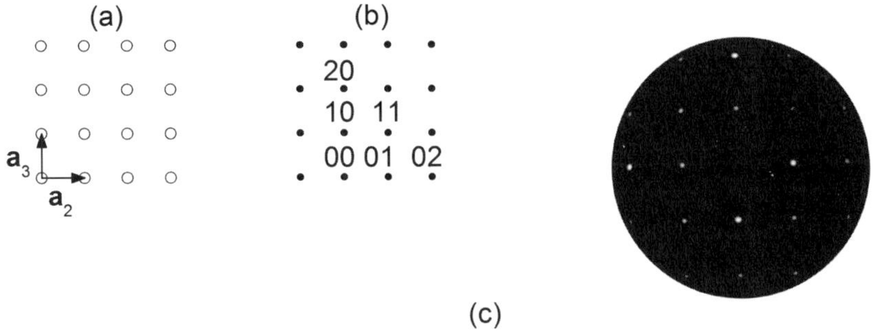

Abb. 1.33 LEED-Aufnahme von einer Ag(100)-Oberfläche. (a) Anordnung der Atome an der Oberfläche, (b) schematische Darstellung der Beugungspunkte, (c) LEED-Aufnahme [nach Schindler *et al.* [16]].

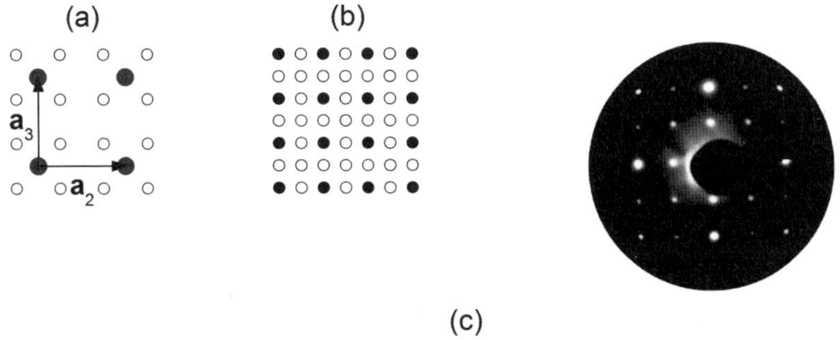

Abb. 1.34 LEED-Aufnahme von einer Ag(100)-Oberfläche mit adsorbiertem Sauerstoff. Die adsorbierten Atome bilden eine Überstruktur. (a) Anordnung der Atome an der Oberfläche, (b) Schematische Darstellung der Beugungspunkte, (c) LEED-Aufnahme [nach *M. Huth* und *W. Widdra*].

Für ein zweidimensionales Gitter, als solches können wir die Oberflächenatome in einem einfachen Bild auffassen, hat man zwei Bedingungen von Typ (1.40), bei der Bestrahlung mit monoenergetischen Elektronen erhält man Beugungspunkte. In Abb. 1.33 ist die Beugung an einem quadratischen Gitter (Abb. 1.33a) dargestellt. Dieses Beugungsbild vergleichen wir mit dem in Abb. 1.34 enthaltenen Fall, in dem sich auf diesem Gitter in regelmäßiger Weise Atome angelagert haben. Die Atomanordnung von Abb. 1.34a ist auch ein quadratisches Gitter, das aber im Vergleich zu Abb. 1.33a eine doppelte Kantenlänge besitzt. Wenn wir in (1.40) d verdoppeln, dann treten die ursprünglichen Beugungspunkte (Abb. 1.33b) weiterhin auf, sie gehören jetzt nur zu doppelten m-Werten. Dazwischen liegen weitere Beugungspunkte (Abb. 1.34b) zu den ungeraden m-Werten. Die Aufnahme in Abb. 1.34c zeigt dies deutlich.

Aus der Lage der Bildpunkte kann man also - zumindest in einfachen Fällen - aus rein geometrischen Betrachtungen auf die Anordnung der Atome auf der Oberfläche schließen. Um die Intensitäten berechnen zu können, muss die Wechselwirkung des Elektrons mit dem Festkörper von der Schrödingergleichung (Abschn. 1.5.2) ausgehend betrachtet werden, eine einfache Überlagerung von Atomformfaktoren wie bei der Röntgenstreuung ist nicht ausreichend.

1.2.7 Wellenpaket mit Gaußverteilung

Wir haben gesehen, dass eine Elektron einerseits als Teilchen mit einer bestimmten Energie und einem bestimmten Impuls und andererseits als Welle mit bestimmter Wellenlänge und Frequenz aufgefasst werden kann. Da *mit dem Teilchenbild die Darstellung einer starken Lokalisierung verbunden ist, mit dem Wellenbild aber die Vorstellung einer ausgebreiteten Erscheinung,* wollen wir diese Eigenschaften an einem konkreten eindimensionalen Fall untersuchen.

Ein Wellenpaket als Lösung einer Wellengleichung ist durch (1.29) gegeben

$$\psi(x,t) = \int_{-\infty}^{+\infty} \frac{dk}{2\pi} f(k) e^{-i[\omega(k)t-kx]} . \tag{1.51}$$

Die Form der Wellengleichung spiegelt sich in der Dispersionsbeziehung $\omega(k)$ wider, die Gestalt des Wellenpakets wird durch $f(k)$ bestimmt. Wir betrachten hier das Wellenpaket nur zu einer bestimmten Zeit, sagen wir zu $t = 0$,

$$\psi(x,0) = \int_{-\infty}^{+\infty} \frac{dk}{2\pi} f(k) e^{ikx}, \tag{1.52}$$

und untersuchen die räumliche Verteilung $\psi(x,0)$ in Abhängigkeit von der *spektralen Verteilung* $f(k)$.

Enthält die Welle nur eine Wellenlänge $\lambda_0 = 2\pi/k_0$,

$$f(k) = 2\pi A\delta(k-k_0), \quad \psi(x,0) = A\, e^{ik_0x}, \tag{1.53}$$

dann erhalten wir eine im ganzen Raum mit gleicher Intensität $|\psi|^2 = A^2$ verteilte *ebene Welle*. Überlagern wir andererseits alle möglichen Wellenlängen mit gleicher Amplitude,

$$f(k) = A, \quad \psi(x,0) = A\delta(x), \tag{1.54}$$

dann ergibt sich ein am Koordinatenursprung deltafunktionsartig lokalisiertes Wellenpaket. Wir können (1.54) leicht etwas verallgemeinern

$$f(k) = Ae^{-ikx_0}, \quad \psi(x,0) = A\delta(x-x_0) . \tag{1.55}$$

indem wir ein am Ort x_0 lokalisiertes Wellenpaket konstruieren.

Um den Übergang zwischen diesen beiden Grenzfällen [(1.53),(1.54)] genau untersuchen zu können, betrachten wir nun eine durch eine Gauß-Funktion beschriebene *Spektralverteilung*

$$f(k) = e^{-ikx_0}\sqrt{\frac{2\sqrt{\pi}}{\Delta k}}\exp\left[-\frac{1}{2}\left(\frac{k-k_0}{\Delta k}\right)^2\right], \quad \int_{-\infty}^{+\infty}\frac{dk}{2\pi}\,|f(k)|^2 = 1, \qquad (1.56)$$

die (1.53) und (1.55) als Grenzfälle für $\Delta k \to 0$ bzw. $\Delta k \to \infty$ enthält. Der Vorfaktor A wurde hier so gewählt, dass die in (1.56) und (1.60) angegebene Normierungsbedingung erfüllt ist. Setzen wir (1.56) in (1.52) ein, so erhalten wir

$$\begin{aligned}\psi(x,0) &= \int_{-\infty}^{+\infty}\frac{dk}{2\pi}\sqrt{\frac{2\sqrt{\pi}}{\Delta k}}\exp\left[-\frac{1}{2}\left(\frac{k-k_0}{\Delta k}\right)^2\right]e^{ik(x-x_0)}\\ &= \frac{1}{\sqrt{\Delta k\sqrt{\pi}}}e^{ik_0(x-x_0)}\int_{-\infty}^{+\infty}\frac{dk}{\sqrt{2\pi}}\exp\left[-\frac{1}{2}\left(\frac{k}{\Delta k}\right)^2\right]e^{ik(x-x_0)},\end{aligned} \qquad (1.57)$$

wobei in der zweiten Zeile k durch $k+k_0$ substituiert wurde.

Zur Berechnung des verbleibenden Integrals I schreiben wir

$$-\frac{1}{2}\left(\frac{k}{\Delta k}\right)^2 + ik(x-x_0) = -\frac{1}{2}\left(\frac{k-i(\Delta k)^2(x-x_0)}{\Delta k}\right)^2 - \frac{(\Delta k)^2}{2}(x-x_0)^2, \qquad (1.58)$$

wonach I durch eine weitere Transformation in eine Standardform gebracht werden kann

$$\begin{aligned} I &= \exp\left\{-\frac{1}{2}[\Delta k(x-x_0)]^2\right\}\int_{-\infty}^{+\infty}\frac{dk}{\sqrt{2\pi}}\exp\left[-\frac{1}{2}\left(\frac{k}{\Delta k}\right)^2\right]\\ &= \exp\left\{-\frac{1}{2}[\Delta k(x-x_0)]^2\right\}\frac{1}{\sqrt{2\pi}}\sqrt{2(\Delta k)^2\sqrt{\pi}}\\ &= \Delta k\exp\left\{-\frac{1}{2}[\Delta k(x-x_0)]^2\right\}.\end{aligned} \qquad (1.59)$$

Führen wir in $\psi(x,0)$ statt Δk noch $\Delta x = 1/\Delta k$ ein, dann ist das Resultat

$$\begin{aligned}&\psi(x,0) = e^{ik_0(x-x_0)}\frac{1}{\sqrt{\Delta x\sqrt{\pi}}}\exp\left[-\frac{1}{2}\left(\frac{x-x_0}{\Delta x}\right)^2\right],\\ &\int_{-\infty}^{+\infty}dx|\psi(x,0)|^2 = 1\,.\end{aligned} \qquad (1.60)$$

Eine Gauß-Kurve als Spektralverteilung (1.56) führt auf ein Wellenpaket, das auch im Ortsraum eine Gauß-Kurve ist.

In Abb. 1.35 ist das Ergebnis einschließlich der Grenzfälle veranschaulicht. Wir betrachten eine um k_0 über einen Bereich Δk ausgebreitete Spektralverteilung. Δk

charakterisiert dabei die Abweichung $k - k_0$, für die die Amplitude um einen Faktor $\sqrt{e}$ oder die Intensität um einen Faktor e abgefallen ist. Wir sagen kurz, Δk ist die *Breite der Spektralverteilung*. Entsprechend ist Δx die *räumliche Breite des Wellenpaketes*.

Wir sehen aus Abb. 1.35 und auch aus der Definition $\Delta x = 1/\Delta k$, dass die Breite der Spektralverteilung und die Ausdehnung des Wellenpaketes eng miteinander verknüpft sind. Ein Wellenpaket, das nur eine Wellenzahl oder eine Wellenlänge (1.53) enthält, ist zwangsläufig über den ganzen Raum ausgebreitet. Ein stark lokalisiertes Wellenpaket (1.55) enthält andererseits Wellen aller Wellenzahlen. Zu einer endlichen Ausdehnung Δx gehört die über

$$\Delta x \cdot \Delta k \geq 1 \tag{1.61}$$

mit Δx verknüpfte Spektralbreite Δk. (1.61) ist eine typische Eigenschaft von Wel-

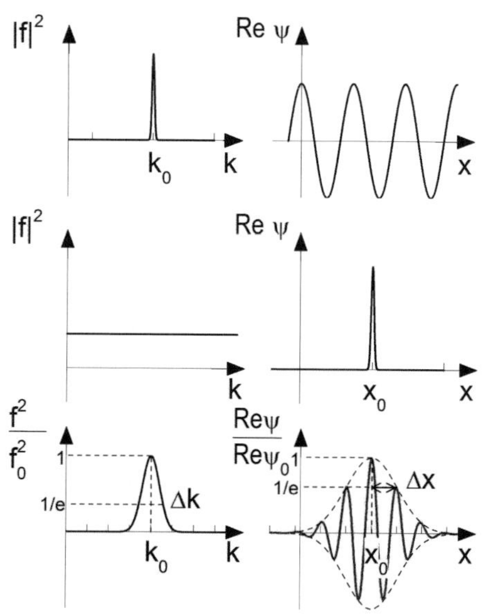

Abb. 1.35 Räumlicher Verlauf und spektrale Verteilung eines Wellenpaketes.

lenpaketen. *Es lässt sich kein Wellenpaket konstruieren, für das das Produkt* $\Delta x \cdot \Delta k$ *kleiner als Eins ist.* (Bei anderer Definition von Δx und Δk kann die untere Schranke natürlich einen etwas anderen Wert besitzen.) Man kann jedoch Fälle konstruieren, in denen eine breitere Spektralverteilung zu einem Wellenpaket gleicher Ausdehnung führt. Deswegen steht in (1.61) das Größerzeichen. Zum Beispiel kann man zu $f(k)$ aus (1.56) eine gleiche um $-k_0$ lokalisierte Spektralverteilung hinzuaddieren. Wie (1.60) zeigt, gehört dazu ein Wellenpaket, das auch mit der Breite Δx um x_0 lokalisiert ist; nur die Feinstruktur des Amplitudenverlaufs ändert sich.

Kehren wir nun zu dem Ergebnis zurück, dass auch ein Elektron durch ein Wellenpaket beschrieben wird. Δx ist dann der Aufenthaltsbereich des Elektrons. Andererseits ist nach der de-Broglie-Beziehung $p = \hbar k$ (1.46) der Impuls des Elektrons mit der Wellenzahl der Welle verknüpft. Schwankt die Wellenzahl in einem Bereich Δk, dann liegt auch der Impuls im Bereich $\Delta p = \hbar \Delta k$ um den Schwerpunkt $\hbar k_0$ der Verteilung. (1.61) hat also zur Folge, dass Ort und Impuls des Elektrons nicht gleichzeitig beliebig genau angegeben werden können. Es gilt die *Unbestimmtheitsrelation*

$$\Delta x \cdot \Delta p \geq \hbar/2, \tag{1.62}$$

deren Konsequenzen für die Messbarkeit von Teilcheneigenschaften in Abschn. 1.5.4 untersucht werden.

1.2.8 Aufgaben

1.4. Untersucht wird eine polykristalline Graphit-Probe. Der Netzebenenabstand in den Graphit-Kristalliten ist $d = 2,13 \cdot 10^{-10}$ m. Mit Hilfe einer Elektronenbeugungsröhre können die Interferenzen von Elektronen an einem Leuchtschirm sichtbar gemacht werden. Elektronen treten aus der glühenden Kathode aus und werden durch die Spannung U beschleunigt. Sie treten durch ein Loch in der Anode und erzeugen auf dem Leuchtschirm (Glaskolben) einen Lichtfleck. Bringt man die Graphit-Probe zwischen Anode und Leuchtschirm, werden Interferenzringe beobachtet.

a) Leiten Sie eine Beziehung zwischen de-Broglie-Wellenlänge, Netzebenenabstand, Radius r der Interferenzringe und dem Abstand l der Probe vom Leuchtschirm ab. Es gilt $l \gg r$.
b) Wie groß war die Beschleunigungsspannung, wenn bei Graphit-Kristalliten in erster Ordnung ein Ringradius von $r = 9,0$ mm auftrat. Der Abstand der Kristallite von der Beobachtungsebene war $l = 18$ cm. Relativistische Rechnung!

1.5. Zeigen Sie, dass man die Wellenlänge eines Elektrons, das in einem elektrischen Feld (Spannung U) beschleunigt wurde, für den Fall $|eU| \ll mc^2$ näherungsweise durch den folgenden Ausdruck beschreiben kann:

$$\lambda \approx \frac{h}{\sqrt{2m|eU|}} \left(1 - \frac{|eU|}{4mc^2}\right). \tag{1.63}$$

1.6. Elektronen mit einer kinetischen Energie von a) 5 eV, b) 100 eV und c) 1000 eV treffen auf die (111)-Oberfläche eines Ni Einkristalls (Gitterkonstante $a = 0.352$ nm). Prüfen Sie, ob die Elektronen am Kristall gebeugt werden oder nicht.

1.3 Die Hohlraumstrahlung und Gitterschwingungen

Zusammenfassung: Die experimentelle Untersuchung der Hohlraumstrahlung und thermodynamische Überlegungen führten auf das Kirchhoffsche Gesetz und auf das Wiensche Verschiebungsgesetz. Die explizite Form der spektralen Energiedichte ist durch die mittlere Energie $\overline{\varepsilon}(\omega,T)$ eines Oszillators im thermodynamischen Gleichgewicht bestimmt. Die Plancksche Strahlungsformel ergibt sich, wenn man $\overline{\varepsilon}$ unter der Voraussetzung berechnet, dass der Oszillator seine Energie nur um $\Delta\varepsilon = \hbar\omega$ ändern kann. Diese Annahme steht aber im Widerspruch zur klassischen Mechanik. Ihre konsequente Durchsetzung führt auf die Quantenmechanik. Die Verwendung dieser These bei der Berechnung der Schwingungsenergie eines Festkörpers liefert den experimentell beobachteten, durch das Debyesche Gesetz bestimmten Verlauf der spezifischen Wärme.

1.3.1 Thermodynamik der Hohlraumstrahlung

In der zweiten Hälfte des 19. Jahrhunderts wurde die spektrale Verteilung der von einem Körper gegebener Temperatur T ausgesandten Strahlung intensiv untersucht. Ein Körper kann Strahlung durchlassen, absorbieren oder reflektieren. Ein idealer Grenzfall ist der so genannte *schwarze Strahler*, der die auffallende Strahlung vollständig absorbieren soll. Die von einem solchen Körper emittierte Strahlung, bzw. die sich in einem Hohlraum innerhalb eines schwarzen Körpers befindliche Strahlung - *die Hohlraumstrahlung* -, interessierte dabei besonders.

Wir wollen mit $\eta(T)$ die *Energiedicht*e und mit $\eta(\omega,T)$ die Energiedichte der Hohlraumstrahlung je Kreisfrequenzintervall bzw. mit $\eta(f,T) = 2\pi\eta(\omega,T)$ die Energiedichte pro Frequenzintervall, die *spektrale Energiedichte* bezeichnen. Die gesamte Strahlungsenergie U im Hohlraum mit dem Volumen V ist also

$$U = V\int_0^\infty df\eta(f,T) = V\int_0^\infty d\omega\,\eta(\omega,T) = V\eta(T)\,. \qquad (1.64)$$

Experimentell findet man für $\eta(\omega,T)$ den in Abb. 1.36 dargestellten Verlauf.

Daneben interessiert *das spektrale Emissionsvermögen* $u(\omega,T)$ des Strahlers, d. h. die je Fläche, je Zeit und je Kreisfrequenzintervall abgestrahlte Energie. Wir werden uns gleich überlegen, dass für einen schwarzen Strahler $u(\omega,T)$ mit $\eta(\omega,T)$ über

$$u(\omega,T) = \frac{c}{4}\eta(\omega,T) \qquad (1.65)$$

verknüpft ist. Aus rein thermodynamischen Überlegungen - aus dem II. Hauptsatz - folgt, dass die spektrale Energiedichte $\eta(\omega,T)$ für alle schwarzen Strahler identisch ist, d.h. nicht von der Natur des Strahlers abhängt. Dies wurde von *Kirchhoff*

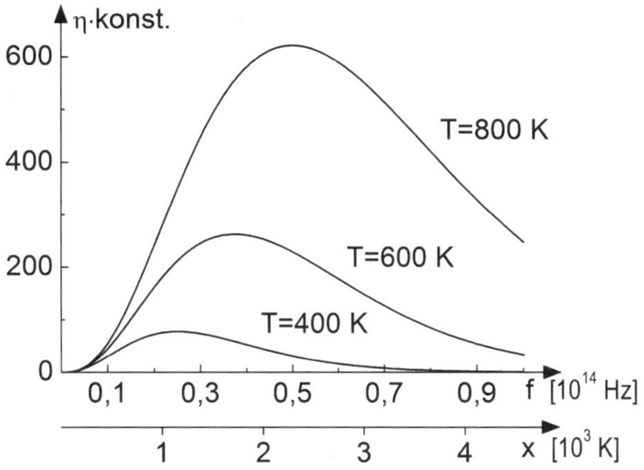

Abb. 1.36 Spektrale Energiedichte $\eta(\omega,T)$ der Hohlraumstrahlung für verschiedene Temperaturen. Die Konstante wurde zu $c^3\hbar^2/4k^3$ gewählt, so dass mit $x = \hbar\omega/k$, konst. $\eta = x^3/(e^{x/T}-1)$ gilt.

schon 1859 formuliert. [17, 18, 19] Ebenso ist die Hohlraumstrahlung homogen und isotrop, auch bezüglich verschiedener Polarisierungsrichtungen **e**.

Betrachten wir nun die Energiedichte der Strahlung, die sich in den Raumwinkel $d\Omega$ ausbreitet, $\eta_\Omega d\Omega$. Die gesamte Energiedichte muss sich als Integral über alle Raumwinkel ergeben

$$\eta = \int d\Omega \eta_\Omega = 4\pi\eta_\Omega \ . \tag{1.66}$$

Wegen der Isotropie der Hohlraumstrahlung hängt η_Ω aber nicht von der Richtung ab, so dass sich η und η_Ω nur um einen Faktor 4π unterscheiden. Die Energiestromdichte in einen Raumwinkel $d\Omega$ ist daher mit (1.35) und (1.66) durch

$$S_\Omega d\Omega = \frac{c\eta}{4\pi} d\Omega \tag{1.67}$$

gegeben.

Im thermodynamischen Gleichgewicht muss ein Strahler die Strahlung, die er absorbiert, wieder emittieren. Wir können daher das spektrale Emissionsvermögen $u(f,T)$ eines schwarzen Strahlers (der die gesamte auftreffende Strahlung absorbiert) bestimmen, indem wir die auf ihn treffende Strahlung berechnen.

Auf die Fläche A trifft in der Zeit dt aus dem Raumwinkel $d\Omega$ die Energie auf, die sich in dem in Abb. 1.37 schraffiert gezeichneten Volumen $Acdt\cos\vartheta$ befindet und sich in der betrachteten Richtung ausbreitet. Insgesamt tragen alle Richtungen des Halbraumes bei:

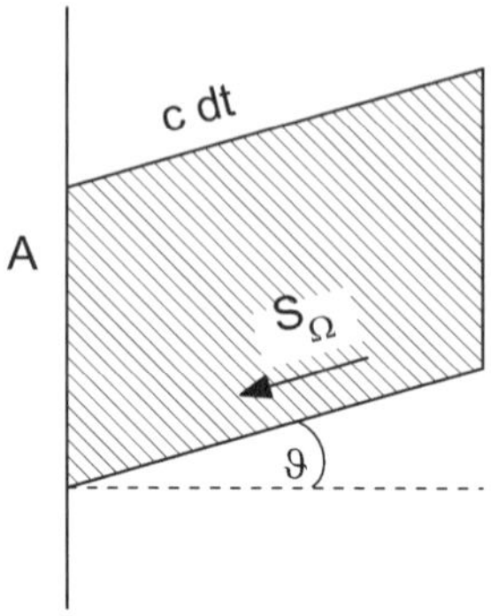

Abb. 1.37 Zur Erläuterung des Energiestromes auf eine Fläche A.

$$\begin{aligned}\delta E_{\text{emitt}} = \delta E_{\text{abs}} &= \int_{\text{Halbraum}} d\Omega\, \eta_\Omega\, Ac\, dt \cos\vartheta \\ &= \int_0^{\pi/2} 2\pi d\vartheta\ \sin\vartheta \frac{\eta}{4\pi}\, Ac\, dt \cos\vartheta \\ &= \frac{c}{4}\eta A dt\ .\end{aligned} \tag{1.68}$$

$\delta E_{\text{emitt}} d\omega$ ist die aus dem Kreisfrequenzintervall $d\omega$ von der Fläche A in der Zeit dt emittierte Energie. $\delta E_{\text{emitt}}/Adt$ ist daher das spektrale Emissionsvermögen $u(\omega,T)$. Damit ist (1.65) bewiesen.

Die Hohlraumstrahlung übt auf die Wände einen *Strahlungsdruck* aus, der analog zu (1.68) berechnet werden kann. In den auf die Fläche A in der Zeit dt übertragenen Impuls δp muss nur statt der Energiedichte η_Ω die Impulsdichte $\pi_\Omega = \mathbf{S}_\Omega/c^2$ (1.36) eingesetzt werden. Weiterhin muss beachtet werden, dass nur die Komponente senkrecht zur Wand $\pi_\Omega \cos\vartheta$ übertragen wird. Außerdem tritt bei der Emission ein gleicher Rückstoß auf. Daher ist

$$\begin{aligned}\delta p &= \int_{\text{Halbraum}} d\Omega\ 2\pi_\Omega \cos\vartheta\ Acdt \cos\vartheta \\ &= \frac{\eta}{3} A dt\ .\end{aligned} \tag{1.69}$$

Mit der Impulsänderung δp in der Zeit dt ist die Kraft $\delta p/dt$ verbunden. Der Strahlungsdruck ist somit

$$p = \frac{\eta}{3}\ . \tag{1.70}$$

(1.70) kann mit einer aus dem II. Hauptsatz folgenden Aussage kombiniert werden. Danach ist die Volumenabhängigkeit der inneren Energie eines Systems durch die Zustandsgleichung bestimmt

$$\left(\frac{\partial U}{\partial V}\right)_T = T\left(\frac{\partial p}{\partial T}\right)_V - p\,. \tag{1.71}$$

Als System betrachten wir die Hohlraumstrahlung. Da $\eta(T)$ unabhängig von V ist, ergibt sich mit (1.64)

$$\eta = \frac{T}{3}\frac{\partial \eta}{\partial T} - \frac{\eta}{3}, \quad \frac{\partial \eta}{\partial T} = 4\frac{\eta}{T}\,. \tag{1.72}$$

Die Energiedichte der Hohlraumstrahlung wächst also mit der vierten Potenz der Temperatur an

$$\eta(T) = aT^4, \quad u(T) = \sigma T^4, \tag{1.73}$$

σ und a unterscheiden sich nur um $c/4$ (1.65). (1.73) ist das Gesetz von *Stefan* (1879) und *Boltzmann* (1884). [20, 21]

Die auf (1.73) führenden Überlegungen werden noch verfeinert, um eine Aussage über die spektrale Energiedichte zu erhalten. Das Ergebnis

$$\eta(\omega,T) = \omega^3 f(\omega/T) \tag{1.74}$$

schränkt die mögliche Abhängigkeit von f und T stark ein. In die Ableitung auf die hier nicht eingegangen werden soll, gehen auch nur der II. Hauptsatz und die Formel (1.70) für den Strahlungsdruck ein.

$\eta(\omega,T)$ hat als Funktion der Frequenz ein Maximum, wie der Verlauf von Abb. 1.36 zeigt. Aus der speziellen Form (1.74) folgt, dass sich dieses Maximum bei einer Temperaturerhöhung so verschiebt, dass ω/T konstant bleibt. Wir können auch

$$\lambda_{max} T = \text{konst.} = b \tag{1.75}$$

schreiben. (1.75) bzw. (1.74) werden als *Verschiebungsgesetz* von *Wien* (1896) bezeichnet. [22]

Das *Stefan-Boltzmann-Gesetz* ergibt sich nach Integration über alle Frequenzen

$$\begin{aligned}\eta(T) &= \int_0^\infty d\omega\, \eta(\omega,T) = \int_0^\infty d\omega\, \omega^3 f(\omega/T)\\ &= T^4 \int_0^\infty dx\, x^3 f(x) = aT^4\,.\end{aligned} \tag{1.76}$$

Über die Form der Funktion f und damit über die Werte der Konstanten σ (1.73) und b (1.75) können thermodynamische Betrachtungen keine Aussage machen. (1.74) stellt jedoch eine wesentliche Vereinfachung dar, indem statt einer Funktion zweier Variablen $\eta(\omega,T)$ nur noch eine Funktion einer Variablen $f(x)$ zu bestimmen ist.

Die Berechnung von f wird durch *das Kirchhoffsche Gesetz* erleichtert. Da $\eta(\omega,T)$ unabhängig von der Natur des Strahlers ist, können wir ein spezielles System untersuchen, für das die Rechnungen möglichst einfach sind. Wir betrachten daher als Strahler harmonisch gebundene Ladungen.

1.3.2 Das Emissions- und Absorptionsvermögen eines Dipols*

Um die Wechselwirkung eines elektrischen Dipols mit der Hohlraumstrahlung untersuchen zu können, müssen wir zunächst dessen Emissions- und Absorptionsvermögen berechnen. Wir betrachten eine harmonisch gebundene Ladung. Ihre Bahnkurve $\mathbf{s}(t)$ kann aus harmonischen Bewegungen

$$x(t) = A\cos\omega t, \quad \varepsilon = \frac{m}{2}\dot{x}^2 + \frac{m}{2}\omega^2 x^2 = \frac{m\omega^2}{2}A^2 \tag{1.77}$$

in den drei kartesischen Koordinatenachsen zusammengesetzt werden. Setzt man das Dipolmoment $\mathbf{p}(t) = e\mathbf{s}(t)$ in (1.39) ein, dann ergibt sich für die abgestrahlte Leistung

$$N_{\text{emitt}}(t) = \frac{2\in^2}{3c^3}\ddot{\mathbf{s}}^2(t - r/c), \quad \in^2 = \frac{e^2}{4\pi\varepsilon_0}\,. \tag{1.78}$$

(1.78) wird über eine Schwingungsperiode gemittelt, wobei $\overline{\cos^2\omega t} = 1/2$ benutzt wird

$$\overline{N}_{\text{emitt}} = \frac{2\in^2}{3c^3}\omega^4\frac{3}{2}A^2 = 3\frac{2\in^2}{3mc^3}\omega^2\varepsilon\,. \tag{1.79}$$

Jeder Freiheitsgrad der Schwingung liefert den gleichen Beitrag. Bis auf den Faktor 3 ist (1.79) *die von einem linearen Oszillator emittierte Leistung*, ε dessen Energie.

Wir betrachten nun die Energie, die der Oszillator aus dem Strahlungsfeld absorbiert. Auf die Ladung wirkt die *Lorentzkraft*

$$\mathbf{F} = e(\mathbf{E} + \dot{\mathbf{s}} \times \mathbf{B})\,. \tag{1.80}$$

Nach (1.38) ist die Kraft durch das Magnetfeld um einen Faktor $|\dot{\mathbf{s}}|/c$ kleiner als die elektrische Kraft und kann vernachlässigt werden. Die Ladung führt eine erzwungene, gedämpfte Schwingung

$$m(\ddot{\mathbf{s}} + \gamma\dot{\mathbf{s}} + \omega^2\mathbf{s}) = e\mathbf{E}(t) \tag{1.81}$$

aus. Die Dämpfung tritt auf, da mit der Schwingung ein Energieverlust durch Emission verbunden ist. Für ein mit der Frequenz ω_0 periodisches elektrisches Feld $\mathbf{E} = \mathbf{E}_0 e^{-i\omega_0 t}$ ist die Lösung von (1.81)

$$\mathbf{s}(t) = \frac{(e/m)\mathbf{E}(t)}{\omega^2 - \omega_0^2 - i\omega_0\gamma}\,, \tag{1.82}$$

wobei jeweils der Realteil der Auslenkung $\Re\mathbf{s}$ bzw. des elektrischen Feldes $\Re\mathbf{E}$ die physikalische Größe beschreibt. Die *Energiebilanz* erhalten wir, wenn wir die Bewegungsgleichung (1.81) mit $\dot{\mathbf{s}}$ multiplizieren

$$\frac{d}{dt}\left(\frac{m}{2}\dot{\mathbf{s}}^2 + \frac{m}{2}\omega^2\mathbf{s}^2\right) = e\mathbf{E}\cdot\dot{\mathbf{s}} - m\gamma\dot{\mathbf{s}}^2 \tag{1.83}$$

Die linke Seite von (1.83) verschwindet für eine harmonische Schwingung. Die aus dem elektrischen Feld absorbierte Leistung ist gleich der Verlustleistung durch die Dämpfung. Uns interessiert wiederum nur der zeitliche Mittelwert

$$\overline{N}_{\text{abs}} = m\gamma\,\overline{\dot{\mathbf{s}}^2}\,. \tag{1.84}$$

Aus (1.82) folgt

$$\dot{\mathbf{s}} = \frac{-i\omega_0(e/m)\mathbf{E}(t)}{\omega^2-\omega_0^2-i\omega_0\gamma} = \frac{\omega_0(e/m)\mathbf{E}_0 e^{-i(\omega_0 t-\varphi)}}{\mid \omega^2-\omega_0^2-i\omega_0\gamma \mid}\,. \tag{1.85}$$

Der Wert der Phase φ interessiert hier nicht. Sie wird aus der Phase des Nenners un der von $-i$ gebildet. In (1.84) ist der Realteil von (1.85) einzusetzen. Es tritt wieder ein Zeitmittelwert, hier $\overline{\cos^2(\omega_0 t-\varphi)} = 1/2$, auf

$$\delta\overline{N}_{\text{abs}} = \frac{e^2\gamma}{m}\frac{\omega_0^2}{(\omega^2-\omega_0^2)^2+\omega_0^2\gamma^2}\frac{\mathbf{E}_0^2}{2}\,. \tag{1.86}$$

Die Energiedichte des Feldes mit der Kreisfrequenz ω_0 ist mit (1.34)

$$\delta\eta = \frac{\varepsilon_0}{2}\mathbf{E}^2+\frac{1}{2\mu_0}\mathbf{B}^2 = \frac{\varepsilon_0}{2}\mathbf{E}_0^2 = \eta(\omega_0)d\omega_0\,. \tag{1.87}$$

In (1.87) wurde wieder eine Zeitmittelung über die physikalischen Größen durchgeführt. $\delta\eta$ bedeutet die Energiedichte der Strahlung im Frequenzbereich $d\omega_0$ um ω_0. Entsprechend bedeutet $\delta\overline{N}_{\text{abs}}$ (1.86) die aus dem Feld in diesem Frequenzbereich im Zeitmittel absorbierte Leistung. Insgesamt absorbiert der Dipol die Leistung

$$\begin{aligned}\overline{N}_{\text{abs}} &= \int_0^\infty \frac{e^2\gamma}{m}\frac{\omega_0^2}{(\omega^2-\omega_0^2)^2+\omega_0^2\gamma^2}\frac{1}{\varepsilon_0}\eta(\omega_0)d\omega_0\\ &= \frac{4\pi\in^2}{m}\gamma\int_0^\infty d\omega_0\,\frac{\eta(\omega_0)\omega_0^2}{(\omega^2-\omega_0^2)^2+\omega_0^2\gamma^2}\,.\end{aligned} \tag{1.88}$$

Bei *schwacher Dämpfung* $\gamma \ll \omega$ kommt in (1.88) der Hauptbeitrag zum Integral aus der Umgebung von $\omega_0 = \omega$. Mit

$$\omega_0^2-\omega^2 = (\omega_0+\omega)(\omega_0-\omega) \approx 2\omega_0(\omega_0-\omega)$$

kann man daher

$$\begin{aligned}\overline{N}_{\text{abs}} &\approx \frac{4\pi\in^2}{m}\gamma\eta(\omega)\int_0^\infty d\omega_0\,\frac{\omega_0^2}{4\omega_0^2(\omega_0-\omega)^2+\omega_0^2\gamma^2}\\ &\approx \frac{2\pi^2\in^2}{m}\eta(\omega)\int_0^\infty d\omega_0\,\frac{1}{\pi}\frac{\gamma/2}{(\omega_0-\omega)^2+(\gamma/2)^2}\end{aligned} \tag{1.89}$$

schreiben. Der Integrand ist eine δ-Funktion der Breite $\gamma/2$, die Integration liefert 1. Der dreidimensionale Oszillator (1.81) der Eigenfrequenz ω absorbiert im Zeitmittel die Leistung

$$\overline{N}_{\text{abs}} = 3\frac{2\pi^2 \in^2}{3m}\eta(\omega) . \tag{1.90}$$

Im thermodynamischen Gleichgewicht muss die von diesem Oszillator absorbierte Leistung (1.90) gleich der von ihm emittierten Leistung (1.79) sein. Damit wird die spektrale Energiedichte bei der Temperatur T über

$$\eta(\omega,T) = \frac{1}{\pi^2 c^3}\omega^2\overline{\varepsilon}(\omega,T) \tag{1.91}$$

durch die mittlere Energie $\overline{\varepsilon}$ eines linearen harmonischen Oszillators bei dieser Temperatur bestimmt.

Nun ist *nach der klassischen Statistik* die mittlere kinetische Energie je Freiheitsgrad $\overline{\varepsilon}_{\text{kin}} = kT/2$, nach dem Virialsatzes sind beim Oszillator kinetische und potentielle Energie im Mittel gleich groß, daher gilt $\overline{\varepsilon} = kT$. Damit kommen wir zu dem von *Rayleigh* (1900) veröffentlichten Gesetz

$$\eta(\omega,T) = \frac{1}{\pi^2 c^3}\omega^2 kT, \tag{1.92}$$

das aber offensichtlich falsch ist. Die spektrale Verteilung (1.92) besitzt kein Maximum wie die experimentell ermittelte Verteilung der Abb. (1.36). Die Gesamtenergie der Hohlraumstrahlung (1.64) würde unendlich groß werden (*Ultraviolettkatastrophe*).

Die Suche nach der Spektralverteilung $\eta(\omega,T)$, die den experimentellen Verlauf richtig wiedergibt, sollte auf die Geburtsstunde der Quantenmechanik führen.

1.3.3 Die Plancksche Strahlungsformel

Um die Jahrhundertwende war der experimentelle Verlauf der spektralen Energieverteilung der Hohlraumstrahlung (Abb. 1.36) bekannt. Weiterhin hatten thermodynamische Überlegungen gezeigt, dass $\eta(\omega,T)$ dem Wienschen Verschiebungsgesetz (1.74) genügen muss. Weiterhin war bekannt, dass $\eta(\omega,T)$ der mittleren Energie eines Oszillators im thermodynamischen Gleichgewicht proportional ist (1.91). Die explizite Formel war jedoch unbekannt. Es wurde versucht, Strahlungsformeln zu konstruieren, die den experimentellen Verlauf richtig wiedergeben. *Wien* (1896) schlug die Strahlungsformel

$$\eta(\omega,T) = a\omega^3 e^{-b\omega/kT} \tag{1.93}$$

vor. Sie enthält zwar den beobachteten starken Abfall bei hohen Frequenzen, führt aber bei kleinen Frequenzen zu Abweichungen vom experimentellen Verlauf.

Planck ging von der *Entropiedichte der Hohlraumstrahlung* aus. Dabei konstruierte er einen Ausdruck, der für niedrige und hohe Frequenzen die dem experimentell beobachteten Verlauf der Energiedichte entsprechende Form der Entropiedichte war. Diese Entropiedichte führte auf die heute als Plancksche Strahlungsformel bezeichnete Form der Energiedichte der Hohlraumstrahlung. Als sich zeigte, dass diese Formel das experimentelle Material im gesamten Frequenzbereich richtig beschreiben kann, kam es darauf an, diesem Ansatz für die Entropiedichte einen genauen physikalischen Sinn zu geben. Die Überlegungen führten unter Verwendung der Boltzmannwahrscheinlichkeit schließlich (*Planck* 1900) zu der *These, dass ein Oszillator nur diskrete Energien (Energiequanten) aufnehmen oder abgeben kann.* [2]

Wir wollen unter dieser Voraussetzung die mittlere Energie $\overline{\varepsilon}$ eines Oszillators im thermodynamischen Gleichgewicht berechnen. Aus ihr kann dann über (1.91) die spektrale Energiedichte angegeben werden.

Im harmonischen Oszillator sind die Energiezustände (sie werden in Abschn. 2.2.2 berechnet)

$$\varepsilon_n = \hbar\omega(n+1/2) \qquad n = 0,1,2,\ldots \tag{1.94}$$

möglich. Im thermodynamischen Gleichgewicht bei der Temperatur T befindet sich der Oszillator mit der Wahrscheinlichkeit ($\beta \equiv 1/(kT)$)

$$W_n \sim e^{-\varepsilon_n/kT} \equiv e^{-\beta\varepsilon_n} \tag{1.95}$$

(*Boltzmannwahrscheinlichkeit*) im Zustand mit der Energie ε_n. Die mittlere Energie ist daher

$$\overline{\varepsilon}(\omega,T) = \frac{\sum_{n=0}^{\infty} \varepsilon_n e^{-\beta\varepsilon_n}}{\sum_{n=0}^{\infty} e^{-\beta\varepsilon_n}} = -\frac{\partial}{\partial\beta} \ln\left(\sum_{n=0}^{\infty} e^{-\beta\varepsilon_n}\right) . \tag{1.96}$$

Der Nenner ist der in (1.95) auftretende Proportionalitätsfaktor, der aus der Normierungsforderung $\sum W_n = 1$ folgt. Die Summe lässt sich leicht auswerten:

$$\begin{aligned} \sum_{n=0}^{\infty} e^{-\beta\varepsilon_n} &= e^{-\beta\hbar\omega/2} \sum_{n=0}^{\infty} \left(e^{-\beta\hbar\omega}\right)^n = \frac{e^{-\beta\hbar\omega/2}}{1-e^{-\beta\hbar\omega}} , \\ -\frac{\partial}{\partial\beta} \ln\left(\sum e^{-\beta\varepsilon_n}\right) &= \frac{\hbar\omega}{2} + \frac{\hbar\omega e^{-\beta\hbar\omega}}{1-e^{-\beta\hbar\omega}} . \end{aligned} \tag{1.97}$$

Die mittlere Energie des harmonischen Oszillators ist also

$$\overline{\varepsilon}(\omega,T) = \hbar\omega \left[\frac{1}{2} + \frac{1}{e^{\hbar\omega/kT}-1}\right] . \tag{1.98}$$

Die Nullpunktsenergie $\hbar\omega/2$ trat bei den ersten Betrachtungen noch nicht auf. Die Nullpunktsschwingung trägt auch nicht zur Emission elektromagnetischer Strahlung bei. In der Grenze tiefer und hoher Temperaturen führt (1.98) auf

$$\bar{\varepsilon}(\omega,T) = \begin{cases} \frac{\hbar\omega}{2} + \hbar\omega e^{-\hbar\omega/kT} \\ kT \end{cases} \quad \text{für} \quad kT \begin{matrix} \ll \\ \gg \end{matrix} \hbar\omega \ . \tag{1.99}$$

Mit (1.91) kombiniert, sieht man, dass sich bei diesen Grenzfällen die Wiensche bzw. Rayleighsche Strahlungsformel ergibt. Lassen wir die für die Emission und Absorption unwesentliche Nullpunktsenergie weg, so erhalten wir aus (1.98) und (1.91) die Plancksche Strahlungsformel für die Energiedichte der Hohlraumstrahlung je Kreisfrequenzintervall

$$\eta(\omega,T) = \frac{\omega^2}{\pi^2 c^3}\hbar\omega\frac{1}{e^{\hbar\omega/kT}-1}, \quad \int_0^\infty d\omega\, \eta(\omega,T) = \eta(T) \ . \tag{1.100}$$

Das spektrale Emissionsvermögen (1.65) wird

$$u(\omega,T) = \frac{\omega^2}{4\pi^2 c^2}\frac{\hbar\omega}{e^{\hbar\omega/kT}-1}, \quad \int_0^\infty d\omega\, u(\omega,T) = u(T) \ . \tag{1.101}$$

In (1.101) ist das Emissionsvermögen je Intervall der Kreisfrequenz angegeben. Das *spektrale Emissionsvermögen je Frequenzintervall oder je Wellenlängenintervall* ergibt sich daraus zu

$$\begin{aligned} u(f,T) &= 2\pi u(\omega,T) = 2\pi\frac{hf^3}{c^2}\frac{1}{e^{hf/kT}-1}, \quad \int_0^\infty df\, u(f,T) = u(T), \\ u(\lambda,T) &= \frac{2\pi c}{\lambda^2}u(\omega,T) = 2\pi\frac{hc^2}{\lambda^5}\frac{1}{e^{hc/kT\lambda}-1}, \quad \int_0^\infty d\lambda\, u(\lambda,T) = u(T) \ . \end{aligned} \tag{1.102}$$

Bezieht man das Emissionsvermögen auch noch auf das Raumwinkelelement $u_\Omega = u/2\pi$, dann ist (1.102) einfach durch 2π zu dividieren, da eine Fläche insgesamt in den Raumwinkel 2π abstrahlt. Die Integration von (1.91) über alle Frequenzen (1.64) liefert die *Stefan-Boltzmann-Konstante* (1.73)

$$\sigma = \frac{k^4\pi^2}{60c^2\hbar^3} = 5{,}670\cdot 10^{-8}\,\frac{\mathrm{W}}{\mathrm{m^2K^4}} \ . \tag{1.103}$$

Auch lässt sich das Maximum der Verteilung $u(\lambda,T)$ (1.102) aufsuchen. Das Maximum liegt bei $hc/(kT\lambda_{\max}) = 4{,}9651$. Der Wert $4{,}9651$ ergibt sich dabei aus der Lösung einer transzendenten Gleichung. Man erhält nun die *Wiensche Konstante* (1.75)

$$b = \frac{hc}{k\cdot 4{,}9651} = 2{,}898\cdot 10^{-3}\,\mathrm{m}\cdot\mathrm{K} \ . \tag{1.104}$$

Das Maximum der spektralen Energiedichte $u(f,T)$ als Funktion der Freuquenz (Abb. 1.36) liegt bei $hf_{\max}/(kT) = 2{,}8214$.

Zusammenfassend können wir feststellen, dass die Hypothese diskreter Energiezustände die offenen Fragen bei der Berechnung der spektralen Verteilung der Energiedichte der Hohlraumstrahlung klären konnte. Diese Hypothese ist jedoch nicht mit der klassischen Mechanik vereinbar, wo es keine Einschränkungen an die Energiewerte gibt. Es zeigte sich bald, dass mit dieser Vorstellung auch andere Probleme geklärt werden konnten, den Photoeffekt haben wir schon kennengelernt. Die spezifische Wärme von Festkörpern und Atomspektren werden wir in den nächsten Abschnitten betrachten. Die weitere Analyse führte schließlich zu dem Bewegungsgesetz im mikroskopischen Bereich, der Grundgleichung der Quantenmechanik. Die klassische Mechanik ist nur ein Grenzfall, der aber bei der Bewegung makroskopischer Massen stets vorliegt.

1.3.4 Spezifische Wärme fester Körper

Im festen Körper schwingen die Atome um Gleichgewichtslagen, man kann den *festen Körper modellmäßig als ein dreidimensionales System gekoppelter Oszillatoren* auffassen. Aus der Mechanik ist bekannt, dass man die Bewegungsgleichungen gekoppelter Oszillatoren entkoppeln kann. Man erhält voneinander unabhängige Quasioszillatoren. Jeder schwingt mit einer Eigenfrequenz des Systems. Bei N Atomen haben wir somit ein System von $3N$ Oszillatoren.

Welche Energie besitzen diese Oszillatoren - und damit der feste Körper - im thermodynamischen Gleichgewicht? Nach der klassischen Statistik besitzt ein Oszillator die mittlere Energie $\overline{\varepsilon} = kT$ (1.99), so dass man für die innere Energie U bzw. die Wärmekapazität C pro Kilomol ($n = N/L$ = Molzahl)

$$U = 3NkT = 3nRT, \quad C = 3R \tag{1.105}$$

erhält. Das ist die *Dulong-Petitsche Regel* über die Wärmekapazität fester Körper. 1

Abb. 1.38 zeigt den experimentellen Verlauf. Bei hohen Temperaturen wird die Dulong-Petitsche Regel bestätigt. Unterhalb einer - für jeden Festkörper charakteristischen - Temperatur Θ_{D} fällt die Wärmekapazität jedoch ab und verschwindet wie T^3.

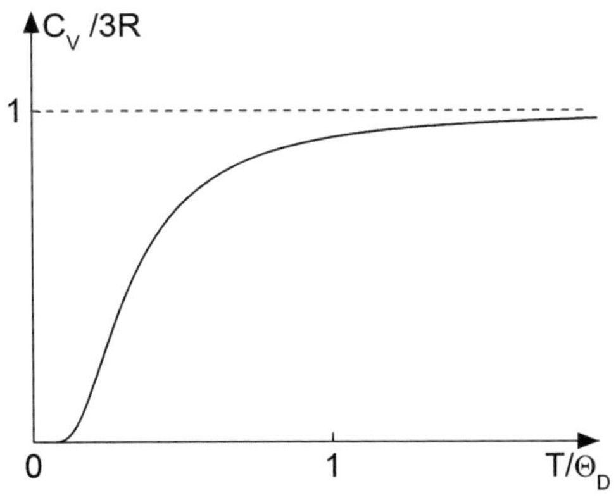

Abb. 1.38 Spezifische Wärme fester Körper in Abhängigkeit von der Temperatur.

Diesen Abfall untersuchte *Einstein* (1906) [23], indem er den bei der Planckschen Strahlungsformel erfolgreich benutzten Ausdruck für $\overline{\varepsilon}$ (1.98) der Berechnung von U zugrunde legte. Mit der Annahme, dass alle Oszillatoren die gleiche Frequenz ω haben, ergibt sich

$$\begin{aligned} U &= 3N\hbar\omega \frac{1}{e^{\hbar\omega/kT}-1}, \\ C &= 3R\left(\frac{\hbar\omega}{kT}\right)^2 \frac{e^{\hbar\omega/kT}}{(e^{\hbar\omega/kT}-1)^2} \to \begin{cases} 3R \\ 3R\left(\frac{\hbar\omega}{kT}\right)^2 e^{-\hbar\omega/kT} \end{cases} \text{für } kT \mathop{\gg}\limits_{\ll} \hbar\omega\,. \end{aligned} \tag{1.106}$$

Einstein erhielt bei tiefen Temperaturen einen Abfall der Wärmekapazität, der dadurch bedingt ist, dass für $kT \ll \hbar\omega$ die mittlere Anregungsenergie des Oszillators verschwindet (1.99). Der Oszillator kann nur Energiequanten der Größe $\hbar\omega$ aufnehmen, im Mittel werden ihm aber Energien der Größe kT angeboten, nur mit geringer Wahrscheinlichkeit Energien der Größe $\hbar\omega$. Daher befindet er sich selten im angeregten Zustand.

Dass *Einstein* nicht den beobachteten, zu T^3 proportionalen Abfall erhielt, lag an der Annahme gleicher Frequenz für alle Oszillatoren. *Debye* (1912) [24] ließ diese Annahme fallen und berücksichtigte das *Spektrum der Eigenfrequenzen des Festkörpers in der Kontinuumsnäherung.* Denken wir uns den Festkörper als Würfel der Kantenlänge a, dann sind die Eigenfrequenzen durch

$$\omega^2 = \omega_0^2\left(n_x^2+n_y^2+n_z^2\right), \quad \omega_0 = \frac{\pi c_{\mathrm{s}}}{a}, \quad n_i = 1,2,3,\ldots \tag{1.107}$$

gegeben. c_{s} ist die Schallgeschwindigkeit. ω_0 ist die Frequenz der Grundschwingung, zu der eine Wellenlänge $\lambda_0 = 2\pi c_{\mathrm{s}}/\omega_0 = 2a$ gehört, d.h., die Würfelkante ist gleich der halben Wellenlänge. (1.107) ist die Dispersionsbeziehung (1.24) für Schallwellen, deren Wellengleichung vom Typ (1.20) mit $c = c_{\mathrm{s}}$ ist. Im Festkörper gibt es *eine longitudinale und zwei transversale Schwingungen* zur gleichen Wellenzahl (d.h. zu gleichen n_i). Von deren unterschiedlicher Ausbreitungsgeschwindigkeit soll hier abgesehen werden.

In der Kontinuumstheorie sind beliebig kleine Wellenlängen möglich, es gibt keine Beschränkung für die n_i aus (1.107). Die Behandlung der Oszillatorkette führt entsprechend der Zahl der Freiheitsgrade auf $3N$ Eigenfrequenzen (genau $3N-6$, da Translation und Rotation des gesamten Festkörpers abzutrennen sind). Auch erhält die Dispersionsbeziehung (1.107) für kleine Wellenlängen eine kompliziertere Gestalt. Auch von diesem Umstand wird in der *Debyeschen Theorie* abgesehen.

Die endliche Anzahl der Eigenschwingungen wird eingebaut, indem die Zahlen n_i entsprechend Abb. 1.39 nur einen beschränkten Bereich durchlaufen, so dass alle Eigenschwingungen bis zu einer Maximalfrequenz erfasst werden.

Das heißt, die berücksichtigten Frequenzen liegen innerhalb eines Oktanten einer Kugel. Der Radius n_{D} wird aus der Forderung

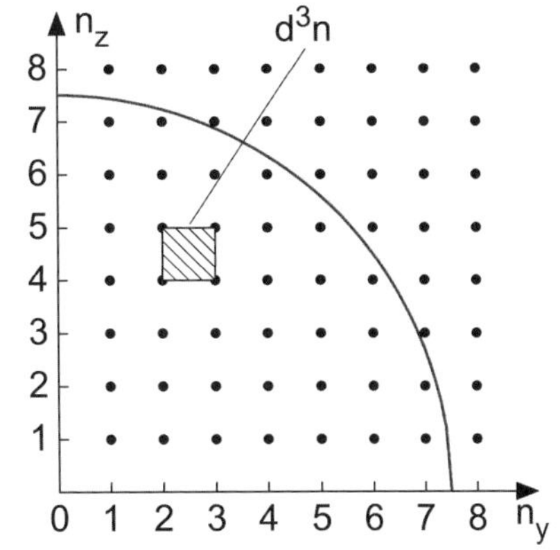

Abb. 1.39 Verteilung der Zahlen n_x, n_y, n_z, die die Eigenfrequenzen eines Würfels charakterisieren.

$$3 \sum_{n_x n_y n_z}^{n_\mathrm{D}} = 3 \int_{Oktant}^{n_\mathrm{D}} d^3 n = 3N \tag{1.108}$$

bestimmt. Mit $d^3\omega = \omega_0^3 d^3 n = (\pi^3 c_\mathrm{s}^3/V) d^3 n$ wandeln wir (1.108) in ein Integral über die Frequenzen um

$$3 \int_{Oktant}^{\omega_\mathrm{D}} \frac{d^3\omega}{\omega_0^3} = 3 \frac{V}{\pi^3 c_\mathrm{s}^3} \frac{1}{8} \int_0^{\omega_\mathrm{D}} d^3\omega = \frac{3V}{2\pi^2 c_\mathrm{s}^3} \int_0^{\omega_\mathrm{D}} d\omega\, \omega^2 = \int_0^{\omega_\mathrm{D}} d\omega\, D(\omega) = 3N\,. \tag{1.109}$$

$d\omega D(\omega)$ bestimmt die Zahl der Eigenschwingungen mit einer Frequenz im Intervall $d\omega$. $D(\omega)$ ist deren *Zustandsdichte*. Aus (1.109) folgt

$$D(\omega) = \frac{3V}{2\pi^2 c_\mathrm{s}^3} \omega^2 = 3N \frac{3\omega^2}{\omega_\mathrm{D}^3}\,. \tag{1.110}$$

Andererseits kann man (1.109) leicht integrieren und die *Debyefrequenz* ω_D zu

$$\omega_\mathrm{D} = c_\mathrm{s} \left(6\pi^2 \frac{N}{V} \right)^{1/3} \tag{1.111}$$

bestimmen. Die Debyefrequenz ist um so größer, je größer die Schallgeschwindigkeit ist, je härter der Festkörper ist.

Jetzt können wir die innere Energie des Festkörpers angeben. Es gibt $d\omega D(\omega)$ Oszillatoren der Frequenz $d\omega$. Diese haben im thermodynamischen Gleichgewicht eine mittlere Energie $\overline{\varepsilon}(\omega, T)$ nach (1.98). Die Energie aller Oszillatoren ist daher

$$U = \int_0^{\omega_\mathrm{D}} d\omega\, D(\omega) \overline{\varepsilon}(\omega, T)\,. \tag{1.112}$$

(1.112) stellt keine Näherung dar. Die Näherung besteht in der Verwendung des Debyeschen Ausdrucks (1.110) für die Dichte der Frequenzen

$$\begin{aligned} U &= U_0 + 3N \int_0^{\omega_D} d\omega \, \frac{3\omega^2}{\omega_D^3} \frac{\hbar\omega}{e^{\hbar\omega/kT} - 1} \\ &= U_0 + 3NkT \left(\frac{kT}{\hbar\omega_D} \right)^3 \int_0^{\hbar\omega_D/kT} \frac{dx \, 3x^3}{e^x - 1} \, . \end{aligned} \tag{1.113}$$

Mit der Debyefrequenz ω_D lässt sich eine charakteristische Temperatur

$$\Theta_D = \hbar\omega_D / k, \tag{1.114}$$

die *Debyetemperatur* Θ_D, definieren. Die *innere Energie* (1.113) wird somit maßgeblich durch das Verhältnis T/Θ_D bestimmt

$$\begin{aligned} U(T) &= U_0 + 3RT \left(\frac{T}{\Theta_D} \right)^3 \int_0^{\Theta_D/T} dx \frac{3x^3}{e^x - 1} \\ &\to U_0 + \begin{cases} 3RT(T/\Theta_D)^3 \pi^4/5 \\ 3RT \end{cases} \quad \text{für} \quad T \begin{matrix} \ll \\ \gg \end{matrix} \Theta_D \, . \end{aligned} \tag{1.115}$$

Für kleine Temperaturen kann die obere Integrationsgrenze nach ∞ verschoben werden. Das Integral liefert dann $\pi^4/5$. Für hohe Temperaturen überstreicht der Integrationsbereich nur kleine Werte von x, den Nenner in (1.115) kann man durch $e^x - 1 \sim x$ ersetzen. Das Integral liefert dann $(\Theta_D/T)^3$.

Die Debyetheorie liefert also den experimentell beobachteten Verlauf der Wärmekapazität

$$C_v = \begin{cases} (12\pi^4/5)(T/\Theta_D)^3 R \sim T^3 \\ 3R \end{cases} \quad \text{für} \quad T \begin{matrix} \ll \\ \gg \end{matrix} \Theta_D, \tag{1.116}$$

insbesondere den zu T^3 proportionalen Abfall für tiefe Temperaturen. Die noch vorhandenen Abweichungen zwischen (1.116) und dem experimentellen Verlauf sind dadurch bedingt, dass das Frequenzspektrum $D(\omega)$ eine kompliziertere Form als (1.110) besitzt und dass es neben dem Gitterbeitrag noch andere Beiträge zur spezifischen Wärme (z. B. bei Metallen den Elektronenanteil) gibt.

Aber auch bei der Diskussion der spezifischen Wärme sehen wir, dass die Annahme diskreter Energiezustände im Oszillator die wesentliche Diskrepanz zwischen dem klassischen Ergebnis, der Dulong-Petitschen Regel (1.104), und dem experimentellen Verlauf (Abb. 1.38) beseitigt.

1.3.5 III. Hauptsatz der Thermodynamik

Der III. Hauptsatz oder Wärmesatz von *Nernst* (1906) kann als Aussage über die Entropie am absoluten Nullpunkt

$$\lim_{T\to 0} S(V,T) = 0 \tag{1.117}$$

formuliert werden. [Statt V kann in (1.117) auch eine andere Variable, z.B. p, stehen.] Aus dieser Aussage folgen die Grundpostulate der Quantenmechanik, wenn man auf die *statistische Definition der Entropie* zurückgreift. Danach ist

$$S = -k\sum_{\nu} w_\nu \ln w_\nu , \quad \sum_{\nu} w_\nu = 1 \,. \tag{1.118}$$

w_ν ist dabei die Wahrscheinlichkeit, ein System des betrachteten Ensembles in der ν-ten Zelle des $6N$-dimensionalen Phasenraumes anzutreffen (bei $3N$ Freiheitsgraden des Systems: Orts-und Impulskoordinaten zu jedem Freibeitsgrad). Um diese Wahrscheinlichkeit zu definieren, hat man den *Phasenraum* in der klassischen Statistik *in Zellen Δ_{6N} eingeteilt*, deren Größe willkürlich ist und nicht in messbare Größen eingeht. Damit (1.117) erfüllt ist, muss am absoluten Nullpunkt jedoch

$$w_1 = 1, \quad w_{\nu(\neq 1)} = 0 \tag{1.119}$$

gelten. Das heißt, das System muss sich mit Sicherheit in einer Zelle (hier der Zelle 1) befinden. Ist die Zellengröße Δ_{6N} willkürlich wählbar, dann könnten wir gegenüber (1.119) kleinere Zellen wählen. In allen Teilzellen der Zelle 1 aus (1.119) wäre dann $w_\nu \neq 0$ und somit (1.117) nicht erfüllt. Bei dieser klassischen Betrachtung mit willkürlicher Wahl der Zellengröße Δ_{6N} könnte also je nach Zellenwahl die Forderung (1.117) erfüllt sein oder auch nicht. (1.117) ist dann keine Forderung mit physikalischer Bedeutung.

Der III. Hauptsatz stellt jedoch eine physikalische Forderung dar. Folglich muss die willkürliche Teilbarkeit der Phasenraumzelle einmal ein Ende haben. Es muss eine *kleinste Zellengröße*

$$\Delta_{6N} = h^{3N} \tag{1.120}$$

geben. Für diese Einteilung gilt am absoluten Nullpunkt (1.119).

Aus dem III. Hauptsatz ergibt sich also eine Struktur des Phasenraumes (1.120), für einen Freiheitsgrad lautet diese

$$\Delta p \cdot \Delta x = h \,. \tag{1.121}$$

Es hat also keinen Sinn, die Koordinaten p und x im Phasenraum genauer als auf einen Bereich h zu lokalisieren. Das ist aber gerade die Aussage der Unschärferelation (1.62). Der Vergleich zeigt, dass die Zellengröße $\Delta p \cdot \Delta x$ gleich dem Planckschen Wirkungsquantum h ist.

Denken wir uns nun ein System mit den Teilchen $1, 2, \ldots, N$ in einer bestimmten Zelle Δ_{6N} des Phasenraumes. Wenn wir die *Nummerierung der Teilchen permutie-*

ren, dann ändern wir physikalisch an dem System überhaupt nichts, es kommt aber in eine ganz andere Phasenraumzelle (So wie der Punkt $x = a, y = b$ an einer ganz anderen Stelle der xy-Ebene liegt als der Punkt $x = b, y = a$). Insgesamt gibt es $N!$ Permutationen und somit $N!$ verschiedene Lagen im Phasenraum, die physikalisch völlig gleichwertig sind und damit auch eine gleiche Wahrscheinlichkeit $w_\nu \neq 0$ besitzen. (1.119) wäre also wiederum nicht erfüllt.

Wir müssen folgern, dass diese $N!$ Lagen nicht als verschiedene Zustände gezählt werden dürfen. Ein physikalischer Zustand wird schon dadurch vollständig charakterisiert, dass man angibt, wie viele Teilchen sich in einem bestimmten Intervall von Ort und Impuls befinden. Die Angabe der Nummern ist nicht erforderlich; im Gegenteil, sie enthält mehr Aussagen, als man machen darf. Damit hat uns der III. Hauptsatz zur *Zählweise der Quantenstatistik geführt*, in der *Elementarteilchen einer Sorte ununterscheidbar* sind, also auch keine Nummerierung vorgenommen werden darf.

Mit diesen Überlegungen wurde die Tragweite der Aussage des III. Hauptsatzes angedeutet. Man kann weiterhin folgern, dass physikalische Größen nur diskrete Werte annehmen können, da der Zustand eines Systems sich nur in diskreter Weise (Wechsel der Phasenraumzelle) ändern kann. Diese Aussage wurde aber gerade bei der Ableitung der Planckschen Strahlungsformel benutzt.

1.3.6 Aufgaben

1.7. Es sollen Erde, Venus und Jupiter im Strahlungsgleichgewicht mit der Sonne betrachtet werden. Die mittleren Temperaturen können für die Erde mit $14,7\,°\mathrm{C}$, für die Venus mit $460\,°\mathrm{C}$ und für den Jupiter mit $-151\,°\mathrm{C}$ angenommen werden. Welche mittleren Temperaturen ergeben sich im Vergleich zu diesen Werten aus der Diskussion des Strahlungsgleichgewichts? Welche Prozesse könnten zu einer Abweichung der berechneten Werte von den tatsächlichen Mittelwerten führen? (Strahlungsleistung der Sonne $\overline{N} = 3,845 \cdot 10^{26}\,\mathrm{W}$)

Planet	Abstand zur Sonne AE	Radius km
Erde	1,00	6378
Venus	0,72	6052
Jupiter	5,20	71398

Tabelle 1.6 Mittlerer Sonnenabstand und Äquatorradius der Planeten ($1\,\mathrm{AE} = 149,6 \cdot 10^6\,\mathrm{km}$)

1.8. Gemessen wird die Strahlungsintensität in Abhängigkeit von der Wellenlänge. Die Wellenlänge, bei der das Maximum der emittierten Strahlung liegt, erlaubt es, auf die Temperatur zu schließen. Mit dieser Methode kann man die Oberflächentemperaturen von Sternen oder Temperaturen anderer kosmischer Objekte abschätzen.

Messungen an drei kosmischen Objekten liefern für die Lage des Maximums Wellenlängen von: $501,3\,\mathrm{nm}, 9,11\,\mu\mathrm{m}, 1049\,\mu\mathrm{m}$. Berechnen Sie die zugehörigen Temperaturen. Um welche Objekte handelt es sich?

1.9. Aufgrund der Sonneneinstrahlung erreicht die Erde ein Wärmestrom von $E_S = 1,37\,\mathrm{kW/m^2}$. Wie groß ist die Oberflächentemperatur der Sonne? (Abstand Sonne - Erde (Mittelpunkte) $r_{\mathrm{ES}} = 149,6 \cdot 10^9\,\mathrm{m}$, Radius der Sonne $r_{\mathrm{S}} = 696 \cdot 10^6\,\mathrm{m}$)

1.4 Atomspektren

Zusammenfassung: Die Frequenzen der Atomspektren lassen sich vereinfacht als Differenz zweier Termwerte darstellen, die als diskrete Energieniveaus der Atome zu deuten sind. Diese wurden von *Franck* und *Hertz* direkt experimentell nachgewiesen. Im Bohrschen Atommodell ergeben sich die diskreten Bahnen aus einer Quantelungsbedingung, die ihre Begründung in dem Planckschen Ansatz für die diskreten Energieniveaus eines Oszillators hat. Die Bohr-Sommerfeldsche Quantenbedingung fordert einen Unterschied h zwischen den Flächen erlaubter Bahnen im Phasenraum. In die Abhängigkeit der atomaren Niveaus von der Ordnungszahl ordnet sich das Moseleysche Gesetz zwanglos ein.

1.4.1 Das Ritzsche Kombinationsprinzip

Atome und Moleküle senden eine Vielzahl von Spektrallinien aus. Es ist klar, dass man weitgehende Kenntnisse über den Aufbau dieser Systeme gewonnen hat, wenn es gelingt, diese Spektren zu erklären. Beim *Wasserstoffspektrum* gelang wegen seiner Einfachheit die erste Deutung. *Balmer* (1885) [25, 26] zeigte, dass man die Wellenlängen der im sichtbaren Bereich liegenden Linien des Wasserstoffspektrums aus

$$\lambda = a\frac{m^2}{m^2 - 2^2}, \quad m = 3,4,5,6 \tag{1.122}$$

berechnen kann. Für die Frequenzen geschrieben lautet (1.122) (In der Literatur wird oft $\nu^\star$ statt f verwendet.)

$$\nu^\star = \frac{1}{\lambda} = \frac{4}{a}\left(\frac{1}{2^2} - \frac{1}{m^2}\right), \quad f = c\nu^\star\,. \tag{1.123}$$

Wesentlich an (1.123) ist, dass die *Frequenzen als Differenz zweier Terme* dargestellt werden. *Ritz* (1908) hat diese Aussage zu einem allgemeinen Prinzip der Spektroskopie erhoben. Nach dem *Ritzschen Kombinationsprinzip* [27] lässt sich für jedes Atom ein Termschema angeben, aus dem sich die beobachteten Übergänge (s. Abb. 1.40) durch Differenzbildung ergeben

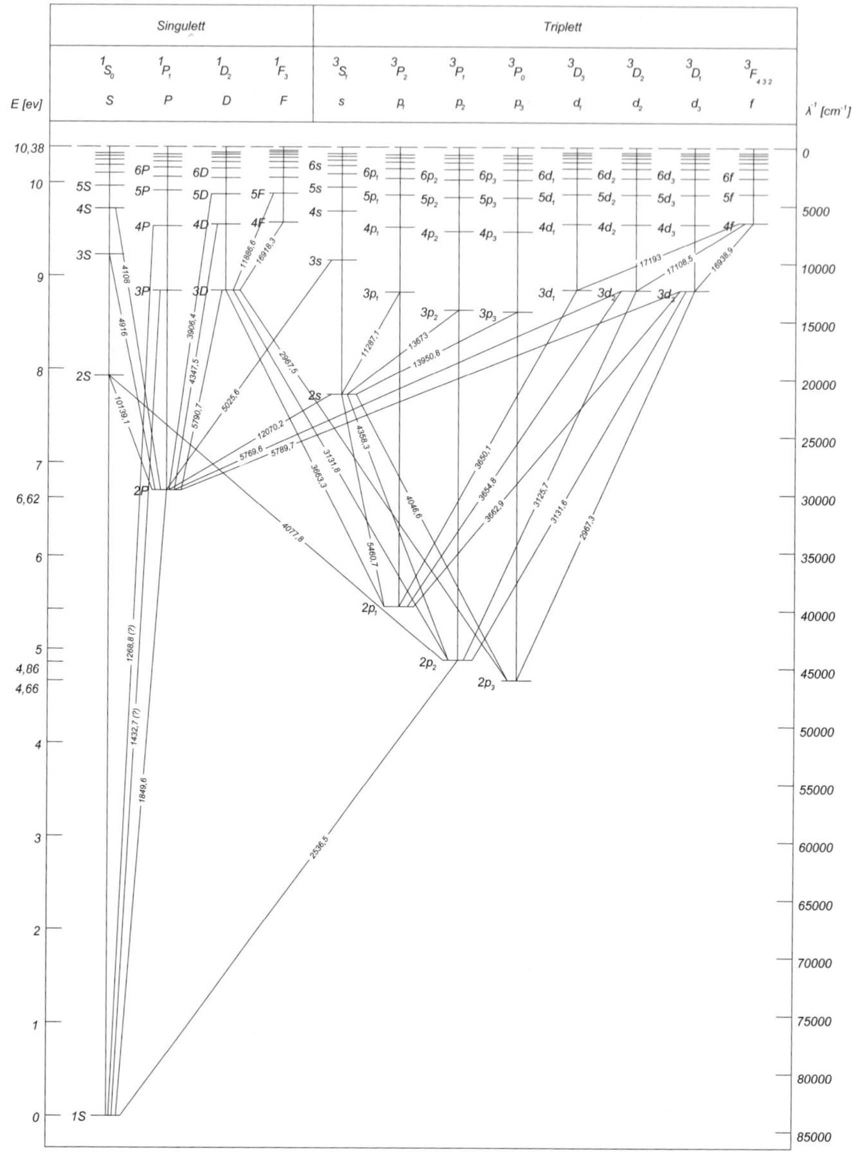

Abb. 1.40 Termschema des Hg-Atoms. Die Wellenlängen (in 0, 1 nm) der beobachteten Übergänge sind eingetragen [nach Hertz, G.: *Lehrbuch der Kernphysik I*, 2. Aufl., B.G.Teubner Verlagsgesellschaft, Leipzig, 1966]

$$\nu^{\star}_{nm} = T_n - T_m \ . \tag{1.124}$$

Auf das Wasserstoffatom angewandt, darf es danach nicht nur die Linien (1.123) geben, es müsste auch Linien mit

$$\nu^\star = \frac{4}{a}\left(\frac{1}{3^2} - \frac{1}{m^2}\right), \quad m = 4,5,\ldots \tag{1.125}$$

geben. Dadurch angeregt, suchte *Paschen* (1908) im Ultraroten nach Wasserstofflinien. Er fand zwei Linien, deren Frequenz genau der Formel (1.125) mit $m = 4,5$ entsprachen. Von *Lyman* (1916), *Bracket* (1922) und *Pfund* (1924) wurden weitere Linien gefunden, die genau in das Termschema

$$\nu^\star = \frac{4}{a}\left(\frac{1}{n^2} - \frac{1}{m^2}\right), \quad \begin{array}{c} n = 1,2,\ldots \\ m = n+1, n+2,\ldots \end{array} \tag{1.126}$$

passen. Seitdem wurde das Ritzsche Kombinationsprinzip in vielfältiger Weise als exaktes Naturgesetz bestätigt. Abb. 1.40 zeigt als Beispiel das Termschema des Quecksilberatoms.

Bemerkenswert ist bei der Betrachtung und Auswertung dieses experimentellen Materials, dass ein Atom seine Energien nur sprunghaft ändern kann und dass das *Atom nur diskrete Energiewerte* besitzt. Ein solches Verhalten ist in der klassischen Mechanik völlig unbekannt. Eine wesentliche Aufgabe der neuen Theorie wird also darin bestehen, die Auswahl bestimmter Energiezustände verständlich zu machen.

1.4.2 Das Bohrsche Atommodell

Die Analyse der Ablenkung von α-Teilchen beim Durchgang durch Materie führte *Rutherford* (1911) zu dem nach ihm benannten Atommodell. Die Atome bestehen aus einem Kern, der praktisch die gesamte Masse des Atoms enthält, und aus Elektronen, die den Kern bis zu einer Ausdehnung von etwa 10^{-10}m umgeben. [28]

Bohr (1913) [29, 30] verknüpfte nun dieses Atommodell mit dem Ritzschen Kombinationsprinzip, der von *Planck* eingeführten Diskretheit der Energiezustände und der Photonenhypothese von *Einstein*. Die durch das Ritzsche Kombinationsprinzip bestimmten Terme charakterisieren danach die Energiezustände des Elektrons (oder der Elektronen) im Atom. Bei einer Emission geht das Elektron von einem angeregten Energiezustand in einen tiefer gelegenen über. Die Energiedifferenz bestimmt die Energie - und damit die Frequenz - des Photons

$$E_{\text{ph}} = \hbar\omega = E_n - E_m\ . \tag{1.127}$$

Bohr stellt damit die Forderung, dass die Bewegung der Elektronen im Atom „*quantenmechanisch*" zu behandeln ist. Darin wurde er durch die Überlegung gestützt, dass sich aus den klassischen Konstanten der Elektronenbewegung im Coulombpotential e und m keine Länge bilden lässt. Nimmt man jedoch die Konstante der Quantentheorie $\hbar = h/(2\pi)$ hinzu, dann ist

$$a_0 = \frac{\hbar^2}{m \in^2} = 0{,}52918 \cdot 10^{-10}\,\mathrm{m}\,, \in^2 = \frac{e^2}{4\pi\varepsilon_0} \tag{1.128}$$

eine Länge. a_0 heißt *der Bohrsche Wasserstoffradius*. Aus gaskinetischen Betrachtungen war die Atomgröße bereits zu etwa 10^{-10} m bekannt.

(1.127) ist ein wesentlicher Bruch mit der klassischen Elektrodynamik. Danach bilden die Elektronen auf ihrer Bahn um den Kern elektrische Dipole, die laufend Energie abstrahlen und schließlich in den Kern stürzen. Diese Frage war auch im Rahmen des Bohrschen Atommodells nicht zu klären. Bohr nahm einfach an, dass es *stabile Bahnen* gibt, *auf denen das Elektron nicht strahlt.*

Es bleibt die Frage offen, durch welche Bedingung die diskreten Energiezustände bestimmt sind. Die stabilen Bahnen beschrieb *Bohr* mittels der klassischen Mechanik. Die ausgewählten diskreten Energien versuchte er mit der Planckschen Vorstellung zu erhalten, dass ein Elektron, das mit einer Frequenz $f = \omega/(2\pi)$ kreist, nur Vielfache der Energie $\hbar\omega$ abstrahlen kann. In der Diskussion konnte er diese Bedingung dann zu der auch heute gültigen Forderung umschreiben, dass *der Drehimpuls des Elektrons*

$$L = n\hbar \tag{1.129}$$

ein Vielfaches von $\hbar$ ist.

Beschränken wir uns auf die Betrachtung von Kreisbahnen (keine radiale Bewegung), dann sind Energie, Drehimpuls und Bahnradius des H-Atoms durch

$$E = \frac{L^2}{2mr^2} - \frac{\in^2}{r}, \quad L = m\omega r^2, \quad r = \frac{L^2}{m \in^2} \tag{1.130}$$

gegeben. Der Bahnradius r wird aus dem Minimum des Effektivpotentials berechnet. Eliminiert man r aus E, so erhält man den Zusammenhang

$$E = -\frac{1}{2}\frac{m \in^4}{L^2} \tag{1.131}$$

zwischen Energie und Drehimpuls, mit (1.129) und (1.128) also

$$E = -\frac{\in^2}{2a_0}\frac{1}{n^2} \tag{1.132}$$

für die diskreten Energiezustände. (1.132) liefert über das Ritzsche Kombinationsprinzip (1.128) genau die Balmerformel (1.126) oder (1.123). Dabei erweist sich, dass der von *Bohr* berechnete Vorfaktor mit dem gemessenen identisch ist. Auch wenn noch viele Fragen offenblieben, war doch gezeigt worden, dass die Quantelungsbedingung, hier (1.129), der Schlüssel zum Verständnis der Atomspektren ist.

1.4.3 Der Franck-Hertz-Versuch

Im gleichen Jahr, in dem *Bohr* sein Atommodell entwickelte, aber unabhängig von den Bohrschen Betrachtungen, gelang der unmittelbare experimentelle Nachweis dafür, dass die Elektronen im Atom nur diskrete Zustände einnehmen können. *Franck* und *Hertz* (1913) [31] untersuchten die *Stoßionisation* von Hg-Atomen. In der Versuchsanordnung Abb. 1.41 treten die Elektronen aus dem glühenden dünnen Stück des Platindrahtes *D* aus und werden durch eine zwischen *D* und dem Platindrahtnetz *N* liegende Spannung *U* beschleunigt. Die Elektronen haben dann noch eine kleine Gegenspannung zu überwinden, um die Platinfolie *G* zu erreichen, die über ein Galvanometer geerdet ist.

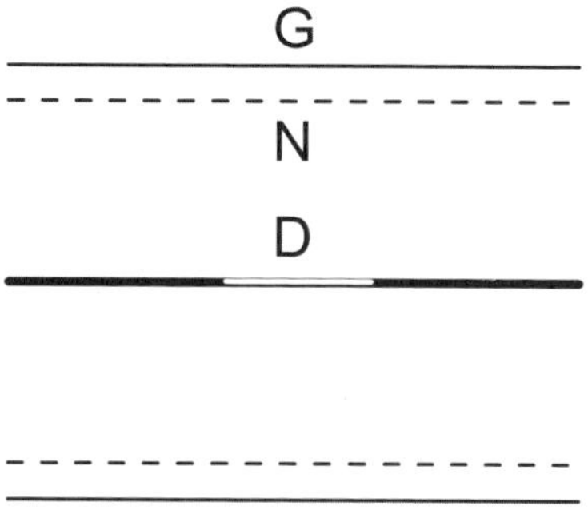

Abb. 1.41 Franck-Hertz-Versuch. Der Radius des Zylinders betrug 4 cm, der Dampfdruck 1 mm Hg-Säule [nach *Franck, J.* , *Hertz, G.*: Berichte der Deutschen Phys. Ges. **16**, 457 (1914)].

Der *Anodenstrom* wurde als Funktion von *U* gemessen. Wie Abb. 1.42 zeigt, tritt ein Abfall des Stromes auf, wenn die Spannung *U* einen Wert von etwa 5 eV erreicht. Bei weiterer Erhöhung der Spannung wechseln sich Maxima und Minima ab, wobei die Maxima einen Abstand von 4,9 eV haben. Die Schärfe des Maximums wird dadurch beeinflusst, dass durch die Heizung längs des Glühdrahtes eine Spannung von 1,3 V abfällt, was eine entsprechend breitere Energieverteilung der Elektronen bewirkt.

Die Elektronen mit einer kinetischen Energie unter 4,9 eV können die Hg-Atome offensichtlich nicht anregen. Liegt die kinetische Energie etwas über diesem Wert. dann ist eine Anregung möglich, die kinetische Energie nimmt um den abgegebenen Betrag ab, und die Elektronen sind nicht mehr in der Lage, die zwischen *N* und *G* anliegende Gegenspannung zu überwinden. Bei $U \approx 10\,\mathrm{V}$ wiederholt sich das gleiche Spiel, nur dass die Elektronen jetzt noch eine zweite Anregung auslösen können.

Franck und *Hertz* (1914) ergänzten dieses Experiment noch, indem sie *die von dem Hg-Dampf emittierte Strahlung* beobachteten. Dabei stellten sie fest, dass die 253,6 nm-Linie nur bei genügender Beschleunigung der Elektronen auftritt, nur wenn die Elektronen in dem Experiment von Abb. 1.41 Energie durch Stoß ver-

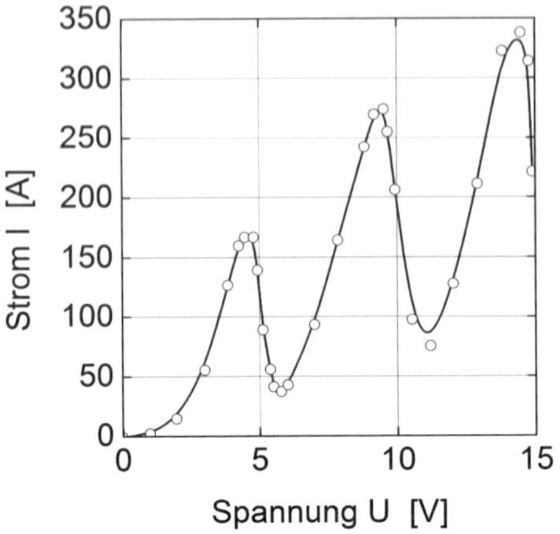

Abb. 1.42 Strom zwischen Glühdraht *D* und Platinfolie *G* beim Franck-Hertz-Versuch in Abhängigkeit von der zwischen *D* und dem Platindrahtnetz *N* liegenden Spannung [nach *Franck, J. , Hertz, G.*: Berichte der Deutschen Phys. Ges. **16**, 457 (1914)].

lieren. Es trat auch keine andere Linie auf (außer der kontinuierlichen Strahlung des Glühdrahtes), die aufgenommene Energie wurde vom Hg-Atom in einem Quant emittiert. Diese 253,6 nm entsprechen bei der Verwendung der Einstein-Beziehung (1.4) einer Energie von 4,9 eV. *Franck* und *Hertz* benutzten das Ergebnis zur Berechnung von h. Sie erhielten mit einem Fehler von 2% $h = 6,59 \cdot 10^{-34}\,\mathrm{Ws}^2$. Der Versuch zeigte, dass das erste angeregte Niveau des Hg-Atoms (vgl. Abb. 1.40) bei 4,9 eV liegt - also diskrete Anregungen auftreten. Regen die Elektronen Atome an, dann verlieren sie eine Energie von 4,9 eV. Das angeregte Atom kann unter Emission eines Lichtquants wieder in seinen Grundzustand zurückkehren. Die Energie dieses Lichtquants beträgt ebenfalls 4,9 eV, wie es der Bohrschen Vorstellung (1.127) entspricht.

1.4.4 Die Bohr-Sommerfeldsche Quantenbedingung

Die „ältere" Quantentheorie geht davon aus, dass die stationären Bahnen eines Teilchens mit der klassischen Mechanik beschrieben werden können. Die Quantentheorie wird durch eine Auswahlbedingung für die erlaubten Bahnen eingebaut. Diese Bedingung wurde von *Sommerfeld* (1915) allgemeiner formuliert, als sie Bohr bei der Entwicklung seines Atommodells angab. Diese sogenannte *Bohr-Sommerfeldsche Quantenbedingung* sagt aus, dass benachbarte Bahnen dadurch bestimmt sind, dass sich (bei einem Freiheitsgrad) die von ihnen *im Phasenraum umschlossenen Flächen* entsprechend Abb. 1.43 *um h unterscheiden.* Diese Aussage gilt für beliebige kanonisch konjugierte Variable. Nennen wir die Phasenfläche J

$$J = \oint p_k dq_k, \quad J = \oint p\, dx, \quad J = \oint L_\varphi d\varphi \tag{1.133}$$

(die kanonisch konjugierten Variablen können. z. B. Ort und Impuls oder Winkel und Drehimpulskomponente sein), dann lautet die Bohr-Sommerfeldsche Quantenbedingung

$$\Delta J = h, \quad J_n = J_0 + nh\,. \tag{1.134}$$

Es tritt hier also eine kleinste Phasenraumzelle auf, wie sie auch vom III. Hauptsatz (Abschn. 1.3.5) gefordert wird. Eine Bahn in der Phasenebene ist durch die Energie

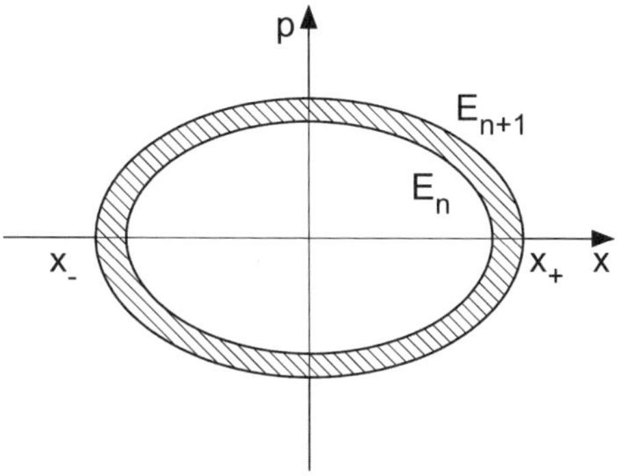

Abb. 1.43 Zur Quantelung der Phasenfläche. Die zwischen zwei erlaubten Bahnen liegende (schraffierte) Fläche hat den Flächeninhalt h.

des Teilchens $E = E(p,x)$ charakterisiert. Da die Kurve $p(E,x)$ symmetrisch zur x-Achse liegt (Abb. 1.43), liefert (1.134) mit (1.133)

$$\int_{x_-}^{x_+} dx\, p(E_n,x) = \frac{h}{2}(n+n_0)\,, \quad n = 0,1,2,\ldots \tag{1.135}$$

Dabei wurde für die kleinste Fläche $n_0 h$ eingesetzt.

Wir betrachten einige Beispiele. Für den *harmonischen Oszillator*

$$E = \frac{p^2}{2m} + \frac{m}{2}\omega^2 x^2, \quad J = \pi\sqrt{2mE}\sqrt{\frac{2E}{m\omega^2}} \tag{1.136}$$

lässt sich (1.133) einfach auswerten, der Flächeninhalt der Ellipse ist π-mal dem Produkt der beiden Halbachsen. Vergleicht man (1.136) mit (1.134), dann ergibt sich

$$E_n = \hbar\omega(n+n_0), \quad n = 0,1,2,\ldots\,. \tag{1.137}$$

Das ist die richtige Form (1.94) der Energieniveaus, nur bleibt n_0=1/2 unbestimmt. Bei der Formulierung der Bohr-Sommerfeldschen Quantenbedingung wurde von dem Planckschen Postulat (1.137) ausgegangen. Eine verallgemeinerte Quantenbedingung (1.134) wurde gefunden, indem (1.137) in *eine Form* gebracht wurde, *die keine speziellen Eigenschaften des Oszillators mehr enthält*. Dies ist eine typische

Arbeitsweise zur Verallgemeinerung von Resultaten, die an speziellen Systemen gefunden wurden.

Betrachten wir jetzt den Potentialkasten Abb. 1.44. Gleichung (1.135) führt auf

$$\begin{aligned}\int_0^a dx\,\sqrt{2mE_n} &= \frac{h}{2}(n+n_0), \quad n=0,1,2,\ldots,\\ E_n &= \frac{\hbar^2}{2m}\left(\frac{\pi}{a}\right)^2(n+n_0)^2\,.\end{aligned} \tag{1.138}$$

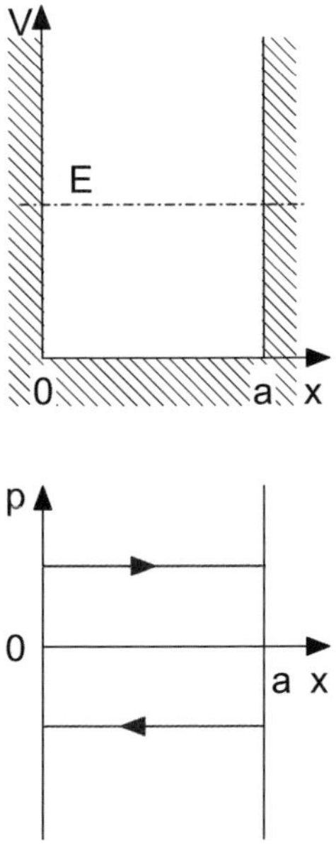

Abb. 1.44 Potentialverlauf und Phasenfläche beim Potentialkasten.

Der Vergleich mit dem exakten Ergebnis (2.42) liefert hier $n_0 = 1$. Verknüpft man (1.138) mit dem Ergebnis (1.46), dass auch Teilchen durch Wellen beschrieben werden, dann sieht man über $E = p^2/2m, p = \hbar k, k = 2\pi/\lambda$, dass nur die Wellenlängen $\lambda = 2a/(n+1)$ auftreten. Sie beschreiben entsprechend Abb. 1.45 stehende Wellen im Potentialtopf.

Wendet man die Bohr-Sommerfeldsche Quantenbedingung auf einen *Rotator* an, dann wird die Lage durch den Winkel φ beschrieben, der den Wertebereich von 0 bis 2π durchlaufen kann. Der zugehörige kanonisch konjugierte Impuls ist die Drehimpulskomponente in Richtung der Drehachse L_φ. Bei einer kräftefreien Rotation hängt L_φ nicht von φ ab. (1.133) und (1.32) führen auf

$$L_n = (n+n_0)\hbar, \quad n = 0,1,2,\ldots\,. \tag{1.139}$$

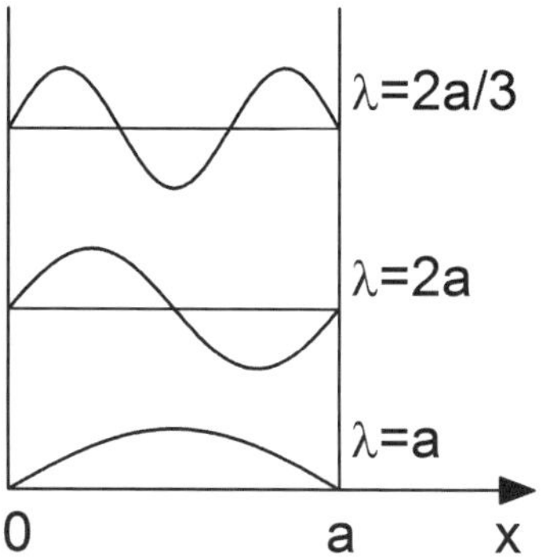

Abb. 1.45 Stehende Wellen im Potentialkasten.

Da neben der Drehimpulskomponente L_φ auch $-L_\varphi$ realisierbar sein muss, sind für n_0 nur die beiden Werte $n_0 = 0$ und $n_0 = 1/2$ möglich. Beide Fälle treten auf, $n_0 = 0$ beim *Bahndrehimpuls*, $n_0 = 1/2$ beim *Spin*.

(1.139) zeigt, dass die Bohr-Sommerfeldsche Quantenbedingung auch die ursprüngliche Bohrsche Forderung (1.129) reproduziert. (1.133) lässt es aber auch zu, die radiale Bewegung des Elektrons im Wasserstoffatom, etwa zum Drehimpuls $L = 0$, zu untersuchen. Die kanonisch konjugierten Koordinaten sind dann r und p_r Mit

$$E = \frac{p_r^2}{2m} - \frac{\in^2}{r}, \quad r_+ = -\frac{\in^2}{E} \tag{1.140}$$

(siehe Abb. 1.46) erhält man aus (1.135)

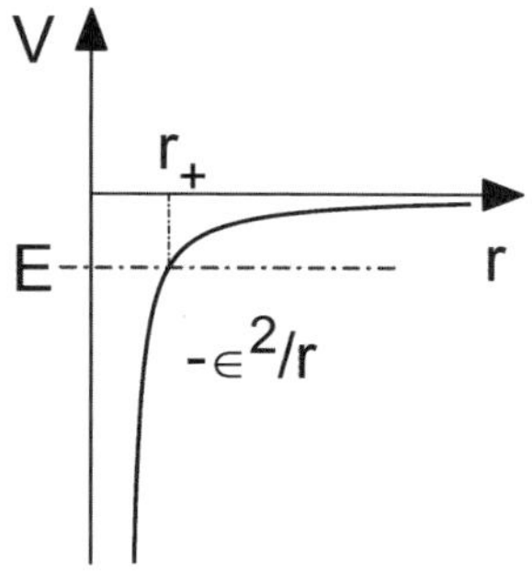

Abb. 1.46 Bewegung im Coulombpotential.

$$\int_0^{r_+} dr \sqrt{2m\left(\frac{\in^2}{r} + E_n\right)} = -\frac{\in^2}{E_n}\sqrt{-2mE_n}\int_0^1 dx\sqrt{\frac{1}{x} - 1}$$
$$= \pi\sqrt{\frac{\in^4 m}{-2E_n}} = \frac{h}{2}(n + n_0)\,. \tag{1.141}$$

Der Wert des Integrals ist $\pi/2$. Nach E_n aufgelöst, ergibt sich das Spektrum

$$E_n = -\frac{\in^4 m}{2\hbar^2}\frac{1}{(n+n_0)^2} = -\frac{\in^2}{2a_0}\frac{1}{(n+n_0)^2}\,, \quad n = 0, 1, 2, \ldots\,. \tag{1.142}$$

Mit $n_0 = 1$ ist (1.142) das richtige Spektrum. Die Übereinstimmung von (1.142) und (1.132), bis auf die Betrachtung von n_0, ist eine Besonderheit des Wasserstoffspektrums, die die ersten Schritte bei der Entwicklung der Quantentheorie des Atoms erleichterte.

Diese Beispiele mit dem jeweiligen Hinweis auf die exakten Lösungen zeigen die Brauchbarkeit der Bohr-Sommerfeldschen Quantenbedingung, auch wenn bei komplizierteren Potentialen eine geeignete Wahl von n_0 nicht ausreicht, um das exakte Ergebnis zu erhalten. Die Bohr-Sommerfeldsche Quantenbedingung stellt daher auch heute einen Weg dar, um rasch zu genäherten Eigenwerten zu gelangen.

1.4.5 Das Moseleysche Gesetz

Bei der Analyse der *Röntgenlinien der Atome*, insbesondere der kurzwelligsten Linien, stellte *Moseley* 1913 [32] eine systematische Abhängigkeit dieser Wellenlängen von der Stellung des Atoms im periodischen System fest. Die quantitative Auswertung ergab, dass die Frequenz mit dem Quadrat der Ordnungszahl (minus Eins) $f \sim (Z-1)^2$ anwächst.

Wir können diese Abhängigkeit aus den Energiewerten im Coulombpotential (1.142) verstehen. In dem Faktor $\in^4$ steckt zweimal die Wechselwirkung zwischen dem Elektron und dem Proton. Haben wir einen Z-fach geladenen Kern, dann muß also $\in^4$ durch $Z^2 \in^4$ ersetzt werden. Die charakteristischen Röntgenstrahlen der K-Serie werden bei Übergängen aus Zuständen $n + n_0 > 1$ in den Grundzustand mit $n + n_0 = 1$ emittiert. Die Übergänge in den Zustand $n + n_0 = 2$ bilden die L-Serie usw.

Bei der Berechnung der Eigenwerte muss man noch beachten, dass die *Kernladung* durch andere Elektronen *abgeschirmt* wird. Im Grundzustand haben zwei Elektronen Platz (mit Spin auf und Spin ab). Eins dieser Elektronen schirmt den Kern für das andere um eine Ladungseinheit ab. Daher erhält man genähert einen Grundzustand wie in einem Coulombpotential der Ladung $(Z-1)|e|$. Die Elektronen in den höheren Energiezuständen liegen räumlich weiter vom Kern entfernt und schirmen den Kern für das Elektron im Grundzustand nicht ab.

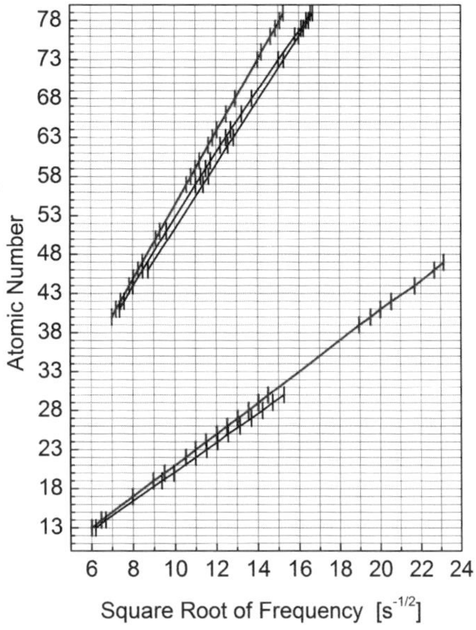

Abb. 1.47 Die Wellenlängen der Röntgenspektralserien in Abhängigkeit von der Ordnungszahl [nach *H.G.J. Moseley*, Phil. Mag. **26**, 1024 (1913); **27**, 703 (1914)].

Abb. 1.47 zeigt die von *Moseley* gefundene *Abhängigkeit der Wellenlängen von der Ordnungszahl*. Die damaligen Lücken im Periodensystem der Elemente spiegeln sich deutlich in der Zusammenstellung der Röntgenlinien durch größere Sprünge zum nächsten (bekannten) Element wider. Die Vorhersagen aus dem periodischen System über noch unbekannte Elemente konnten somit unabhängig von den chemischen Eigenschaften bestätigt werden. Darüber hinaus wies *Moseley* darauf hin, dass die Ordnungszahl und nicht das Atomgewicht den Platz des Elementes im Periodensystem bestimmt. So war zu dieser Zeit die Reihenfolge von Co ($A = 58,93$) und Ni ($A = 58,71$) umstritten. Nach dem Atomgewicht müsste Ni im periodischen System vor Co kommen. Über die Röntgenspektren stellte *Moseley* die richtige Reihenfolge her.

1.4.6 Elektronenstrahlmikroanalyse*

Die im vorherigen Abschnitt genannten charakteristischen Röntgenspektren sind inzwischen für alle Elemente mit hoher Genauigkeit ausgemessen und tabelliert worden. Diese Kenntnisse können jetzt zur *qualitativen und quantitativen Analyse* ausgenutzt werden.

Die Elektronenstrahlmikroanalyse stellt ein modernes, aussagekräftiges Messverfahren dar. Das Schema der Messanordnung zeigt Abb. 1.48. Ein gebündelter Strahl von Elektronen mit einer Energie in der Größenordnung 20 keV fällt auf die Probe. Diese Elektronen schlagen aus der Atomhülle - insbesondere auch aus den energetisch tiefliegenden Rumpfzuständen - Elektronen heraus. Unter Aussendung der charakteristischen Röntgenstrahlung springen Elektronen aus energetisch höher gelegenen Zuständen in die freien Plätze. Diese charakteristische Röntgenstrahlung wird beobachtet. Der Durchmesser des Elektronenstrahls beträgt $0,2\,\mu$m bis $1\,\mu$m,

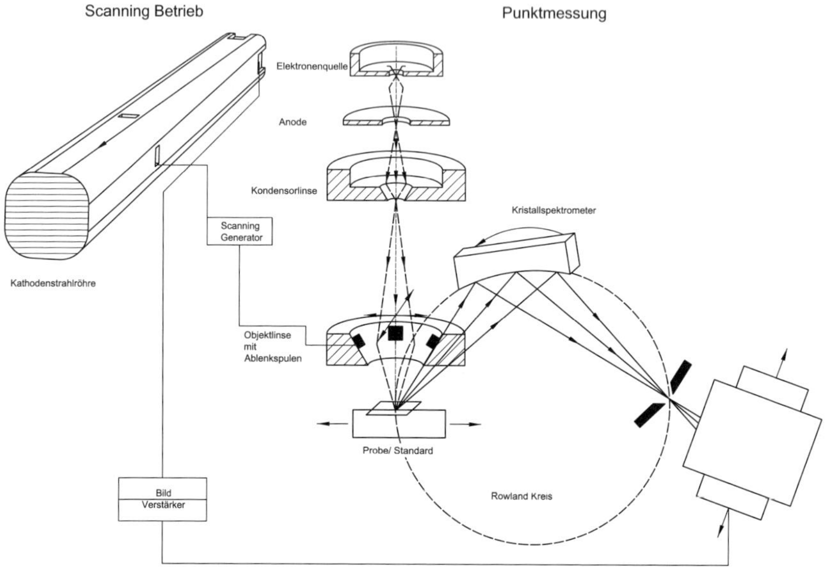

Abb. 1.48 Schematischer Aufbau einer Eletronenstrahlmikrosonde. Die Elektronen werden beschleunigt und gebündelt. Beim Auftreffen auf die Probe regen sie charakteristische Röntgenstrahlung an. Diese wird bei der Punktmessung mit einem Spektrometer nach den enthaltenen Wellenlängen analysiert (wellenlängendispersive Methode). Moderne Geräte enthalten daneben auch einen Halbleiterdetektor, mit dem die Energie der auftreffenden Strahlung analysiert wird (energiedispersive Methode). Die Intensität in Abhängigkeit von Wellenlänge/Energie wird mit entsprechender Software weiterverarbeitet [nach *W. Beier* und *O. Brümmer*].

seine Eindringtiefe etwa $1\,\mu$m, so dass die beobachtete Strahlung grob gesprochen aus einer Halbkugel vom Radius $1\,\mu$m herrührt. Man kann also Eigenschaften eines solch kleinen Gebietes untersuchen.

Bei der quantitativen wellenlängendispersiven Analyse wird die Röntgenstrahlung nach Wellenlängen zerlegt. Dabei arbeitet man mit mehreren Spektrometern gleichzeitig, um einen großen Wellenlängenbereich erfassen zu können. Aus dem Vergleich der gemessenen Linien mit der tabellierten charakteristischen Röntgenstrahlung kann man ermitteln, welche *Elemente in dem untersuchten Raumbereich* vorhanden sind. Arbeitet man mit einem energieauflösenden Detektor (energiedispersiv), so muss man eine geringere Energieauflösung in Kauf nehmen, gewinnt aber sofort einen Überblick über alle charakteristischen Röntgenemissionen der Probe. Abb. 1.49 zeigt eine solche Messkurve.

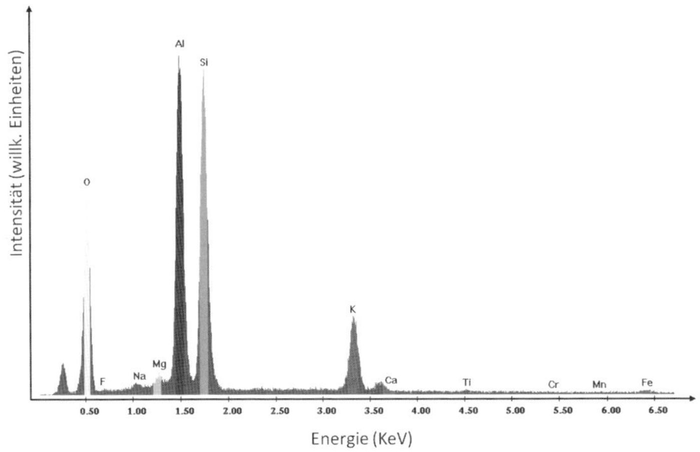

Abb. 1.49 Ergebnis der Elektronenstrahlmikroanalyse an Glimmer bei der qualitativen Analyse eines punktförmigen Gebietes. Glimmer ist ein Schichtsilikat. Glimmer eignet sich besonders für optische Anwendungen, aber auch als elektrisches Isoliermaterial. Muskovit (Hellglimmer) hat die chemische Formel $KAl_2(AlSi_3)O_{10}(OH,F)_2$. Die Hauptbestandteile Al, Si, O, und K sind im Spektrum deutlich erkennbar [nach *F. Syrowatka* und *H. S. Leipner*].

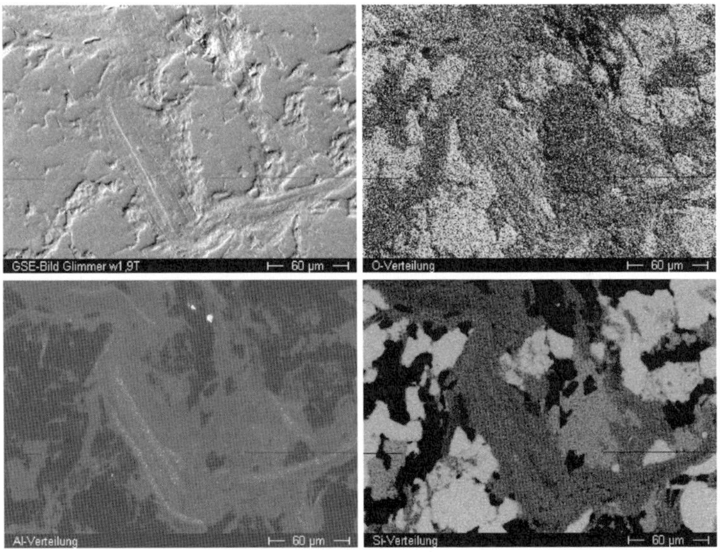

Abb. 1.50 Durch Abrastern der Probenoberfläche mit dem Elektronenstrahl lässt sich die Elementverteilung bestimmen. Die Sekundärelektronenverteilung (GSE-Bild) liefert einen Eindruck der Topographie der Probenoberfläche. Die Intensität der charakteristischen Röntgenlinien liefert Informationen über die Verteilung der Elemente, hier O, Al und Si [nach *F. Syrowatka* und *H. S. Leipner*].

Zur Bestimmung der *Verteilung eines Elementes im Oberflächenbereich* einer Probe lässt man den Elektronenstrahl über die Probe wandern. Das ist mit einem Ablenksystem für den Elektronenstrahl leicht realisierbar. Der Detektor wird bei dieser Messung auf eine Wellenlänge/Energie des interessierenden Elementes eingestellt. Man misst also die relative Verteilung eines Elementes auf einer Linie auf der Oberfläche. Da die gleiche Apparatur auch eine Aufnahme der Oberfläche gestattet, kann man den Intensitätsverlauf auch bestimmten Strukturen wie Einschlüssen oder Ausscheidungen zuordnen. Abb. 1.50 zeigt die Messung der Elementverteilung an einer Glimmerprobe. Man erhält also sehr detaillierte Informationen über die *chemische Zusammensetzung an der Oberfläche*, wobei für die Deutung im Prinzip nur das Moseleysche Gesetz verwendet wird.

1.4.7 Aufgaben

1.10. Betrachten Sie ein Teilchen welches sich in folgendem Potential bewegt:

$$V(x) = \begin{cases} \infty, & x \leq 0 \\ \frac{\hbar^2}{2m}\left(\frac{a}{2\pi}\right)x, & x > 0 \end{cases} \tag{1.143}$$

Hierbei ist a eine Konstante. Ermitteln Sie unter Benutzung der Bohr-Sommerfeldschen Quantisierungsregel

$$\oint p\, dx = nh, \quad n = 1, 2, \cdots \tag{1.144}$$

die erlaubten Energien.

1.11. Betrachten Sie ein Teilchen, welches senkrecht aus einer Höhe H auf eine waagerechte Ebene fällt und von der Ebene elastisch reflektiert wird. Ermitteln Sie unter Benutzung der Bohr-Sommerfeldschen Quantisierungsregeln die erlaubten Energien E_n und Höhen H_n.

1.12. Mit Hilfe der Bohr-Sommerfeldschen Quantenbedingung gebe man an, mit welcher Potenz von n die Energie E_n im Potential

$$V = V_0 \left(\frac{x}{x_0}\right)^\beta \tag{1.145}$$

anwächst.

1.5 Teilchen-Wellen-Dualismus

Zusammenfassung: Da an einem physikalischen Objekt sowohl Teilchen- als auch Welleneigenschaften beobachtet werden, müssen Wellen- und Teilchenbild, also Hamiltonfunktion und Wellengleichung, ineinander überführbar sein. Für die Elektronen führt diese Forderung auf die Schrödingergleichung als Grundgleichung der Quantenmechanik. Wie das klassische System durch eine Hamiltonfunktion wird das quantenmechanische System durch einen Hamiltonoperator charakterisiert. Die Wellenfunktion beschreibt die Verteilung eines Ensembles von Elektronen, $|\psi(\boldsymbol{r},t)|^2\, d^3\mathbf{r}$ ist die Wahrscheinlichkeit dafür, das Elektron zur Zeit t im Volumenelement $d^3\mathbf{r}$ um $\boldsymbol{r}$ zu finden. Für makroskopische Teilchen ergibt sich aus dem Wellenbild keine Einschränkung zur Newtonschen Mechanik.

1.5.1 Vereinigung von Teilchen-und Wellenbild

Die Betrachtung verschiedener Experimente hat verdeutlicht, dass man an Licht und an Elektronen sowohl Teilchen- als auch Welleneigenschaften beobachten kann. Zur Überwindung dieses scheinbaren Widerspruches und zur Aufstellung einer Wellengleichung für Elektronen, ist es zweckmäßig den einfachsten Fall der Ausbreitung zu betrachten, die *Bewegung freier Teilchen und die Ausbreitung von Wellen im homogenen Medium.*

Teilcheneigenschaften sind bei Stößen von Einzelobjekten beobachtbar, wie beim Photoeffekt oder beim Comptoneffekt. Das freie Teilchen wird dabei durch seinen Impuls $\mathbf{p}$ und seine Energie E charakterisiert oder - allgemeiner ausgedrückt - durch seine Hamiltonfunktion $\mathrm{H}(\mathbf{p})$ und den aktuellen Wert des Impulses.

Welleneigenschaften treten *bei Beugungs-oder Interferenzversuchen* zutage. Zur Berechnung des Beugungsbildes muss man die Wellenfunktion kennen bzw. die Wellengleichung, aus der diese Wellenfunktion bestimmt werden kann. Wir haben also:

Teilchenbild | Wellenbild

$$E = H(\mathbf{p}) = c\sqrt{(mc)^2 + \mathbf{p}^2}, \qquad L\left(\frac{\partial}{\partial t}, \frac{\partial}{\partial \mathbf{r}}\right)\psi(\mathbf{r},t) = 0\,. \tag{1.146}$$

(1.146) enthält den relativistischen Zusammenhang (1.3) zwischen Impuls und Energie und die Wellengleichung (1.25) für die Ausbreitung von Wellen in einem homogenen Medium.

Die Feststellung, dass an *einem* physikalischen Objekt sowohl Teilchen- als auch Welleneigenschaften beobachtet werden können, führt zu der Forderung, dass die beiden Beschreibungsformen (1.146) - zumindest zum Teil - identisch bzw. ineinander überführbar sind. Die wesentliche Brücke wird dabei durch die Beziehungen von *Einstein* (1.4) und *de Broglie* (1.9) geschlagen:

$$E = \hbar\omega, \quad \mathbf{p} = \hbar\,\mathbf{k}\,. \tag{1.147}$$

Sie zeigen andererseits, dass die Teilcheneigenschaften E und $\mathbf{p}$ mit Frequenz und Wellenzahl verknüpft sind. Damit eine Welle durch ω und $\mathbf{k}$ charakterisiert ist, muss man aber eine spezielle Lösung von (1.146), eine ebene Welle

$$\psi = \psi_0 e^{-i(\omega t - \mathbf{k}\cdot\mathbf{r})} \tag{1.148}$$

betrachten. Sie muss das Wellenbild des freien Teilchens sein.

Jetzt können wir *beide Beschreibungsweisen (1.146) verknüpfen.* Mittels (1.22) und (1.147) erhalten wir

$$L\left(\frac{\partial}{\partial t}, \frac{\partial}{\partial \mathbf{r}}\right) = 0 \xrightarrow[\frac{\partial}{\partial t}\to -i\omega,\, \frac{\partial}{\partial \mathbf{r}}\to i\mathbf{k}]{\text{ebene Welle}} \left\{\begin{array}{l} L(-i\omega, i\mathbf{k}) = 0 \\ \omega = \omega(\mathbf{k}) \end{array}\right\} \xrightarrow[\mathbf{p}=\hbar\mathbf{k}]{E=\hbar\omega} E = H(\mathbf{p})\,. \tag{1.149}$$

Die Dispersionsbeziehung $\omega(\mathbf{k})$ für ebene Wellen geht mit (1.147) in einen Zusammenhang zwischen E und $\mathbf{p}$ über. Sollen die beiden Beschreibungsarten (1.146) miteinander verträglich sein, dann muss dieser Zusammenhang mit der Hamiltonfunktion übereinstimmen.

Betrachten wir als Beispiel den Übergang zwischen den elektromagnetischen Wellen zu den Photonen. Aus der Wellengleichung (1.20) folgt

$$\left(\frac{1}{c^2}\frac{\partial^2}{\partial t^2} - \Delta\right)U = 0 \to \omega = c\,|\,\mathbf{k}\,| \to E = c\,|\,\mathbf{p}\,|\,. \tag{1.150}$$

Das ist aber der relativistische Zusammenhang (1.146) zwischen E und $\mathbf{p}$ für freie Elementarteilchen, nur ergibt sich, dass Photonen Teilchen mit der Ruhmasse $m = 0$ sind. Dieses Ergebnis ist aber auch vernünftig und zu erwarten, denn Photonen breiten sich mit Lichtgeschwindigkeit aus. Bei endlicher Ruhmasse hätten sie einen unendlich großen Impuls, ein physikalisch unsinniges Ergebnis.

Wenden wir uns jetzt den Elektronen zu, wobei wir nur den nichtrelativistischen Fall betrachten. Der Zusammenhang $E(\mathbf{p})$ ist uns bekannt. Welcher Wellengleichung genügt die Elektronenwelle? Man kann die Grundgleichung der Quantenmechanik nicht ableiten, so wie man die Newtonsche Grundgleichung nicht ableiten kann. Die *Bewegungsgleichungen sind Erfahrungsgesetze.* Aber aus den in (1.149) zusammengefassten Erfahrungen kann man auf die Form dieser Wellengleichung schließen:

$$E = \frac{\mathbf{p}^2}{2m} \xrightarrow[\mathbf{p}=\hbar\mathbf{k}]{E=\hbar\omega} \hbar\omega = \frac{\hbar^2\mathbf{k}^2}{2m} \xrightarrow[\omega\to -\frac{1}{i}\frac{\partial}{\partial t}]{\mathbf{k}\to\frac{1}{i}\frac{\partial}{\partial \mathbf{r}}} -\frac{\hbar}{i}\frac{\partial}{\partial t}\psi = \frac{1}{2m}\left(\frac{\hbar}{i}\frac{\partial}{\partial \mathbf{r}}\right)^2 \psi\,. \tag{1.151}$$

Die Wellengleichung (1.151) wird sich als richtige Grundgleichung der Quantenmechanik erweisen. Genau besehen ist der Weg (1.146) nicht eindeutig, da man die Dispersionsbeziehung $\omega(\mathbf{k})$ in verschiedenen Formen schreiben kann, die auf unterschiedliche Wellengleichungen führen. So ergäbe die Anwendung des gleichen Schemas auf Photonen verschiedene Wellengleichungen, je nach dem, ob man

$\omega = c \mid \mathbf{k} \mid$ oder $\omega^2 = c^2\mathbf{k}^2$ schreibt. Man muss bei diesem Schritt noch zusätzliche Erfahrungen einbauen. So müssen wir von der Wellengleichung der Photonen, als relativistische Teilchen mit der Ausbreitungsgeschwindigkeit c, verlangen, dass sie *relativisisch invariant, also invariant gegenüber Lorentztransformationen* ist.

Betrachten wir noch Teilchen endlicher Ruhemasse im relativistischen Bereich. Eine mögliche aus $E = c\sqrt{(mc)^2 + \mathbf{p}^2}$ folgende Wellengleichung ist

$$\left[\frac{1}{c^2}\frac{\partial^2}{\partial t^2} - \Delta + \left(\frac{mc}{\hbar}\right)^2\right]\psi = 0, \tag{1.152}$$

wie man leicht analog zu (1.151) überprüfen kann. (1.152) genügt auch den Invarianzforderungen der Relativitätstheorie. Der Vergleich mit der Erfahrung zeigt jedoch, dass (1.152) nicht die Wellengleichung für Elektronen im relativistischen Bereich darstellt. Diese, die *Diracgleichung*, erweist sich als komplizierter, da sie auch die Tatsache beschreibt, dass das Elektron einen Eigendrehimpuls (Spin) besitzt und ein Antiteilchen, das Positron, existiert. Es gibt aber auch Elementarteilchen, die der Wellengleichung (1.152) genügen, sogenannte skalare *Mesonen*. Diese Bemerkungen sollen darauf hinweisen, dass man, ausgehend von der Energie-Impuls-Beziehung, zu verschiedenen Wellengleichungen gelangen kann. Man muss jeweils überprüfen, ob die aufgestellte Wellengleichung auch die Eigenschaften der zu untersuchenden Teilchen richtig beschreibt. Es treten jedoch nur solche Wellengleichungen auf, die über die Einstein- und de-Broglie-Beziehungen (1.147) auf den bekannten Energie-Impuls-Zusammenhang (1.146) führen.

1.5.2 Die Schrödingergleichung

Die Form der Wellengleichung für freie Teilchen (1.151) wurde durch die Energie-Impuls-Beziehung, d.h. durch die das Teilchen charakterisierende Hamiltonfunktion $H(\mathbf{p}) = \mathbf{p}^2/2m$, bestimmt. Die richtige Erweiterung auf Teilchen in einem Kraftfeld liegt nahe, man ersetzt $H(\mathbf{p})$ durch $H(\mathbf{p},\mathbf{r})$. Damit sind wir bei der *durch die Erfahrung bestätigten Grundgleichung der Quantenmechanik*, der *Schrödingergleichung*, angelangt (s. [33, 34]):

$$-\frac{\hbar}{i}\frac{\partial}{\partial t}\psi(\mathbf{r},t) = \hat{\mathrm{H}}(\hat{\mathbf{p}},\mathbf{r})\psi(\boldsymbol{r},t), \quad \hat{\mathbf{p}} = \frac{\hbar}{i}\frac{\partial}{\partial \mathbf{r}}\,. \tag{1.153}$$

Sie beschreibt die Bewegung von Teilchen im nichtrelativistischen Bereich. Dabei wird das quantenmechanische System durch dieselbe Funktion wie das klassische System charakterisiert, durch die Hamiltonfunktion. Kennt man $H(\mathbf{p},\mathbf{r})$, dann kann man alle Eigenschaften des Systems berechnen. Im Unterschied zur klassischen Mechanik ist H in der Quantenmechanik ein Operator $\hat{\mathrm{H}}$, da der Impuls $\mathbf{p}$ in der Differentialgleichung (1.153) durch den Operator $\hat{\mathbf{p}}$ ersetzt werden muss. Der *Hamiltonoperator* hat die Gestalt

$$\hat{\mathrm{H}}(\hat{\mathbf{p}},\mathbf{r}) = \frac{\hat{\mathbf{p}}^2}{2m} + V(\mathbf{r}) = -\frac{\hbar^2}{2m}\Delta + V(\mathbf{r})\,. \tag{1.154}$$

Die beiden Summanden repräsentieren die kinetische und potentielle Energie.

Die Schrödingergleichung (1.153) ist eine partielle Differentialgleichung in erster Ordnung bezüglich der Zeit und in zweiter Ordnung bezüglich des Ortes. Sie ist linear und homogen. Die beiden letztgenannten Eigenschaften erlauben es, verschiedene Lösungen der Schrödingergleichung zu überlagern, d.h., mit ψ_1 und ψ_2 ist auch

$$\psi = a\psi_1 + b\psi_2 \tag{1.155}$$

eine Lösung. Weiterhin ist bemerkenswert, dass (1.153) eine komplexe Differentialgleichung ist, die imaginäre Einheit tritt in der Wellengleichung explizit auf. Demzufolge wird die *Wellenfunktion* ψ *komplex*. Betrachten wir z. B. freie Teilchen, bei denen die ebene Welle (1.148) eine Lösung darstellt. Bei einer reellen Wellengleichung sind dabei Real- und Imaginärteil dieser Wellenfunktion einzeln Lösungen der Wellengleichung. Wir betrachten dort komplexe Lösungen deswegen, weil sich mathematische Umformungen leichter durchführen lassen. Physikalische Bedeutung hat dabei aber nur der Realteil der Wellenfunktion, der die elektrische Feldstärke bei Lichtwellen, den Druck bei Schallwellen oder die Auslenkung bei Seilwellen bedeuten kann. Und physikalische, d.h. *messbare Größen* müssen reell sein.

Bei der Schrödingergleichung sind aber Real-und Imaginärteil der ebenen Welle einzeln keine Lösung, es lässt sich keine reelle Lösung finden. Die Wellenfunktion kann also hier auch keine unmittelbare physikalische Bedeutung - wie in den oben genannten Fällen - besitzen.

Verschiedene Wellenausbreitungen unterscheiden sich durch die Form der Wellengleichung und die Bedeutung der Wellenfunktion (Abschn. 1.2.1). Die Wellengleichung für die quantenmechanische Bewegung haben wir kennengelernt. Es bleibt noch zu untersuchen, wie die Wellenfunktion $\psi(\mathbf{r},t)$ mit den Messgrößen zusammenhängt.

1.5.3 Die Bedeutung der Wellenfunktion

Die Lösung ψ der Schrödingergleichung ist komplex. Sie kann daher nicht unmittelbar eine physikalische Größe darstellen, denn messbare Größen sind reell. Der einfachste reelle Ausdruck, der sich aus ψ bilden lässt, ist $|\psi|^2$. Welche Bedeutung könnte er haben? Quadratische Ausdrücke von Wellenfunktionen beschreiben in bekannten Theorien Energiedichten oder Intensitäten. Man könnte daher annehmen, dass $|\psi|^2$ die Teilchendichte angibt, so dass das Elektron je nach der Ausdehnung des Wellenpaketes über einen bestimmten Raumbereich verschmiert ist. Diese Annahme erweist sich jedoch als falsch. Wenn das Elektron eine ausgedehnte Ladungsverteilung besäße, die obendrein noch verschiedene Formen annehmen kann, dann müssten Teile der Elementarladung messbar sein und die Selbstenergie des Elek-

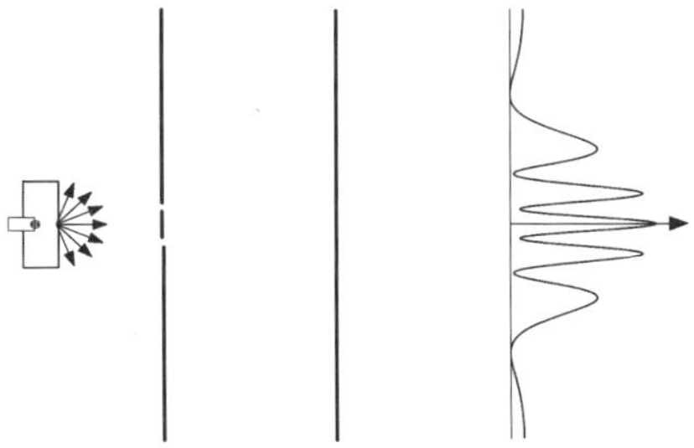

Abb. 1.51 Beugung einer Elektronenwelle am Doppelspalt.

trons, in die die Coulombenergie dieser Ladungswolke eingeht, von der Form von $|\psi|^2$ abhängen. Beides wird nicht beobachtet. Das Elektron muss als punktförmig angenommen werden.

Einen gewissen Aufschluss über die *Bedeutung von* $|\psi|^2$ ergibt folgendes Experiment (Abb. 1.51). Aus einer Elektronenquelle auslaufende Elektronen werden an einem Doppelspalt gebeugt. Auf einem Schirm werden die auftreffenden Elektronen registriert. Man erhält einen Intensitätsverlauf entsprechend $|\psi|^2$, also entsprechend dem Beugungsbild einer Welle bei einer Beugung am Doppelspalt.

Wenn wir die Intensität der Elektronenquelle so stark verringern, dass die Elektronen einzeln gebeugt werden, d. h., dass das nächste Elektron erst austritt, wenn das vorherige den Leuchtschirm bereits erreicht hat, dann wird folgendes beobachtet: Ein Elektron erzeugt einen Lichtblitz an genau einer Stelle des Schirmes, nicht ein Leuchten des gesamten Schirmes mit der räumlich veränderlichen Stärke $|\psi|^2$. *Ein Elektron ist also punktförmig*, es trifft an einer Stelle auf. Wenn man jedoch die räumliche Verteilung der Lichtblitze über viele Elektronen summiert, dann erhält man - wie bei einem starken Elektronenstrom - eine Verteilung, die mit $|\psi|^2$ übereinstimmt.

Die *Wellenfunktion charakterisiert also die Verteilung eines Ensembles von Elektronen, sie besitzt eine statistische Bedeutung.* $|\psi|^2$ gibt an, mit welcher Wahrscheinlichkeit man das Elektron in bestimmten Raumbereichen antreffen kann; genauer:

> $|\psi(\mathbf{r},t)|^2 d^3\mathbf{r}$ *ist die Wahrscheinlichkeit dafür, das Elektron zur Zeit* t *im Volumenelement* $d^3\mathbf{r}$ *um* $\mathbf{r}$ *zu finden.* (1.156)

Bei eindimensionalen Problemen ist entsprechend $|\psi(x,t)|^2 dx$ die Wahrscheinlichkeit dafür, das Elektron zur Zeit t in dx um x anzutreffen. Mit dieser Wahrscheinlichkeitsbedeutung der Wellenfunktion muss man sich erst vertraut machen. Sie ist weitestgehend für die Unanschaulichkeit der quantenmechanischen Erscheinungen verantwortlich. In Abschn. 3 und 4 wird nochmals auf die Bedeutung der Wellenfunktion eingegangen, nachdem wir im Abschn. 2 zunächst Lösungen der Schrödingergleichung für konkrete Bewegungen kennengelernt haben.

Die Wahrscheinlichkeitsaussage von (1.156) über ψ hat eine wesentliche Konsequenz. Die Wahrscheinlichkeit, das Teilchen irgendwo im Raum anzutreffen, muss Eins sein. Daher muss die *Normierungsbedingung*

$$\int d^3\mathbf{r}\,|\psi(\boldsymbol{r},t)|^2 = \int d^3\mathbf{r}\;\psi^\star\psi = (\psi,\psi) = 1 \tag{1.157}$$

erfüllt sein. Das heißt, nur solche Wellenfunktionen können physikalische Zustände beschreiben, die normierbar sind. Man kann leicht Funktionen angeben, die diese Bedingung nicht erfüllen, also nicht quadratisch integrierbar sind. Es wird sich zeigen, dass gerade die Normierungsbedingung dafür verantwortlich ist, dass Lösungen der Schrödingergleichung nur zu bestimmten diskreten Energien physikalisch realisierte Zustände sind. Man muss (1.153) daher ergänzen und

$$-\frac{\hbar}{i}\frac{\partial}{\partial t}\psi = \hat{\mathrm{H}}(\hat{\mathbf{p}},\mathbf{r})\psi\;,\;(\psi,\psi) = 1 \tag{1.158}$$

als Grundgleichung der Quantenmechanik ansehen. Dabei wurde die in (1.157) definierte Schreibweise (ψ,ψ) für das „Skalarprodukt" zweier Wellenfunktionen verwendet.

Da die Wellenfunktion einen physikalischen Zustand beschreibt, und $|\psi|^2$ eine messbare Größe darstellt, muss man weiterhin fordern, dass die Wellenfunktion eindeutig, stetig mit stetigen Ableitungen und endlich ist.

1.5.4 Die Beobachtbarkeit von Teilchen- und Welleneigenschaften

In Abschn. 1.5.1 haben wir über die *Einstein-* und *de-Broglie-Relation* einen Übergang vom Wellen- zum Teilchenbild, oder umgekehrt, gefunden. Zusammen mit der Wahrscheinlichkeitsbedeutung der Wellenfunktion ergibt sich nun folgendes:
Betrachten wir eine ebene Welle (1.148). Sie ist durch eine Wellenzahl oder Wellenlänge charakterisiert, beschreibt also ein Teilchen mit einem bestimmten Impuls $\mathbf{p} = \hbar\mathbf{k}$. Aus $|\psi|^2 =$ konst. folgt andererseits, dass wir das Teilchen mit gleicher Wahrscheinlichkeit in irgendeinem Teilvolumen des gesamten betrachteten Raumes antreffen. Wir können also keine konkrete Angabe darüber machen, wo sich das Teilchen aufhält. Diese Aussage ist auch aus der Unschärferelation (1.62) ablesbar, die für $\Delta p \to 0$ auf $\Delta x \to \infty$ führt. Dieses Ergebnis ruft größte Skepsis hervor. Es scheint den Erfahrungen der klassischen Mechanik zu widersprechen, nach denen wir Ort und Impuls eines Teilchens gleichzeitig mit beliebiger Genauigkeit messen können.

Daher soll untersucht werden, unter welchen Bedingungen Teilchen bzw. Welleneigenschaften gemessen werden können und wie stark *die Einschränkungen sind, die sich für die gleichzeitige Messung von Ort und Impuls* ergeben. Teilcheneigenschaften kann man am Einzelobjekt, beim Stoß mit anderen Teilchen beobachten,

Welleneigenschaften treten bei der Beobachtung von Gesamtheiten, bei Interferenzexperimenten, zutage.

Teilcheneigenschaften von Photonen kann man beim Stoß mit Elektronen beobachten. Ist die Beobachtbarkeit etwa dadurch begrenzt, dass das Elektron bei der Absorption eine Energie von 1 eV aufnehmen muss, dann muss die Wellenlänge der Gleichung $\hbar\omega = hc/\lambda$=1 eV genügen oder kürzer sein. Das führt auf

$$\lambda = \frac{hc}{1\,\mathrm{eV}} = \frac{h}{mc}\frac{mc^2}{1\,\mathrm{eV}} \approx 10^{-6}\,\mathrm{m}\,. \tag{1.159}$$

(Die Umformung soll darauf hinweisen, dass es bei numerischen Auswertungen vorteilhaft ist, bestimmte bekannte Kombinationen der Naturkonstanten zu bilden, hier Comptonwellenlänge und Ruhenergie des Elektrons.) Gl. (1.159) sagt uns, dass an Röntgenstrahlen und auch noch an sichtbarem Licht Teilcheneigenschaften beobachtbar sind, dagegen könnten an Radiowellen keine Teilcheneigenschaften gemessen werden. Die angenommene Mindestenergie entspricht eben etwa den Bedingungen des Photoeffektes mit sichtbarem Licht. Mit anderen Messungen, etwa Resonanzabsorptionen, lässt sich der Messbereich auf wesentlich größere Wellenlängen ausdehnen.

Betrachten wir nun die *Welleneigenschaften von Photonen*. Um Beugungsexperimente ausführen zu können, darf die Wellenlänge nicht wesentlich kleiner als der Gitterabstand des Beugungsgitters sein. Eine untere, durch den Abstand der Atome in einem Kristall (größer als 0,1 nm) gegebene Grenze ist daher etwa $\lambda = 10^{-12}$m. An γ-Strahlen im MeV-Bereich werden daher nur noch Teilcheneigenschaften beobachtbar sein.

Wie sieht es mit der Beobachtbarkeit von *Welleneigenschaften bei Teilchen* mit einer von Null verschiedenen Ruhemasse aus? Betrachten wir ein Teilchen der Masse m, das sich mit einer Geschwindigkeit v bewegt, dann wird mit $p = \hbar k = h/\lambda = mv$ die de-Broglie-Wellenlänge

$$\lambda = \frac{h}{mv} = \frac{6{,}6\cdot 10^{-34}}{(m/\mathrm{kg})[v/(\mathrm{m/s})]}\,\mathrm{m}\,. \tag{1.160}$$

An makroskopischen Körpern mit einer Masse von der Größenordnung 1 kg werden keine Welleneigenschaften zu beobachten sein, so dass wir von dieser Seite her keine Einschränkungen zur klassischen Mechanik zu erwarten haben.
Es bleiben noch die Auswirkungen der Unbestimmtheitsrelation

$$\Delta p\cdot\Delta x \geq \hbar/2\,. \tag{1.161}$$

zu untersuchen. Der Impuls eines Elektrons, das durch ein Wellenpaket der Spektralbreite (Abschn. 1.2.7) Δp beschrieben wird , ist nur bis auf Δp genau bestimmt. Aus (1.161) folgt die Breite Δx des Wellenpakets im Ortsraum, die die Genauigkeit der Aussage über den Ort des Teilchens festlegt. Man kann also nicht wie in der klassischen Mechanik $x(t)$ und $p = m\dot{x}$ angeben, die Schrödingergleichung ist eben auch keine Gleichung für $x(t)$ wie die Newtonsche Grundgleichung. Wie stark ist nun die Einschränkung (1.161)? Betrachten wir die Bewegung der Erde um die Sonne. Die Erde mit einer Masse $m \approx 10^{25}$ kg bewegt sich mit einer Geschwindigkeit $v \approx 30\,\mathrm{kms}^{-1}$ auf einer Bahn vom Radius $r \approx 10^8$ km. Nehmen wir an, dass wir Lage und Geschwindigkeit mit einer hohen relativen Genauigkeit (10^{-10}) messen können, also die Lage der Erde auf ihrer Bahn bis auf $\Delta x = 10\,\mathrm{m}$ und die Geschwindigkeit bis auf $\Delta v \approx 10^{-5}\,\mathrm{ms}^{-1}$ bestimmbar sei. Dann ergibt das Produkt dieser Messfehler

$$\Delta x \cdot \Delta p = \Delta x \cdot \Delta v \cdot m = 10^{21}\,\mathrm{Ws}^2 \approx 10^{55}\hbar \gg \hbar\,. \tag{1.162}$$

Die Unschärferelation (1.161) liefert also praktisch keine Einschränkung für die gleichzeitige Bestimmbarkeit von Lage und Geschwindigkeit der Erde, auch wenn man diese Größen noch viel genauer messen könnte. Das Gleiche gilt auch für Massen der Größe 1 kg und Geschwindigkeiten der Größe 1 m/s. *Damit wird aber der Erfahrungsbereich der klassischen Mechanik durch die Unbestimmtheitsrelation nicht berührt.*

Anders sieht es aus, wenn wir die Bewegung eines Elektrons im Wasserstoffatom untersuchen. Die Ausdehnung der Bahn beträgt $r \approx 10^{-10}$ m, der Impuls $|p| = \sqrt{2mE_{\text{kin}}}$ ist über die kinetische Energie abschätzbar, die entsprechend der Energie der beobachteten Spektralterme in der Größenordnung 1 eV liegen wird. Stellen wir hier nur geringe Genauigkeitsforderungen an die Messung von Lage und Impuls, etwa $\Delta x = r, \Delta p = |p|$, dann wird das Produkt der Messfehler

$$\Delta x \cdot \Delta p = 10^{-10}\sqrt{2 \cdot 10^{-30} \cdot 1{,}6 \cdot 10^{-19}}\,\mathrm{Ws}^2 \approx 6 \cdot 10^{-35}\,\mathrm{Ws}^2 \approx \hbar\,. \tag{1.163}$$

Hier wird also die Messbarkeit von Lage und Impuls durch die Unbestimmtheitsrelation maßgeblich eingeschränkt. Die Bewegung des Elektrons im Wasserstoffatom ist eben ein quantenmechanisches Problem. Die gleichzeitige Angabe von Ort und Impuls wie in der Newtonschen Mechanik wird sinnlos, man muss nach einer anderen Beschreibungsweise suchen, die wir mit der Schrödingergleichung (1.148) gefunden haben.

1.5.5 Aufgaben

1.13. Ein Elektron e^- und ein Positron e^+, die praktisch ruhen ($\mathbf{p}_{e^-} = \mathbf{p}_{e^+} = 0$) erzeugen bei einer Paarvernichtung zwei Lichtquanten γ und γ'. Man berechne den Impuls von γ und γ'. Dessen Betrag gebe man als Funktion der Compton-Wellenlänge an.

1.14. Im Bohrschen Atommodell bewegen sich Elektronen strahlungsfrei auf Kreisbahnen mit

$$r_n = a_0 n^2 \text{ und } p_n = \frac{\hbar}{a_0 n} \tag{1.164}$$

$(n = 1, 2, \ldots)$. Nehmen Sie an, dass für die Genauigkeit der Ortsbestimmung gilt:

$$\Delta x \approx r_{n+1} - r_n. \tag{1.165}$$

Schätzen Sie mit Hilfe der Heisenbergschen Unbestimmtheitsrelation $(\Delta x) \cdot (\Delta p) \geq \frac{\hbar}{2}$ den relativen Fehler $\Delta p/p$ für die Unbestimmtheit des Impulses in Abhängigkeit von der Quantenzahl n ab.

1.15. Wie groß muss die kinetische Energie von Elektronen sein, damit man mit ihnen die Ladungsverteilung im Proton (Ausdehnung 10^{-15} m) untersuchen kann?

Kapitel 2
Stationäre Zustände

2.1 Die zeitunabhängige Schrödingergleichung

Zusammenfassung: Die Energieerhaltung ermöglicht die Bestimmung des zeitabhängigen Anteils der Wellenfunktion. Es bleibt, die zeitunabhängige Schrödingergleichung für den Ortsanteil $\varphi(\boldsymbol{r})$ der Wellenfunktion zu lösen. φ ist eine normierbare, eindeutige, überall endliche und nebst ihren Ableitungen stetige Funktion. Physikalische Größen werden durch hermitesche Operatoren beschrieben. Deren Eigenfunktionen bilden ein orthonormiertes und vollständiges Funktionssystem.

2.1.1 Energieerhaltung

Die Wellenfunktion muss aus der Grundgleichung der Quantenmechanik, der Schrödingergleichung (1.158)

$$\begin{aligned} -\frac{\hbar}{i}\frac{\partial}{\partial t}\psi(\mathbf{r},t) &= \hat{\mathrm{H}}\ \psi(\mathbf{r},t) \quad , \quad (\psi,\psi)=1\,, \\ \hat{\mathrm{H}} = \frac{\hat{\mathbf{p}}^2}{2m} + V(\mathbf{r}) &= -\frac{\hbar^2}{2m}\triangle + V(\mathbf{r}), \end{aligned} \tag{2.1}$$

berechnet werden. Aus mathematischer Sicht besteht die Aufgabe darin, eine *partielle Differentialgleichung* zu lösen. Wir haben jedoch hier kein rein mathematisches Problem, weil wir wissen, dass die Lösungen $\psi(\mathbf{r},t)$ physikalische Zustände beschreiben. Die allgemeinen Kenntnisse über diese Zustände können wir ausnutzen, um zum Teil weitgehende Aussagen über die Form der Wellenfunktionen zu gewinnen. Insbesondere hat sich in der klassischen Mechanik gezeigt, dass die *Kenntnis von Erhaltungsgrößen* die Lösung des Bewegungsproblems vereinfacht und die Klassifizierung der möglichen Bahnen nach den Werten der Erhaltungsgrößen ermöglicht. In analoger Weise können wir die Kenntnis von Erhaltungsgrößen bei der Lösung der Schrödingergleichung ausnutzen.

Der Hamiltonoperator (2.1), der die Energie charakterisiert, ist zeitunabhängig. Wie in der klassischen Mechanik führt das dazu, dass die Energie eine Erhaltungsgröße ist. Diese Eigenschaft von $\hat{\mathrm{H}}$ hat zur Folge, dass (2.1) bezüglich der Zeit eine Differentialgleichung mit konstanten Koeffizienten ist, die Zeitintegration kann unmittelbar ausgeführt werden. Man erhält spezielle Lösungen

$$\psi_E(\mathbf{r},t) = \varphi(\mathbf{r})e^{-\frac{i}{\hbar}Et} \quad , \tag{2.2}$$

die durch einen bestimmten Energiewert charakterisiert sind. E kann hier beliebige Werte annehmen, die Zeitintegration liefert keine Einschränkung für E. Setzen wir (2.2) in (2.1) ein, so können wir in

$$-\frac{\hbar}{i}\left(-\frac{i}{\hbar}E\right)\varphi(\mathbf{r})e^{-\frac{i}{\hbar}Et} = \hat{\mathrm{H}}\,\varphi(\mathbf{r})e^{-\frac{i}{\hbar}Et} \tag{2.3}$$

die Exponentialfunktionen herauskürzen. Wir erhalten eine Differentialgleichung für den *Ortsanteil der Wellenfunktion*

$$\hat{\mathrm{H}}\varphi(\mathbf{r}) = E\varphi(\mathbf{r}) \quad , \quad (\varphi,\varphi) = 1\,, \tag{2.4}$$

die *zeitunabhängige Schrödingergleichung*. Die stationäre Lösung (2.2) hat die Eigenschaft, dass die Wahrscheinlichkeitsdichte zeitunabhängig wird. Daher geht auch die Normierungsbedingung für ψ in die gleiche Bedingung für φ über.

(2.4) stellt ein *Eigenwertproblem* dar. Es wird sich zeigen, dass die *Normierungsbedingung* nur für diskrete Werte von E erfüllbar ist. Wir erhalten also ein diskretes Spektrum von Eigenwerten $E_0, E_1, \ldots, E_n, \ldots$ und zugehörige normierbare Eigenfunktionen $\varphi_0, \varphi_1, \ldots, \varphi_n, \ldots$.

Aus den nach der Energie E geordneten Eigenfunktionen von $\hat{\mathrm{H}}$ können wir durch Superposition die *allgemeine Lösung der Schrödingergleichung* aufbauen

$$\psi(\mathbf{r},t) = \sum_n c_n \varphi_n(\mathbf{r})e^{-\frac{i}{\hbar}E_n t} \,. \tag{2.5}$$

Verschiedene Lösungen unterscheiden sich in den Koeffizienten c_n.

2.1.2 Eindimensionale Probleme

Die zeitunabhängige Schrödingergleichung wollen wir zunächst für eindimensionale Probleme lösen, da dies mathematisch einfacher ist. Wie in der klassischen Mechanik sind dabei eindimensionale Probleme nicht nur Modellfälle. *Ist die Hamiltonfunktion eine Summe von Teilen*

$$H(\mathbf{p},\mathbf{r}) = H_1(p_x,x) + H_2(p_y,y) + H_3(p_z,z)\,, \tag{2.6}$$

die nur von je einer Koordinate abhängen, dann entkoppeln die kanonischen Bewegungsgleichungen (1.1) für x, y bzw. z, und man hat nur drei eindimensionale Probleme zu lösen.

Hat der Hamiltonoperator die Form (2.6), dann ist

$$\begin{aligned} \varphi(\mathbf{r}) &= \varphi_1(x)\varphi_2(y)\varphi_3(z) \quad , \quad E = E_1 + E_2 + E_3\,, \\ \hat{\mathrm{H}}_1\varphi_1 &= E_1\varphi_1 \quad , \quad \hat{\mathrm{H}}_2\varphi_2 = E_2\varphi_2 \quad , \quad \hat{\mathrm{H}}_3\varphi_3 = E_3\varphi_3 \end{aligned} \tag{2.7}$$

eine Lösung der zeitunabhängigen Schrödingergleichung (2.4). Die Kontrolle

$$\begin{aligned} \hat{\mathrm{H}}\varphi &= \varphi_2\varphi_3\,\hat{\mathrm{H}}_1\varphi_1 + \varphi_1\varphi_2\,\hat{\mathrm{H}}_2\varphi_2 + \varphi_1\varphi_2\,\hat{\mathrm{H}}_3\varphi_3 \\ &= (E_1 + E_2 + E_3)\,\varphi_1\varphi_2\varphi_3 \end{aligned} \tag{2.8}$$

bestätigt das. Auch hier brauchen wir, statt einer partiellen Differentialgleichung dreier Variablen nur drei gewöhnliche Differentialgleichungen zu lösen. Jede dieser Gleichungen stellt ein eindimensionales Problem dar. Es ist also sinnvoll, solche Probleme zu betrachten.

2.1.3 Eigenschaften der Eigenfunktionen

Die Wellenfunktion $\varphi(x)$ beschreibt einen physikalischen Zustand und siegeht in die Berechnung messbarer Größen ein. Physikalische Größen sind stetig, endlich und eindeutig. Wir müssen also auch von der *Wellenfunktion* fordern, dass sie *nebst ihren Ableitungen stetig* ist, dass sie *überall endlich* ist und dass sie an jedem Ort einen *eindeutigen Wert* besitzt. Die Stetigkeit der Krümmung φ'' ist aus der Schrödingergleichung

$$-\frac{\hbar^2}{2m}\frac{d^2}{dx^2}\varphi(x) = [E - V(x)]\,\varphi(x) \tag{2.9}$$

ersichtlich. Ein reales Potential ist eine stetige Funktion. Es ist zur einfacheren ma-

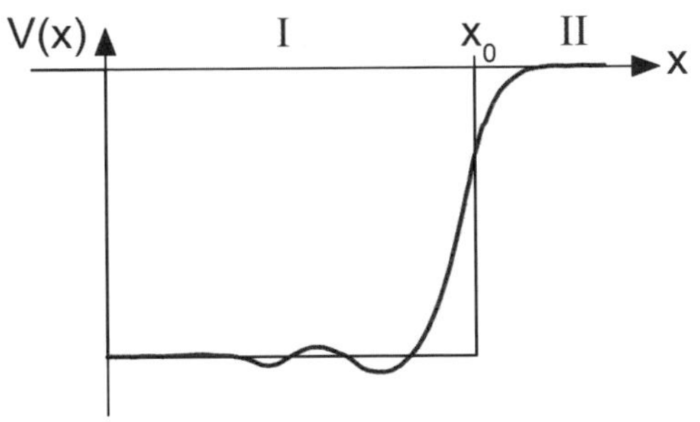

Abb. 2.1 Potentialtopf als Näherung für ein stetiges Potential.

thematischen Behandlung jedoch oft zweckmäßig, unstetige Potentiale zu betrachten. So kann man das stetige Kristallpotential, das ein Elektron am Rande eines Festkörpers spürt, wie in Abb. 2.1 in manchen Fällen in erster Näherung durch einen *Potentialtopf* mit unstetigem Verlauf ersetzen. In diesem Fall müssen an der Anschlussstelle x_0 die Wellenfunktion und deren erste Ableitung stetig ineinander übergehen, da das Ergebnis der Integration über die unstetige rechte Seite von (2.9) eine stetige Funktion ist. Ein anderer Modellfall ist der Potentialtopf mit unendlich hohen Wänden, der so genannte *Potentialkasten* von Abb. 2.2. In dem Raumbereich, wo der Potentialwert unendlich ist, muss die Wellenfunktion verschwinden, da sonst der Erwartungswert des Hamiltonoperators

$$E = \int dx\, \varphi^{\star} \hat{\mathrm{H}} \varphi = (\varphi, \hat{\mathrm{H}}\varphi) = \left(\varphi, \frac{\hat{\mathrm{p}}_x^2}{2m}\varphi\right) + (\varphi, V\varphi) \qquad (2.10)$$

nicht den endlichen Energiewert E ergeben kann. Mit der Wellenfunktion ver-

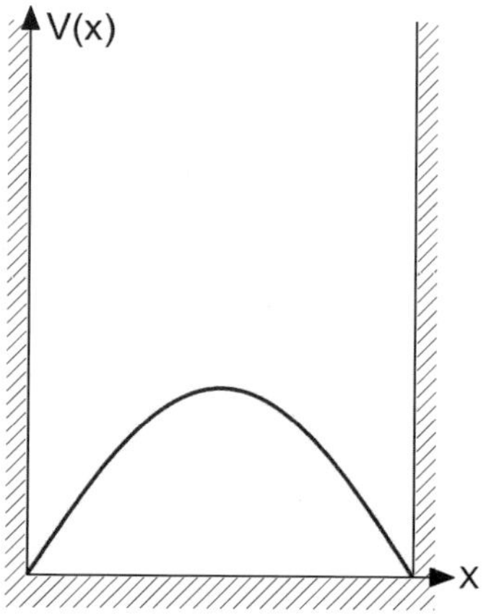

Abb. 2.2 Die Wellenfunktion hat am Rande des Potentialkastens einen Knick, außerhalb des Potentialkastens verschwindet sie.

schwindet auch die Krümmung in diesem Raumbereich. Im Potentialkasten hat die Wellenfunktion dagegen einen endlichen Wert. Wegen des unendlich großen Sprunges von V hat also hier schon die erste Ableitung am Rande des Kastens einen Sprung. Die Wellenfunktion selbst ist stetig und wächst am Rande des Potentialtopfes von Null beginnend an. In Abb. 2.2 ist eine Wellenfunktion eingezeichnet. Wir werden dieses Verhalten in Abschn. 2.2.1 bestätigt finden, wenn wir die für den Potentialtopf berechnete Wellenfunktion im Grenzfall unendlich hoher Wände betrachten.

2.1.4 Hermitesche Operatoren

Die zeitunabhängige Schrödingergleichung

$$\hat{H}\varphi = E\varphi\,, \quad (\varphi,\varphi) = 1 \tag{2.11}$$

zeigt, dass die Energie der Erwartungswert des Hamiltonoperators ist. Multiplizieren wir (2.11) mit $\varphi^\star$ und führen die Ortsintegration durch, dann erhalten wir

$$(\varphi,\hat{H}\varphi) = E(\varphi,\varphi)\,, \quad E = (\varphi,\hat{H}\varphi) \quad . \tag{2.12}$$

Der Erwartungswert von $\hat{H}$, *eine messbare Größe, muss reell sein*. Das führt zu einer Forderung an $\hat{H}$:

$$\begin{aligned} E &= \int d^3\mathbf{r}\ \varphi^\star \hat{H}\varphi = (\varphi,\hat{H}\varphi)\,, \\ E^\star &= \int d^3\mathbf{r}\ \varphi(\hat{H}\varphi)^\star = (\hat{H}\varphi,\varphi)\,, \\ (\varphi,\hat{H}\varphi) &= (\hat{H}\varphi,\varphi)\,. \end{aligned} \tag{2.13}$$

Um diese Forderung einfacher formulieren zu können, definieren wir *den zu* $\hat{H}$ *hermitesch konjugierten Operator* $\hat{H}^\dagger$

$$(\chi,\hat{H}\varphi) = (\hat{H}^\dagger\chi,\varphi)\,. \tag{2.14}$$

worin χ und φ zwei normierbare, sonst beliebige Wellenfunktionen darstellen. Die Bedingung (2.14) ist eine Definitionsgleichung für $\hat{H}^\dagger$. Für den Fall, dass $\hat{H}^\dagger = \hat{H}$ gilt, nennen wir $\hat{H}$ *hermitesch* oder *selbstadjungiert*.

Die Forderung (2.13) ist also erfüllt, wenn $\hat{H}$ hermitesch ist. Da eine zu (2.13) analoge Forderung an alle physikalischen Größen gestellt werden muss, können wir folgern:

Physikalische Größen werden in der Quantenmechanik durch hermitesche Operatoren $\hat{A}^\dagger = \hat{A}$ charakterisiert.

$$(\chi,\hat{A}\varphi) = (\hat{A}\chi,\varphi) \tag{2.15}$$

Wenn wir im weiteren von Operatoren ($\hat{A},\hat{B},\dots$) sprechen, die physikalische Größen repräsentieren, dann sind damit also immer hermitesche Operatoren gemeint.

2.1.5 Orthogonalität und Vollständigkeit

Die zeitunabhängige Schrödingergleichung hat diskrete Eigenwerte $E_0, E_1, \dots, E_n, \dots$ und zugehörige normierbare Eigenfunktionen $\varphi_0, \varphi_1, \dots, \varphi_n, \dots$

$$\hat{\mathrm{H}}\varphi_n = E_n\varphi_n \quad , \quad (\varphi_n, \varphi_n) = 1 \; . \tag{2.16}$$

Im Abschnitt 2.2 werden wir konkrete Beispiele kennenlernen. Die Eigenfunktionen besitzen einige wichtige Eigenschaften.

(1) Die Eigenfunktionen sind *orthogonal und normiert*

$$(\varphi_m, \varphi_n) = \delta_{m,n} = \begin{cases} 1 & m = n \\ 0 & m \neq n \end{cases} \; . \tag{2.17}$$

Man kann dies leicht beweisen, wenn man (2.16) mit $\varphi_m^\star$ multipliziert und integriert

$$\begin{aligned} (\varphi_m, \hat{\mathrm{H}}\varphi_n) &= E_n(\varphi_m, \varphi_n) = \\ (\hat{\mathrm{H}}\varphi_m, \varphi_n) &= E_m(\varphi_m, \varphi_n) \; . \end{aligned} \tag{2.18}$$

In der zweiten Zeile wurde von der Hermitezität von $\hat{\mathrm{H}}$ Gebrauch gemacht. Da φ_m auch eine Eigenfunktion zu $\hat{\mathrm{H}}$ sein soll, kann $\hat{\mathrm{H}}\varphi_m = E_m\varphi_m$ ausgenutzt werden. Bildet man die Differenz der rechten Seiten von (2.18), so erhält man

$$(E_n - E_m)(\varphi_m, \varphi_n) = 0 \; . \tag{2.19}$$

Einer der beiden Faktoren muss verschwinden. Daher sind die Eigenfunktionen zu verschiedenen Eigenwerten orthogonal. Bei Entartung, wo zu einem Eigenwert verschiedene Eigenfunktionen gehören, folgt die Orthogonalität nicht aus (2.19), da dann $E_n = E_m$ ist. Man kann jedoch immer *orthogonale Linearkombinationen der zum entarteten Zustand gehörenden Eigenfunktionen* bilden. Von solchen Funktionen werden wir stets ausgehen, so dass die Orthogonalitätsbeziehung (2.17) für alle Eigenfunktionen gilt.

(2) Die Eigenfunktionen bilden ein *vollständiges Funktionensystem*

$$\begin{aligned} \sum_n \varphi_n(\mathbf{r})\varphi_n^\star(\mathbf{r}') &= \delta(\mathbf{r} - \mathbf{r}') \; , \\ \sum_n \varphi_n(x)\varphi_n^\star(x') &= \delta(x - x') \; . \end{aligned} \tag{2.20}$$

Vollständig bedeutet, dass wir jede genügend stetige Funktion (und Funktionen mit physikalischer Bedeutung sind stetig) als Linearkombination der Funktionen des betrachteten Systems darstellen können

$$f(\mathbf{r}) = \sum_n c_n\varphi_n(\mathbf{r}) \quad . \tag{2.21}$$

Die Koeffizienten c_n erhält man, wenn man (2.21) mit $\varphi_m^\star$ multipliziert und integriert

$$(\varphi_m, f) = \sum_n c_n(\varphi_m, \varphi_n) = \sum_n c_n\delta_{n,m} = c_m \; . \tag{2.22}$$

Dabei wurde von der Orthogonalitätsbedingung (2.17) Gebrauch gemacht. (2.22) in (2.21) eingesetzt führt auf

$$f(\mathbf{r}) = \sum_n \varphi_n(\mathbf{r})(\varphi_n, f) \,. \tag{2.23}$$

Falls das Funktionensystem die Vollständigkeitsbedingung (2.20) erfüllt, dann wird durch die Reihe auf der rechten Seite von (2.23) die Funktion f genau reproduziert, wie die Umformung

$$\sum_n \varphi_n(\varphi_n, f) = \int d^3\mathbf{r}' \sum_n \varphi_n(\mathbf{r})\varphi_n^\star(\mathbf{r}')f(\mathbf{r}') = \int d^3\mathbf{r}' \; \delta(\mathbf{r}-\mathbf{r}')f(\mathbf{r}') = f(\mathbf{r}) \tag{2.24}$$

zeigt. Bei der Integration kann entsprechend dem Mittelwertsatz der Integralrechnung in der stetigen Funktion f die Integrationsvariable $\mathbf{r}'$ durch $\mathbf{r}$ ersetzt werden, da der Integrand durch die δ-Funktion nur in der Umgebung von $\mathbf{r}' = \mathbf{r}$ von Null verschiedenen ist.

2.1.6 Aufgaben

2.1. Man berechne den Operator, der hermitesch konjugiert zu

$$\hat{\mathbf{A}} = \exp\left(i\alpha\frac{\partial}{\partial\varphi}\right) \tag{2.25}$$

ist.
Hinweis: Man entwickle die Exponentialfunktion in eine Reihe!

2.2. In Halbleitersupergittern bewegen sich die Elektronen in Wachstumsrichtung des Gitters (z-Richtung) in einem Potential $V(z)$, welches einer Aneinanderreihung von Potentialtöpfen entspricht. In x- und y-Richtung bewegen sich die Elektronen frei. Vereinfachen Sie die Lösung der Schrödingergleichung.

2.3. Vorgegeben sind die Orthonormalsysteme $\varphi_n^A(\mathbf{r})$, $\varphi_n^B(\mathbf{r}), \varphi_n^C(\mathbf{r})$, wobei $\varphi_n^C(\mathbf{r})$ das Eigensystem des Operators $\hat{\mathrm{C}}$ ist. Zeigen Sie, dass die Spur des Operators

$$\mathrm{Tr}\,\hat{\mathrm{C}} = \sum_n(\varphi_n^A, \hat{\mathrm{C}}\varphi_n^A) = \sum_n(\varphi_n^B, \hat{\mathrm{C}}\varphi_n^B) = \sum_n c_n \tag{2.26}$$

unabhängig vom Orthonormalsystem ist, welches zur Berechnung der Spur verwendet wurde.

2.2 Gebundene Zustände

Zusammenfassung: Gebundene Zustände als normierbare Lösungen der Schrödingergleichung treten nur zu diskreten Energien auf. Der tiefste Zustand liegt nicht am Potentialboden, es gibt eine Nullpunktsenergie. Die Wellenfunktionen haben im klassischen Aufenthaltsbereich einen kosinusartigen, außerhalb einen exponentiell abfallenden Verlauf. Das Teilchen besitzt also eine endliche Aufenthaltswahrscheinlichkeit außerhalb der klassischen Umkehrpunkte. Der Grundzustand ist eine knotenfreie Funktion, bei jedem höheren Eigenwert wächst die Knotenzahl um Eins an. Im eindimensionalen Fall werden die verschiedenen Zustände durch eine Energiequantenzahl n unterschieden. Beim Potentialkasten wächst $E_n \sim n^2$, beim Oszillator gilt $E_n \sim n$.

2.2.1 Rechteckiger Potentialtopf

Das dringendste Anliegen der neuen Theorie - ausgehend von der Schrödingergleichung - besteht darin, zu bestätigen, dass *gebundene Teilchen* sich *nur in diskreten Energieniveaus* aufhalten können. Dies ist die hervorstechendste Erscheinung, die bei der Auswertung der Atomspektren auftritt und in der klassischen Mechanik keine Erklärung findet. Da man diese diskreten Niveaus bei allen Atomen beobachtet, können sie nicht Eigenschaft eines speziellen Kraftfeldes sein, sondern sie sind typisch für gebundene Zustände. Ihr Auftreten wird daher zunächst an einem Modellpotential betrachtet, für das die mathematische Behandlung einfach ist.

Die elektronische Struktur von Halbleitern wird durch die Energielücke zwischen Valenz- und Leitungsband bestimmt und ist für ein Halbleitermaterial charakteristisch. Mit Hilfe der Molekularstrahlepitaxie lassen sich verschiedene Halbleiter schichtweise mit idealen Grenzflächen aufeinander wachsen. Auf Grund der unterschiedlichen Elektronenaffinitäten (vergl. Abb. 2.3) bildet sich in den so genannten Halbleitersupergittern eine Folge von Potentialtöpfen an Valenzbandoberkante und Leitungsbandunterkante heraus.

Wir wollen deshalb die quantenmechanische Bewegung eines Teilchens im Potentialtopf der Abb. 2.4 untersuchen. Entsprechend Abschnitt 2.1.1 bedeutet das, die Eigenfunktionen und Eigenwerte der zeitunabhängigen Schrödingergleichung

$$\left[-\frac{\hbar^2}{2m}\frac{d^2}{dx^2}+V(x)\right]\varphi(x)=E\varphi(x), \quad (\varphi,\varphi)=1 \tag{2.27}$$

zu berechnen.

In diesem *stückweise konstanten Potential*

$$V(x)=\begin{cases} V_0 & |x|<a \\ 0 & |x|>a \end{cases} \tag{2.28}$$

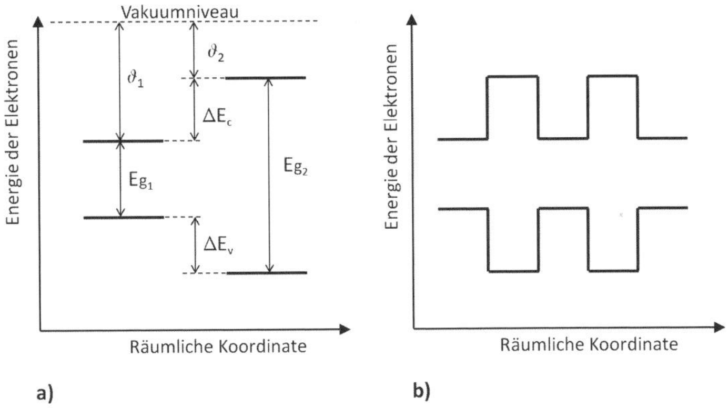

Abb. 2.3 a) Lage von Valenz und Leitungsbandkanten der zwei Halbleiter relativ zum Vakuumniveau. b) Supergitter zweier Halbleiter mit unterschiedlich großer Bandlücke vom Typ I.

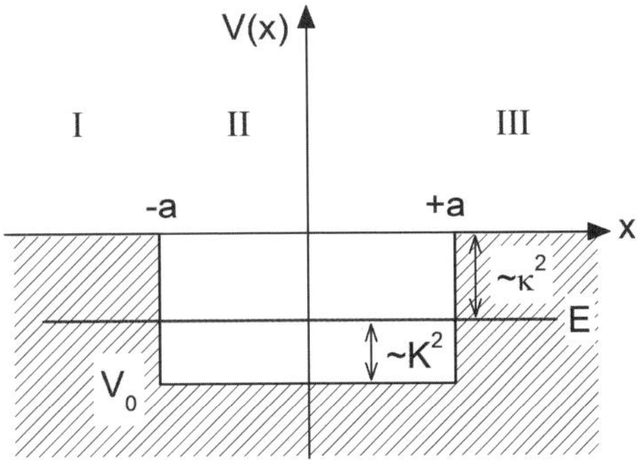

Abb. 2.4 Bewegung im Potentialtopf. Erläuterung der Wellenzahlen. κ und K.

kann man die allgemeine Lösung für einen Teilbereich leicht angeben. Mit den Abkürzungen

$$E = -\frac{\hbar^2}{2m}\kappa^2\,, \quad V_0 = -\frac{\hbar^2}{2m}\kappa_0^2\,, \quad K^2 = \kappa_o^2 - \kappa^2 \tag{2.29}$$

vereinfacht sich (2.27) in den in Abb. 2.4 gekennzeichneten Bereichen zu

$$\begin{aligned} \mathrm{I}: \left(\frac{d^2}{dx^2} - \kappa^2\right)\varphi(x) = 0\,, \quad & \varphi_{\mathrm{I}} = a_1 e^{\kappa x} + a_2 e^{-\kappa x}\,, \\ \mathrm{II}: \left(\frac{d^2}{dx^2} + K^2\right)\varphi(x) = 0\,, \quad & \varphi_{\mathrm{II}} = b_1 e^{iKx} + b_2 e^{-iKx}\,, \\ \mathrm{III}: \left(\frac{d^2}{dx^2} - \kappa^2\right)\varphi(x) = 0\,, \quad & \varphi_{\mathrm{III}} = c_1 e^{\kappa x} + c_2 e^{-\kappa x}\,. \end{aligned} \tag{2.30}$$

Man beachte, dass E und V_0 für den in Abb. 2.4 betrachteten Fall negative Größen sind. K^2 und κ^2 sind positiv. Unter K und κ wollen wir die positiven Wurzeln verstehen. In (2.30) sind die Lösungen der Schrödingergleichung für die einzelnen Bereiche mit angegeben. In den Bereichen $E < V(x)$ - d. h. in I und III - erhält man *exponentiell anwachsende oder abfallende Funktionen*, in dem klassischen Aufenthaltsbereich $E > V(x)$ - d.h. im Bereich II - ergeben sich *oszillierende Funktionen*.

Die Lösungen mit physikalischer Bedeutung müssen normierbar und stetig sein. Die *Normierbarkeit* erfordert einen Abfall der Funktion φ_I für $x \to -\infty$, der Koeffizient a_2 muss verschwinden. Im anderen Fall ($a_2 \neq 0$) würde schon das Normierungsintegral über den Bereich I einen unendlich großen Wert ergeben, die Wellenfunktion wäre nicht normierbar.

Eine entsprechende Forderung müssen wir für den Bereich III stellen, c_1 muss verschwinden. Wenn wir uns jedoch (2.27) im Bereich I mit $\varphi_I = a_1 e^{\kappa x}$ beginnend für einen gegebenen Wert von E in Schritten dx bis in den Bereich II und III hinein integriert denken, dann werden durch die *Stetigkeitsforderungen* an den Anschlussstellen bei $x = \pm a$ die Konstanten b_1 und b_2, durch φ_{I} und dann c_1 und c_2 durch φ_{II} bestimmt sein. Konstruiert man eine solche stetige Funktion, dann besteht kein Grund dafür, dass c_1 in φ_{III} verschwindet. Man wird im Allgemeinen $c_1 \neq 0$ und damit nicht normierbare Funktionen erhalten.

Wenn wir den Parameter E variieren, dann kann es spezielle Werte E geben, die auf $c_1 = 0$ führen. Zu diesen Energien gehören normierbare Eigenfunktionen, diese Energien sind die gesuchten Eigenwerte. Wir sehen also, dass es zu beliebigen Werten von E Lösungen der Differentialgleichung (2.27) gibt. Die Normierungsforderung sondert aber spezielle E-Werte heraus, für die φ normierbar ist, also einen physikalischen Zustand beschreibt.

Wir bauen jetzt mit $c_1 = 0$ die Normierungsforderung gleich in (2.30) ein und erwarten, dass sich demzufolge die Stetigkeitsforderungen

$$\begin{aligned} \varphi_{\mathrm{I}}(-a) &= \varphi_{\mathrm{II}}(-a) \ , \ \varphi_{\mathrm{II}}(a) = \varphi_{\mathrm{III}}(a) \ , \\ \varphi'_{\mathrm{I}}(-a) &= \varphi'_{\mathrm{II}}(-a) \ , \ \varphi'_{\mathrm{II}}(a) = \varphi'_{\mathrm{III}}(a) \end{aligned} \tag{2.31}$$

nur für diskrete Energien erfüllen lassen.

Wir können uns die mathematische Durchrechnung wesentlich erleichtern, wenn wir die *Symmetrie des gegebenen Systems* ausnutzen. Der gegebene Potentialverlauf ist symmetrisch, $V(x) = V(-x)$. Hätten wir also die x-Achse in Abb. 2.4 nach links gerichtet (die neue Koordinate würde sich dann von der alten im Vorzeichen unterscheiden), dann könnten wir dieses System von dem in Abb. 2.4 dargestellten nicht unterscheiden. Demzufolge müssen messbare Größen, wie die Wahrscheinlichkeitsdichte $|\varphi|^2$, in beiden Systemen auch gleich groß sein. Das ist für $|\varphi(x)|^2 = |\varphi(-x)|^2$ erfüllt. Daraus folgt für die Wellenfunktion

$$V(x) = V(-x) \to \varphi(x) = \pm\varphi(-x) \ . \tag{2.32}$$

In einem *symmetrischen Potential gibt es nur* (in Bezug auf das Symmetriezentrum) *symmetrische und antisymmetrische Eigenfunktionen.*

Betrachten wir zunächst symmetrische Lösungen. Für $b_1 = b_2$ und $c_2 = a_1$ in (2.30) ist $\varphi(-x) = \varphi(x)$. Die Stetigkeitsforderungen (2.31) brauchen nur noch bei $x = -a$ betrachtet zu werden. Sind sie bei $x = -a$ erfüllt, dann ist die Wellenfunktion aus Symmetriegründen auch bei $x = +a$ stetig.

Wir wenden also (2.31) auf

$$\varphi_{\mathrm{I}} = a_1 e^{\kappa x}\,, \qquad \varphi_{\mathrm{II}} = 2b_1 \cos(Kx) \tag{2.33}$$

an. Das liefert

$$\begin{aligned} a_1 e^{-\kappa a} - 2b_1 \cos(Ka) &= 0\,, \\ a_1 \kappa e^{-\kappa a} - 2b_1 K \sin(Ka) &= 0\,. \end{aligned} \tag{2.34}$$

Dies ist ein *homogenes lineares Gleichungssystem* für die Koeffizienten a_1, b_1. Es besitzt nur dann nichttriviale (von Null verschiedene) Lösungen, wenn *die Koeffizientendeterminante verschwindet*

$$\begin{vmatrix} e^{-\kappa a} & -2\cos(Ka) \\ \kappa e^{-\kappa a} & -2K \sin(Ka) \end{vmatrix} = -2K \sin(Ka) e^{-\kappa a} + 2\kappa \cos(Ka) e^{-\kappa a} = 0\,. \tag{2.35}$$

Das ist eine transzendente Gleichung, in der über K und κ die Energie E als Parameter enthalten ist. Nur für diskrete Werte von E wird (2.35) Lösungen besitzen. Nur für diese Energien kann also die Stetigkeitsforderung (2.31) nach der Sicherung der Normierbarkeit ($a_2 = c_1 = 0$) erfüllt werden. Formen wir (2.35) in

$$\tan(Ka) = \frac{\kappa}{K} \tag{2.36}$$

um, dann ist dies die Eigenwertgleichung für die zu den symmetrischen Wellenfunktionen gehörenden Energien.

Für antisymmetrische Zustände verläuft die Berechnung analog. Mit $b_2 = -b_1$ und $c_2 = -a_1$ wird

$$\varphi_{\mathrm{I}} = a_1 e^{\kappa x}\,, \qquad \varphi_{\mathrm{II}} = 2ib_1 \sin(Kx)\,. \tag{2.37}$$

Wiederum brauchen wir nur bei $x = -a$ für Stetigkeit zu sorgen:

$$\begin{aligned} a_1 e^{-\kappa a} + 2ib_1 \sin(Ka) &= 0\,, \\ a_1 \kappa e^{-\kappa a} - 2ib_1 K \cos(Ka) &= 0\,, \\ \begin{vmatrix} e^{-\kappa a} & \sin(Ka) \\ \kappa e^{-\kappa a} & -K\cos(Ka) \end{vmatrix} &= -K\cos(Ka) e^{-\kappa a} - \kappa \sin(Ka) e^{-\kappa a} = 0\,. \end{aligned} \tag{2.38}$$

Zu (2.34) und (2.35) analoge Rechnungen führen auf

$$\tan(Ka) = -\frac{K}{\kappa} \tag{2.39}$$

als Eigenwertgleichung für die antisymmetrischen Zustände.

Jetzt gilt es, die Gleichungen (2.36) und (2.39) zu lösen. Wir eliminieren dazu κ mittels (2.29)

$$\tan(Ka) = \frac{\sqrt{(\kappa_0 a)^2 - (Ka)^2}}{Ka}, \quad \tan(Ka) = -\frac{Ka}{\sqrt{(\kappa_0 a)^2 - (Ka)^2}}. \tag{2.40}$$

Die Nullstellen von (2.40) lassen sich nicht analytisch angeben. Wir wählen eine graphische Lösung. In Abb. 2.5 sind die Funktionen $\tan(Ka)$ und die rechten Seiten von (2.40) in Abhängigkeit von Ka eingetragen. κ/K kommt für kleine Ka aus dem Unendlichen und verschwindet für $K = \kappa_0$. Für $K > \kappa_0$ gibt es keine reelle Lösung. $-K/\kappa$ beginnt für $K = 0$ bei Null und fällt bei $K = \kappa_0$ asymptotisch auf $-\infty$ ab. Auch hier gibt es für $K > \kappa_0$ keine reelle Lösung. Die Energiewerte (bzw. K-Werte), die

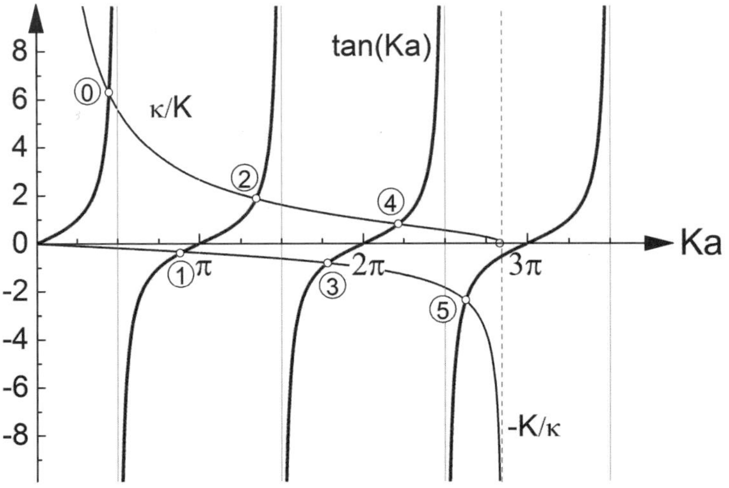

Abb. 2.5 Graphische Lösung der transzendenten Gleichung (2.40) für einen Topf mit sechs gebundenen Zuständen.

(2.40) erfüllen, sind durch die Schnittpunkte in Abb. 2.5 gegeben.

Es gibt eine endliche Anzahl von gebundenen Zuständen. Die Zahl der gebundenen Zustände nimmt mit wachsendem κ_0 (d.h. mit wachsender Tiefe des Potentialtopfes) zu. Für einen flachen Potentialtopf gibt es entsprechend weniger gebundene Zustände. Wir sehen aber aus Abb. 2.5, dass es immer (für beliebig flache Töpfe) mindestens einen symmetrischen gebundenen Zustand gibt. Vertiefen wir den Topf, bei kleinen κ_0 beginnend, dann kommt als nächstes ein antisymmetrischer Zustand und dann weiterhin abwechselnd ein symmetrischer bzw. antisymmetrischer Zustand dazu.

In Abb. 2.6 sind die Eigenfunktionen der untersten gebundenen Zustände qualitativ dargestellt. Der Grundzustand φ_0 ist eine symmetrische Funktion, die im klassischen Aufenthaltsbereich, von $-a$ bis $+a$, eine Kosinusfunktion ist und außerhalb der klassischen Umkehrpunkte nach beiden Seiten exponentiell abfällt. Zum ersten angeregten Zustand φ_1 gehört eine antisymmetrische Wellenfunktion. Auch φ_1 ist im klassischen Aufenthaltsbereich eine oszillierende Funktion. Da sich aber entsprechend Abb. 2.5 der K-Wert etwa verdoppelt hat, oszilliert φ_1 auch doppelt so rasch wie φ_0. φ_1 besitzt demzufolge einen „Knoten" (eine Nullstelle). Außerhalb des klassischen Aufenthaltsbereiches ist es wiederum eine exponentiell abfallende Funktion. Der Faktor im Exponenten wird durch die Differenz zwischen dem asymptotischen Potentialwert $V(|x| \to \infty) = 0$ und der Energie E, d. h. durch $\kappa \sim \sqrt{|E|}$ bestimmt. Wenn sich also der Eigenwert dem oberen Rand des Potentialtopfes nähert, dann erfolgt der Abfall mit einem schwächeren Exponenten. Der zweite angeregte Zustand oszilliert wiederum rascher als der erste, er hat zwei Knoten usw.

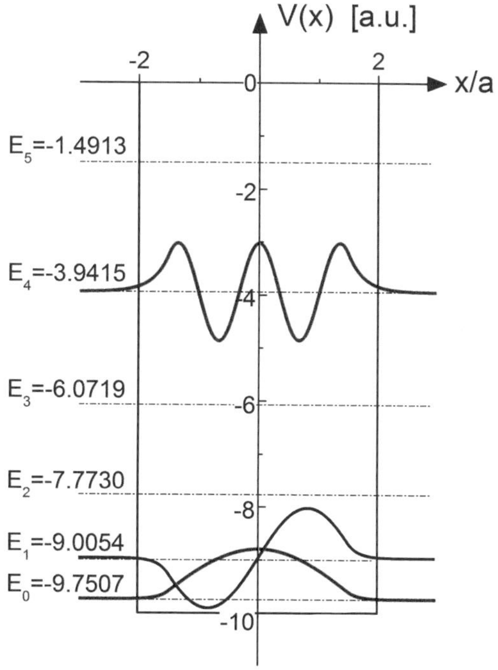

Abb. 2.6 Eigenfunktionen des Potentialtopfes und Lage der Eigenwerte für eine Tiefe $V_0 = -10\,\text{a.u.}$ bei einer Breite von 4 a.u.

Der Potentialverlauf von Abb. 2.4 geht im Grenzfall $V_0 \to -\infty$ in den „Potentialkasten" von Abb. 2.7 über. Dabei wurde der Energienullpunkt zweckmäßigerweise in den Boden des Topfes gelegt. Betrachten wir die unteren Eigenzustände ($K \ll \kappa_0$) so vereinfacht sich (2.40) zu

$$\begin{aligned} &\tan(Ka) = \infty \quad &, \ \tan(Ka) = 0, \\ &Ka = \pi/2, 3\pi/2, \ldots \quad &, \ Ka = \pi, 2\pi, \ldots . \end{aligned} \tag{2.41}$$

Die Schnittpunkte in Abb. 2.5 liegen bei Vielfachen von $\pi/2$. Die *Eigenwerte im Potentialkasten* sind somit

$$E = \frac{\hbar^2}{2m}K^2, \quad K = \frac{\pi}{2a}(n+1), \quad n = 0, 1, 2, \ldots . \tag{2.42}$$

Wir sehen auch, dass in diesem Grenzfall die Wellenfunktionen (2.33) und (2.37) in den Gebieten I und III verschwinden. In den Bereich II hinein beginnen sie dann mit einer endlichen Steigung. Wie in Abschnitt 2.1.3 diskutiert, hat die Wellenfunktion bei einem unendlich großen Sprung im Potential eine unstetige Ableitung. Die Wellenfunktion selbst bleibt jedoch stetig. Die Wellenfunktionen (2.33) bzw. (2.37)

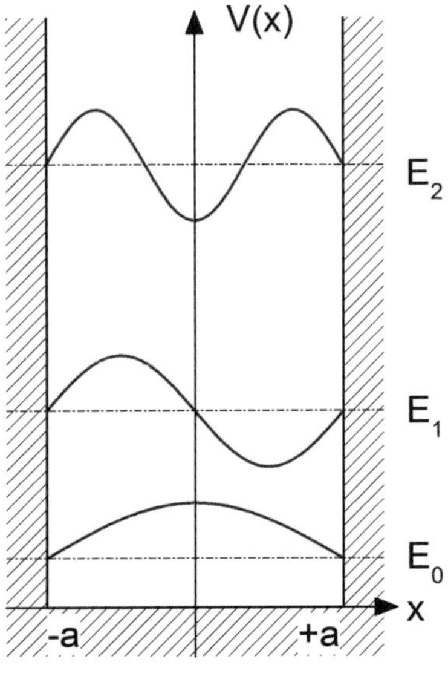

Abb. 2.7 Eigenwerte und Eigenfunktionen des Potentialkastens.

vereinfachen sich im Potentialkasten also zu

$$\varphi_s = b\cos(Ka) \qquad \varphi_{as} = b\sin(Ka) \tag{2.43}$$

Dabei wird nur noch der Bereich II betrachtet. Die beiden Lösungen (2.43) lassen sich in diesem Fall zusammenfassen

$$\varphi_n = \frac{1}{\sqrt{a}}\sin\left[(n+1)\pi\frac{(x+a)}{2a}\right], \quad n = 0, 1, 2, \ldots . \tag{2.44}$$

n gibt die Knotenzahl an. Der Normierungsfaktor wurde aus $(\varphi, \varphi) = 1$ unter Verwendung von $\int_{-a}^{+a} dx \sin^2(\pi x/2a) = a$ bestimmt. In (2.44) liegt $x + a = 0$ am linken Rand des Potentialkastens. Am rechten Rand ist $x + a = 2a$, so dass das Argument des Sinus ein Vielfaches von π ist. Man sieht hier direkter, dass die Wellenfunktion an den Rändern verschwindet.

Komplexere stückweise konstante Potentiale können effektiv mit der Transfermatrixmethode behandelt werden (s. [35, 36, 37]). Weitere Einzelheiten werden in den Notebooks **MB1** und **MB2** untersucht.

2.2.2 Der harmonische Oszillator

Als zweites Beispiel betrachten wir die Bewegung im *Oszillatorpotential*

$$V(x) = \frac{m}{2}\omega^2 x^2 \,. \tag{2.45}$$

Dieses Beispiel ist deshalb so wichtig, weil- wie in der klassischen Mechanik - auch bei vielen quantenmechanischen Problemen kleine Auslenkungen aus der Gleichgewichtslage betrachtet werden, wobei immer zur Auslenkung proportionale rücktreibende Kräfte auftreten und damit eine Bewegung im Potential (2.45) vorliegt. Andererseits ist dieses Beispiel bedeutsam, weil die Schrödingergleichung

$$\left(-\frac{\hbar^2}{2m}\frac{d^2}{dx^2} + \frac{m}{2}\omega^2 x^2\right)\varphi(x) = E\varphi(x)\,, \quad (\varphi,\varphi) = 1 \tag{2.46}$$

geschlossen lösbar ist und die Charakteristika der quantenmechanischen Bewegung gut studiert werden können. Außerdem lernen wir eine zweite Methode kennen, die Schrödingergleichung zu lösen.

Die mathematische Durchführung wird immer übersichtlicher, wenn man aus den in der Schrödingergleichung auftretenden Konstanten (hier $\hbar, m, \omega$) eine charakteristische Länge bzw. Energie bildet und dann Längen und Energien in diesen Einheiten misst. Diese Kombinationen sind

$$\begin{aligned} \beta^2 &= \hbar/(m\omega) \quad & [\beta] &= \text{Länge}\,, \\ \varepsilon &= \hbar\omega & [\varepsilon] &= \text{Energie}\,. \end{aligned} \tag{2.47}$$

Führen wir über

$$y = x/\beta\,, \quad E = \varepsilon\lambda/2\,, \quad \varphi(\beta y) = \chi(y) \tag{2.48}$$

dimensionslose Größen y (Ortsvariable) und λ (Eigenwert) ein, dann geht (2.46) in

$$\left(-\frac{\hbar^2}{2m}\frac{m\omega}{\hbar}\frac{d^2}{dy^2} + \frac{m}{2}\omega^2\frac{\hbar}{m\omega}y^2\right)\chi(y) = \frac{\hbar\omega}{2}\lambda\chi(y) \tag{2.49}$$

über. Hierin bleibt bei jedem Summanden der Vorfaktor $\hbar\omega/2$ stehen. Wird er noch herausgekürzt, dann hat sich die Schrödingergleichung (2.46) in

$$\left(\frac{d^2}{dy^2} - y^2 + \lambda\right)\chi(y) = 0 \tag{2.50}$$

vereinfacht.

Nun darf man nicht schematisch an die Lösung von (2.50) herangehen, um auf mathematischem Wege irgendwelche Lösungen zu finden. Die uns interessierenden Lösungen von (2.50) beschreiben physikalische Zustände, und wir besitzen weitgehende Kenntnisse über deren Verlauf. In Abb. 2.8 ist eine Lösung dargestellt. Im klassischen Aufenthaltsbereich haben wir eine oszillierende Funktion. Außerhalb der klassischen Umkehrpunkte ist die Aufenthaltswahrscheinlichkeit klein, die Wellenfunktion fällt rasch auf Null ab, wie es auch der Normierbarkeit entspricht. Die Lösung von (2.50) vereinfacht sich, wenn man zunächst diesen asymptotischen

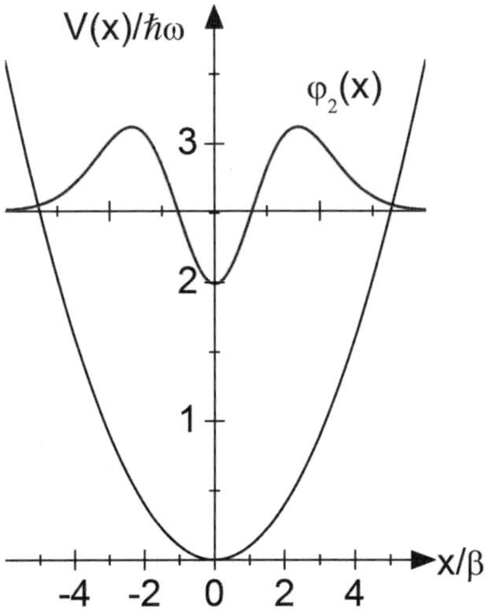

Abb. 2.8 Potentialverlauf und Eigenfunktion beim harmonischen Oszillator.

Abfall abspaltet. Dazu betrachten wir (2.50) für $|y| \to \infty$. Dann kann λ in (2.50) vernachlässigt werden, und wir versuchen

$$\left(\frac{d^2}{dy^2} - y^2\right)\chi = 0, \quad \chi \sim e^{F(y)} \tag{2.51}$$

durch einen Exponentialansatz zu lösen. $F(y) = \pm y^2/2$ erfüllt (2.51) asymptotisch, da

$$\chi' = \pm y\chi, \quad \chi'' = \pm\chi + y^2\chi \approx y^2\chi \tag{2.52}$$

ergibt. Von den beiden Lösungen führt nur $F(y) = -y^2/2$ auf eine normierbare Funktion.

Wir schreiben unsere Lösung also in der Form

$$\chi(y) = H(y)e^{-y^2/2}, \tag{2.53}$$

worin $H(y)$ *das asymptotische Verhalten* nicht wieder zerstören darf und im wesentlichen das oszillierende Verhalten innerhalb der klassischen Umkehrpunkte beschreiben muss. (2.50) geht in eine Differentialgleichung für $H(y)$ über. Mit

$$\begin{aligned}\chi' &= -Hye^{-y^2/2} + H'e^{-y^2/2}\,, \\ \chi'' &= H\left[y^2-1\right]e^{-y^2/2} - H'2ye^{-y^2/2} + H''e^{-y^2/2}\end{aligned} \tag{2.54}$$

ergibt sich nach Kürzen der Exponentialfunktionen

$$\left[\frac{d^2}{dy^2} - 2y\frac{d}{dy} + (\lambda - 1)\right] H(y) = 0\,. \tag{2.55}$$

Die Koeffizienten dieser Differentialgleichung sind niedrige Potenzen von y, ein *Potenzreihenansatz*

$$H(y) = \sum_{\nu=0}^{\infty} c_\nu y^\nu \tag{2.56}$$

führt zur Lösung. Mit

$$\begin{aligned}H' &= \sum_{\nu=0}^{\infty} \nu c_\nu y^{\nu-1}\,, \quad yH' = \sum_{\nu=0}^{\infty} \nu c_\nu y^\nu\,, \\ H'' &= \sum_{\nu=2}^{\infty} \nu(\nu-1)c_\nu y^{\nu-2} = \sum_{\nu=0}^{\infty} (\nu+2)(\nu+1)c_{\nu+2}y^\nu\end{aligned} \tag{2.57}$$

kann man (2.55) leicht nach Potenzen von y ordnen:

$$\sum_{\nu=0}^{\infty} \left\{(\nu+2)(\nu+1)c_{\nu+2} - 2\nu c_\nu + (\lambda-1)c_\nu\right\} y^\nu = 0\,. \tag{2.58}$$

Damit (2.58) erfüllt ist, muss jeder Koeffizient der Potenzreihe einzeln verschwinden. Damit erhält man eine *Rekursionsformel* für die Koeffizienten c_ν

$$c_{\nu+2} = \frac{2\nu - \lambda + 1}{(\nu+2)(\nu+1)} c_\nu\,. \tag{2.59}$$

Zwei Koeffizienten c_0, c_1 sind frei wählbar, die anderen folgen aus (2.59). Aus c_0 folgen $c_2, c_4, \ldots$, aus c_1 können $c_3, c_5, \ldots$ berechnet werden. Führen wir uns wieder die *Symmetrie des Oszillatorpotentials* $V(-x) = V(x)$ vor Augen, dann erkennen wir, dass die Eigenfunktionen entsprechend (2.32) symmetrisch oder antisymmetrisch sein müssen. Sie gehören also zu

$$\begin{aligned} &c_0 \neq 0\,, \quad c_1 = 0\,, \quad \varphi(-x) = \varphi(x)\,, \\ &c_0 = 0\,, \quad c_1 \neq 0\,, \quad \varphi(-x) = -\varphi(x)\,, \end{aligned} \tag{2.60}$$

da einmal nur gerade und das andere Mal nur ungerade Potenzen auftreten (der Exponentialfaktor in (2.53) ist symmetrisch).

Wir haben uns noch, für den asymptotischen Verlauf $|y| \to \infty$ der Funktion $H(y)$ zu interessieren. φ muss, wie in (2.53) explizit dargestellt, exponentiell abfallen. Die asymptotischen Betrachtungen hatten gezeigt, dass es zwei Lösungen der Differentialgleichung (2.50) gibt, eine exponentiell abfallende und eine exponentiell anwachsende. Wenn wir (2.50), von $y = 0$ ausgehend, mit beliebigen Anfangswerten integrieren, so erhalten wir im allgemeinen eine Linearkombination beider Lösungen, nur unter speziellen Bedingungen wird die exponentiell anwachsende Funktion nicht auftreten. Diese Bedingung gilt es zu finden, sie wird uns die Eigenwerte liefern.

Zunächst berechnen wir den asymptotischen Verlauf von $H(y)$. Für große y werden die hohen Potenzen von y maßgeblich den Funktionswert bestimmen. Wie sehen deren Koeffizienten aus? Für große ν vereinfacht sich (2.59) zu

$$c_{\nu+2} = \frac{2}{\nu} c_\nu \,, \quad c_\nu \approx \frac{1}{(\nu/2)!} c_{0,1} \,. \tag{2.61}$$

Das rekursive Einsetzen endet bei c_0 oder c_1 je nach dem, ob ν gerade oder ungerade ist. Der asymptotische Wert (2.61) liefert aber für H aus (2.56) (jetzt wird nur die symmetrische Funktion betrachtet)

$$H(y) = c_0 \sum_{\nu=0,2,\dots}^{\infty} \frac{1}{(\nu/2)!} y^\nu = c_0 \sum_{\nu=0,1,\dots}^{\infty} \frac{1}{\nu!} y^{2\nu} = c_0 e^{y^2} \,. \tag{2.62}$$

Der exponentielle Abfall in (2.53) wird durch (2.62) überkompensiert, die Lösung wächst mit $\exp(y^2/2)$ an. Das war nach der allgemeinen Diskussion zu erwarten.

Die speziellen Bedingungen, die das exponentielle Anwachsen (2.62) verhindern, bestehen nun darin, dass in der Potenzreihe (2.53) die hohen Potenzen gar nicht auftreten. Das ist der Fall, wenn ein Koeffizient verschwindet, sagen wir für $\nu = n$, wenn also $c_n = 0$ ist. Dann verschwinden nach der Rekursionsformel (2.59) alle höheren Koeffizienten, H wird eine endliche Potenzreihe.

Dieses Abbrechen tritt dann auf, wenn λ ganzzahlig und ungerade ist, da dann mit wachsendem ν der Zähler der Rekursionsformel (2.59) einmal verschwindet. Nur für ganz spezielle Werte von λ - und damit der Energie - erhalten wir normierbare Lösungen. Die Bedingung lautet

$$\lambda = 2n + 1 \,, \quad n = 0, 1, 2, \dots \,. \tag{2.63}$$

Für gerade n erhält man nur für die geraden Potenzen eine Abbruchbedingung, nicht für die ungeraden. Hier muss also zusätzlich $c_1 = 0$ gefordert werden. Entsprechend erhält man für ungerade n nur für die ungeraden Potenzen eine Abbruchbedingung. Hier muss also zusätzlich $c_0 = 0$ gefordert werden. Das führt wieder zu der uns schon bekannten Tatsache, dass die Lösungen im Oszillatorpotential symmetrisch oder antisymmetrisch sind.

Für $n = 0$ ist nur $c_0 \neq 0$, für $n = 2$ sind es schon c_0 und c_2. Entsprechend sind für $n = 1$ $c_1 \neq 0$ und $c_3 = c_5 = \dots = 0$; für $n = 3$ gilt $c_1 \neq 0, c_3 \neq 0, c_5 = 0$ usw.

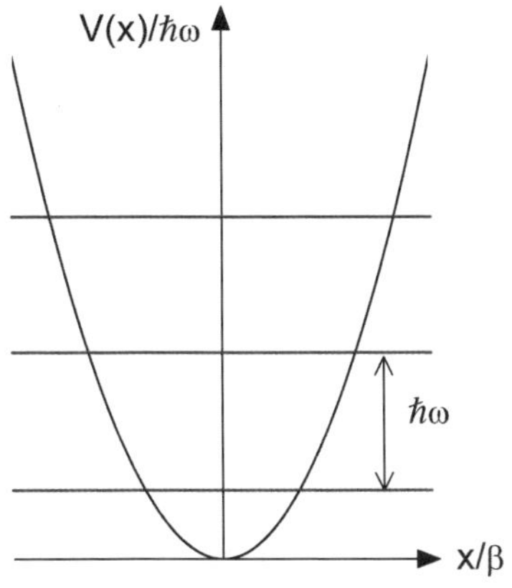

Abb. 2.9 Der harmonische Oszillator besitzt ein äquidistantes Eigenwertspektrum.

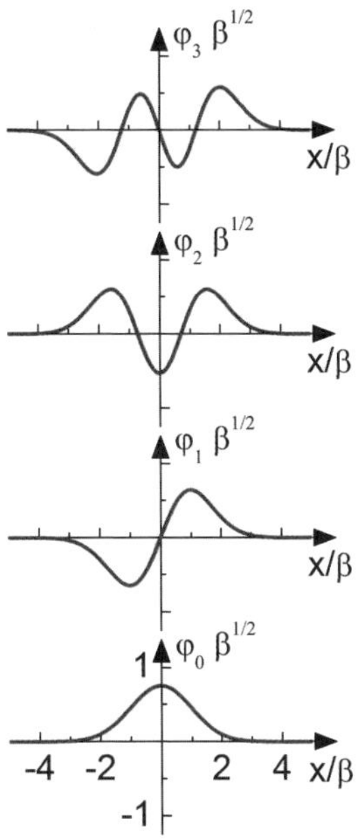

Abb. 2.10 Eigenfunktionen des harmonischen Oszillators.

Diese Polynome, die aus (2.56) und (2.59) leicht berechnet werden können, heißen *Hermitesche Polynome*. Die ersten Polynome lauten

$$\begin{aligned} H_0(y) &= 1\,, \\ H_1(y) &= 2y\,, \\ H_2(y) &= 4y^2 - 2\,. \end{aligned} \tag{2.64}$$

Zusammengefasst sind also die Lösungen der Schrödingergleichung im Oszillatorpotential durch

$$\begin{aligned} &E_n = \hbar\omega(n+1/2)\,, && n = 0,1,2,\ldots\,, \\ &\varphi(x) = a_n H_n(x/\beta) e^{-(x/\beta)^2/2}\,, && a_n^{-2} = 2^n n! \sqrt{\pi}\beta \end{aligned} \tag{2.65}$$

gegeben. Die Eigenwerte folgen über (2.48) und (2.63) aus λ, die Eigenfunktionen aus (2.48) und (2.53). Die Koeffizienten a_n wurden noch so bestimmt, dass $(\varphi, \varphi) = 1$ gilt. β wurde in (2.47) angegeben.

Die Besonderheit des Oszillatorspektrums besteht in der *Äquidistanz der Energieniveaus*, siehe Abb. 2.9. Ein Oszillator kann seine Energie nur um Beträge $\hbar\omega$

(oder Vielfache davon) ändern. Der tiefste Energiezustand liegt bei $\hbar\omega/2$. Wie beim Potentialtopf tritt eine „*Nullpunktsenergie*“ auf.

Die Eigenfunktionen sind in Abb. 2.10 dargestellt. Die Grundzustandswellenfunktion ist eine symmetrische Funktion. Im ersten angeregten Zustand finden wir eine antisymmetrische Funktion mit einem Knoten, dann wieder eine symmetrische Funktion, jetzt mit zwei Knoten, usw.

2.2.3 Bewegung im beliebigen Potentialtopf

Für zwei konkrete Fälle haben wir die zeitunabhängige Schrödingergleichung

$$\begin{gathered}\left[-\frac{\hbar^2}{2m}\frac{d^2}{dx^2}+V(x)\right]\varphi(x)=E\varphi(x)\,,\qquad (\varphi,\varphi)=1\,,\\ \left[\frac{d^2}{dx^2}+\frac{2m}{\hbar^2}(E-V(x))\right]\varphi(x)=0\end{gathered}\tag{2.66}$$

gelöst, in Abschnitt 2.2.1 für den rechteckigen Potentialtopf und in Abschnitt 2.2.2 für den harmonischen Oszillator. Beim Vergleich erkennen wir eine Reihe *gemeinsamer Eigenschaften der Lösungen*, auf die hier eingegangen werden soll.

Die mathematischen Lösungsverfahren waren dagegen völlig unterschiedlich. Sie hängen von der genauen Form des Potentials ab und sind nicht die wesentliche Seite des Lösens der Schrödingergleichung. Nur in wenigen speziellen Fällen können die Lösungen analytisch angegeben werden. Bei allen Potentialen, die stückweise konstant sind - wie der rechteckige Potentialtopf -, können wir die allgemeine Lösung für jeden Teilbereich hinschreiben. Die Normierungsforderung und die Stetigkeitsbedingungen an den Nahtstellen führen dann zur Eigenwertbedingung. Bei einfacher Ortsabhängigkeit des Potentials kann man die Lösung durch einen Reihenansatz - mit einer Abbruchbedingung durch die Normierungsforderung - finden. Das sind aber nur ganz wenige Fälle. Als Lösungen treten Funktionen auf, die unter der Bezeichnung „spezielle Funktionen der mathematischen Physik“ behandelt werden, zum Beispiel die Hermiteschen Polynome, die Legendreschen Polynome und die Laguerreschen Polynome.

Im Allgemeinen kann jedoch eine analytische Lösung der Schrödingergleichung (2.66) nicht gefunden werden. Man muss dann numerisch integrieren. Dazu gibt es ausgefeilte Programme, die auf einem guten Rechner in Bruchteilen einer Sekunde die zu einer Energie gehörige Wellenfunktion berechnen.

Doch zurück zu unserem Anliegen. Wir betrachten ein beliebiges Potential wie in Abb. 2.11. In der zweiten Schreibweise der Schrödingergleichung aus (2.66) erkennt man, dass die Differenz zwischen dem betrachteten *Energiewert* E und dem Potential $V(x)$, also *die kinetische Energie, für die Krümmung der Wellenfunktion* am Ort x *maßgeblich* ist. Im klassischen Aufenthaltsbereich ist $E > V(x)$, die Wellenfunktion also *kosinusartig*. Außerhalb der klassischen Umkehrpunkte ist $E < V(x)$. Die Krümmung hat das Vorzeichen gewechselt, die Lösung hat *exponentiellen* Charakter. Im Gegensatz zur klassischen Mechanik gibt es aber eine *endliche Aufenthaltswahrscheinlichkeit außerhalb der klassischen Umkehrpunkte*. An den klassischen Umkehrpunkten $x^{\pm}$ hat die Wellenfunktion einen Wendepunkt.

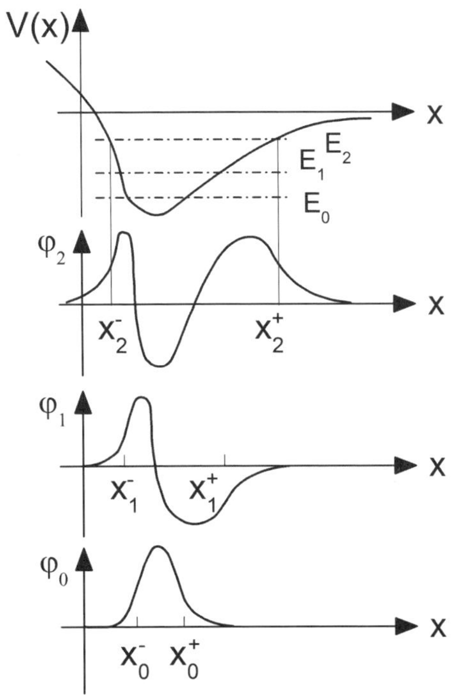

Abb. 2.11 Charakteristische Form von Eigenfunktionen im beliebigen Potentialtopf.

Ist das Potential an einer Stelle unendlich hoch, wie beim Potentialkasten der Abb. 2.7, dann verschwindet dort die Wellenfunktion. Geht das Potential asymptotisch gegen einen konstanten Wert V_0, dann erhalten wir eine exponentiell abfallende Lösung mit $\pm\sqrt{2m(V_0 - E)/\hbar^2} \cdot x$ im Exponenten. Je tiefer die Energie liegt, desto rascher fällt die Wellenfunktion ab, desto kleiner ist die Aufenthaltswahrscheinlichkeit außerhalb des klassischen Aufenthaltsbereiches. In eine unendlich hohe Potentialwand kann auch ein quantenmechanisches Teilchen nicht eindringen. Wächst der Potentialtopf asymptotisch an (wie z. B. beim harmonischen Oszillator mit x^2), dann erfolgt der Abfall rascher als beim asymptotisch konstanten Potential. Im Exponenten steht dann eine stärker als x anwachsende Funktion (beim harmonischen Oszillator x^2). Außerdem ist dann der Exponent unabhängig von E, weil im asymptotischen Bereich in (2.66) E gegen $V(x)$ vernachlässigt werden kann.

Innerhalb der klassischen Umkehrpunkte oszilliert die Wellenfunktion an verschiedenen Orten unterschiedlich stark. Wir können eine lokale Wellenzahl

$$k^2(x) = \frac{2m}{\hbar^2}[E - V(x)] \qquad (2.67)$$

einführen. Liegt E weit über dem Potential (ist also die kinetische Energie groß), dann ist die Wellenzahl in diesem Bereich groß, die Wellenfunktion oszilliert rasch. Liegt die Energie dagegen nur wenig über dem Potential, dann ist die zugehörige lokale Wellenzahl klein. Abb. 2.12 zeigt ein Beispiel (vergl. (4.86)) für den Verlauf der Wellenfunktion in einem räumlich stark veränderlichen Potential, das diese Tendenz deutlich widerspiegelt.

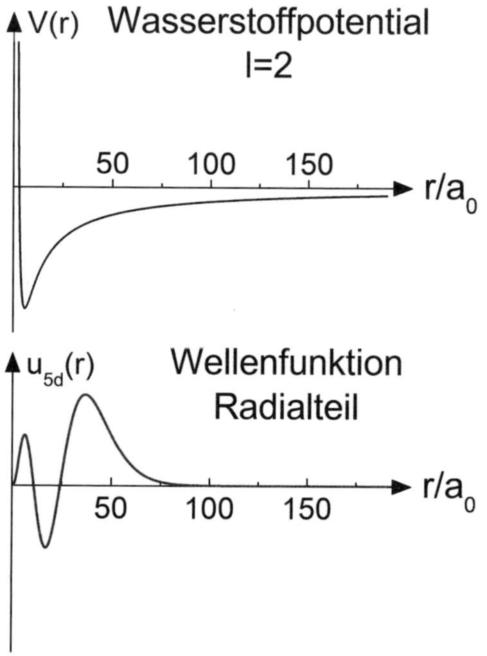

Abb. 2.12 Radialteil einer Wellenfunktion im Coulombpotential zum Drehimpuls $l = 2$. Angeregter Zustand mit 2 Knoten. In Kernnähe, im Bereich tiefen Potentials, ist die Wellenfunktion stark gekrümmt.

Die Differentialgleichung (2.66) besitzt für beliebige Energien E Lösungsfunktionen. Diese Funktionen sind aber in der Regel nicht normierbar. Die Normierungsbedingung (2.66) sondert bestimmte Eigenwerte E_n aus. Die zugehörigen Lösungen beschreiben physikalische Zustände des Systems. Beginnt man etwa (Abb. 2.11) bei $x \to -\infty$ mit einer von Null aus anwachsenden Funktion, dann erhält man im Allgemeinen - für eine beliebig gewählte Energie - eine exponentiell anwachsende Funktion für $x \to +\infty$. Die beiden linear unabhängigen Lösungen von (2.66) sind im Bereich $E < V$ eine exponentiell anwachsende und eine exponentiell abfallende Funktion. Für große x überwiegt die exponentiell anwachsende Lösung. Das Normierungsintegral solcher Funktionen liefert Unendlich, diese Funktionen sind nicht normierbar. Bei speziellen Energiewerten verschwindet jedoch der Koeffizient der anwachsenden Funktion, die Wellenfunktion fällt dann auch für $x \to +\infty$ auf Null ab. Das sind die Eigenwerte und Eigenfunktionen.

Der tiefste Eigenwert, der Grundzustand, liegt über dem Potentialminimum. Es muss einen gewissen klassischen Aufenthaltsbereich geben, in dem, wie in Abb. 2.13, die von links kommende exponentiell anwachsende Funktion durch eine negative Krümmung so umgebogen wird, dass sie sich rechts wieder der Achse anschmiegt. Es gibt also eine Nullpunktsenergie E_0. Zu benachbarten Energien $E_0 \pm \delta E$ gehören keine normierbaren Funktionen. Beim nächsten normierbaren Zustand muss die Energie E_1 so hoch liegen, d.h. muss die Wellenzahl im klassischen Aufenthaltsbereich so groß sein, dass sich die Wellenfunktion nach einem Nulldurchgang (einem Knoten) wieder asymptotisch der x-Achse nähert.

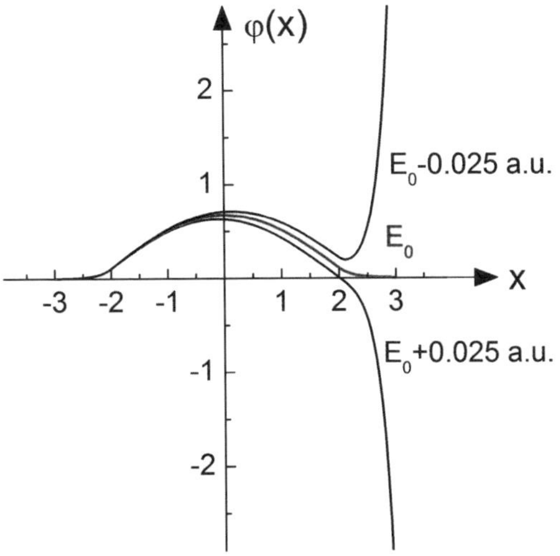

Abb. 2.13 Verlauf der Wellenfunktion in [a.u.] für Energien in der Nähe eines Eigenwertes des Potentialtopfes aus Abb. 2.6. Nur für den Eigenwert ist die Wellenfunktion normierbar.

Es gibt also eine diskrete Folge von Eigenwerten $E_0, E_1, \ldots, E_n, \ldots$. Die zugehörigen Eigenfunktionen $\varphi_0, \varphi_1, \ldots, \varphi_n, \ldots$ haben genau n-Knoten. Auch dies, ist am Beispiel der Abb. 2.11 zu sehen.

Die Betrachtungen haben gezeigt, dass der qualitative Verlauf der Wellenfunktion bekannt ist, ohne die Schrödingergleichung lösen zu müssen. Darauf bauen die *WKB-Lösung (Wentzel-Kramers-Brillouin)* (s.a. **MB3**) und damit im Zusammenhang stehende *Näherungsverfahren* auf. Im konstanten Potential wächst die Phase der oszillierenden Wellenfunktion im klassischen Aufenthaltsbereich auf der Strecke dx um $k\,dx$. Wir führen daher die Größen

$$\begin{aligned} k(x) &= \sqrt{\tfrac{2m}{\hbar^2}[E - V(x)]}\,, \quad & q(x) &= \textstyle\int^x dx' k(x')\,, \\ \kappa(x) &= \sqrt{\tfrac{2m}{\hbar^2}[V(x) - E]}\,, \quad & Q(x) &= \textstyle\int^x dx' \kappa(x') \end{aligned} \tag{2.68}$$

ein. Denkt man sich das Potential $V(x)$ aus in Bereichen dx konstanten Stücken zusammengesetzt, dann beschreibt $q(x)$ den Phasenzuwachs. Die Wellenfunktion wird sich also etwa wie

$$\varphi_{\text{innen}}(x) = e^{\pm iq(x)}\,, \quad \varphi_{\text{aussen}}(x) = e^{\pm Q(x)} \tag{2.69}$$

verhalten. Für den Bereich außerhalb der klassischen Umkehrpunkte kann man analoge Betrachtungen durchführen. Die Integrationsgrenzen in (2.68) und die Kombinationen der Wellenfunktionen (2.69) werden durch Rand- und Stetigkeitsbedingungen bestimmt.

Für das stückweise konstante Potential kann man aus (2.69) die exakten Lösungen aufbauen. Sonst gilt innen (i) und außen (a)

$$\begin{aligned} \varphi_i' &= \pm ik(x)\varphi_i\;, \quad \varphi_i'' = -k^2\varphi_i \pm ik'\varphi_i \approx -k^2\varphi_i\;, \\ \varphi_a' &= \pm\kappa(x)\varphi_a\;, \quad \varphi_a'' = +\kappa^2\varphi_a \pm \kappa'\varphi_a \approx \kappa^2\varphi_a\;. \end{aligned} \tag{2.70}$$

k' bzw. κ' enthalten die Ableitung des Potentials. Ist dies im Bereich einer Wellenlänge $2\pi/k$ nahezu konstant, dann kann der zweite Summand in φ'' vernachlässigt werden und (2.69) erfüllt die Schrödingergleichung. (2.69) wird vielfach verwendet, wenn man eine Näherungswellenfunktion in analytischer Form aufschreiben will.

2.2.4 Aufgaben

2.4. Vorgegeben ist das Potential

$$V(x) = \begin{cases} \infty & x < -(a+b) \\ 0 & -(a+b) \le x \le -b \\ V_0 & -b < x < +b \\ 0 & +b \le x \le +(a+b) \\ \infty & x > +(a+b) \end{cases}\;.$$

Wie groß muss die Schwelle $V_0 > 0$ gewählt werden, damit die Energie des Grundzustandes $E_0 = V_0$ wird?

2.5. Durch Rückführung auf einen bekannten Fall berechne man die Eigenzustände im Potential

$$V(x) = \frac{m}{2}\omega^2\left[\left(x+\frac{a}{2}\right)^2 + \left(x-\frac{a}{2}\right)^2\right]\;.$$

2.6. Man stelle die transzendente Gleichung (Determinantenform!) zur Berechnung der Energie-Eigenwerte in einer Doppelmulde aus zwei rechteckigen Potentialtöpfen auf:

- Potentialtopf 1: $(a_1, b_1 > 0,\ V_1 < 0)$

$$V(x) = \begin{cases} 0 & -\infty < x < -(a_1+b_1) \\ V_1 & -(a_1+b_1) \le x \le -b_1 \\ 0 & -b_1 < x < 0 \end{cases}$$

- Potentialtopf 2: $(a_2, b_2 > 0,\ V_2 < 0)$

$$V(x) = \begin{cases} 0 & 0 \le x < b_2 \\ V_2 & b_2 \le x \le (b_2+a_2) \\ 0 & (b_2+a_2) < x < \infty \end{cases}$$

Diskutieren Sie die folgenden Grenzfälle:

a) $b_1 = b_2 = 0,\ a_1 = a_2 = a,\ V_1 = V_2 = V_0$ (einfacher Potentialtopf)
b) $b_1 = b_2 = b/2,\ a_1 = a_2 = a,\ V_1 = V_2 = V_0$ (symmetrischer Grenzfall).

Zeigen Sie, dass sich die Eigenwerte zu den symmetrischen bzw. antisymmetrischen Zuständen im Fall b) dann aus

$$\tanh(\frac{b\kappa}{2}) = \frac{k/\kappa \tan(ka) - 1}{\kappa/k \tan(ka) + 1}$$
$$\tanh(\frac{b\kappa}{2}) = \frac{\kappa/k \tan(ka) + 1}{k/\kappa \tan(ka) - 1}$$

berechnen lassen. Dabei wurde verwendet: $E = -\hbar^2\kappa^2/(2m)$, $E - V_0 = \hbar^2 k^2/(2m)$.

2.3 Streuzustände

Zusammenfassung: Bei Streuprozessen kann die Energie kontinuierlich variieren. Die ebene Welle als Wellenfunktion eines freien Teilchens wird über periodische Randbedingungen normiert. Die Messgrößen bei der Streuung sind im eindimensionalen Fall Reflexions- und Durchlasskoeffizient. Reflexions- und Durchlaßwahrscheinlichkeit oszillieren in Abhängigkeit von der Energie. Im quantenmechanischen Streuprozess kann das Teilchen auch für Energien über der Schwellenenergie reflektiert werden, bei einer unter der Schwellenhöhe liegenden Energie kann es den Potentialberg durchtunneln. Die Wahrscheinlichkeit dafür wird durch den Gamovfaktor bestimmt.

2.3.1 Freie Teilchen

Bei *Energien E über dem asymptotischen Wert* $V_\infty = 0$ des Potentials in Abb. 2.14 gibt es *Streuzustände*. Der klassische Aufenthaltsbereich umfasst die gesamte x-Achse, es treten keine klassischen Umkehrpunkte auf. Für diese Zustände gibt es keine Einschränkungen an die Energie. Wir können jede Energie $E > 0$ vorgeben. Denken wir etwa daran, dass ein Elektron an dem Potential eines Atoms gestreut werden soll, dann wird die Energie des einfallenden Teilchens in der Regel dadurch bestimmt, dass es ein vorgegebenes Spannungsgefälle U durchlaufen hat. Diese Spannung - und damit die kinetische Energie des einfallenden Elektrons - kann kontinuierlich variiert werden.

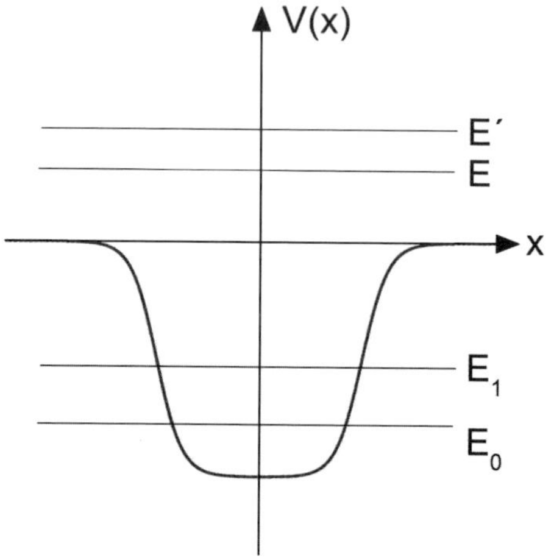

Abb. 2.14 Streuzustände (E, E') und gebundene Zustände (E_0, E_1) in einem Potentialtopf.

Auch die Bohr-Sommerfeldsche Quantenbedingung führt auf dieses Ergebnis. Die Phasenfläche zwischen zwei möglichen Bahnen in Abb. 2.15 soll h betragen. Das führt bei gebundenen Zuständen des Potentialtopfes der Abb. 2.14 zu diskreten Energien E_0, E_1. Bei Streuzuständen nimmt die Fläche zwischen zwei Bahnen mit E und E' aber nur dann einen endlichen Wert h an, wenn der Energieunterschied (bzw. der Impulsunterschied) in bestimmter Weise gegen Null geht.

Den einfachsten Fall stellen freie Teilchen, d.h. Teilchen im Potential $V(x) =$ konst. = 0, dar. Die Schrödingergleichung (2.66)

$$\left(\frac{d^2}{dx^2} + k^2\right)\varphi(x) = 0\,, \quad (\varphi,\varphi) = 1\,, \quad E = \frac{\hbar^2}{2m}k^2 \tag{2.71}$$

hat ebene Wellen als Lösung

$$\varphi(x) = ce^{ikx}\,, \quad -\infty < k < +\infty\,. \tag{2.72}$$

Die Wellenzahl kann alle Werte von $-\infty$ bis $+\infty$ annehmen. Die Zustände sind *zweifach entartet*, zu $-k$ und $+k$ gehört die gleiche Energie. Das ist in der klassischen Mechanik genauso. In beiden Zuständen hat das Teilchen den Impulsbetrag $|\hbar k|$, nur bewegt es sich in einem Fall nach rechts, im anderen Fall nach links.

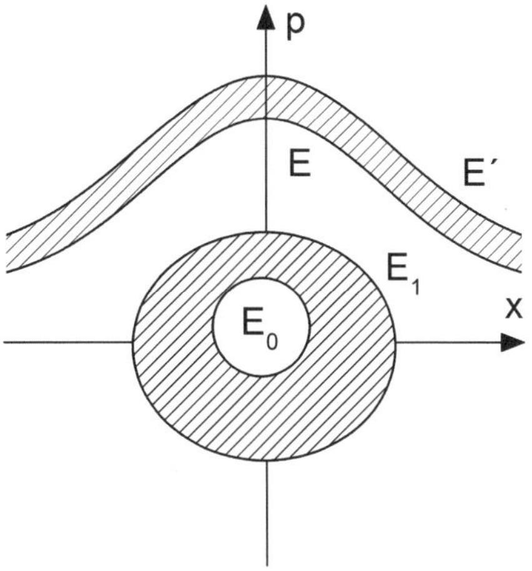

Abb. 2.15 Quantelung des Phasenraumes bei Streuzuständen und gebundenen Zuständen.

Wenn wir den Normierungsfaktor c in (2.72) berechnen wollen, treten dem Anschein nach Schwierigkeiten auf.

$$1 = \int_{-\infty}^{+\infty} dx |\varphi|^2 = c^2 \int_{-\infty}^{+\infty} dx \quad . \tag{2.73}$$

Damit das Normierungsintegral endlich bleibt, müsste $c = 0$ gewählt werden. Dann ist aber $\varphi = 0$. Diese Schwierigkeit ist aber nur mathematischer Natur, sie verschwindet, wenn man das physikalische System, das beschrieben werden soll, genauer besieht.

Das überall konstante Potential ist eine Idealisierung. In Wirklichkeit ist dem Elektron durch die Wände des Gerätes der Weg versperrt. Auch beginnt das konstante Potential erst hinter dem Gitter, an das die Beschleunigungsspannung gelegt wurde. In (2.73) tritt also ein zwar großer aber doch endlicher Integrationsbereich auf. Wir wollen das dem Elektron zur Verfügung stehende Volumen L (Ω im Dreidimensionalen) nennen. Dann erhalten wir statt (2.73)

$$1 = \int_{-L/2}^{+L/2} dx |\varphi|^2 = c^2 \int_{-L/2}^{+L/2} dx = c^2 L, \quad c = \frac{1}{\sqrt{L}} \tag{2.74}$$

Somit wird die *Wellenfunktion eines freien Teilchens*

$$\varphi_k(x) = \frac{1}{\sqrt{L}} e^{ikx}, \quad \varphi_k(\mathbf{r}) = \frac{1}{\sqrt{\Omega}} e^{i\mathbf{k}\cdot\mathbf{r}} . \tag{2.75}$$

Die Größe des Aufenthaltsbereiches geht in die interessierenden Messgrößen nicht ein. Bei Streuprozessen berechnen wir immer die gestreuten Anteile bezogen auf die Stromdichte des einfallenden Teilchenstrahles. In diesem Verhältnis kürzt sich der Vorfaktor heraus. Vielfach wird dieser Vorfaktor daher gleich weggelassen.

Bei genauerer Betrachtung ergeben sich mehrere Möglichkeiten, das freie Teilchen in dem großen aber endlichen Volumen zu beschreiben. Der klarste Weg besteht darin, ein Wellenpaket $f(k)$ (1.29) endlicher Spektralbreite Δk zu betrachten. L kann man sich so groß vorstellen, dass $\Delta x \ll L$ auch für kleine Δk, d. h. trotz $\Delta x \geq \hbar/\Delta k$ (1.62), erfüllt ist. Das Elektron kann dann lange laufen, ohne mit der Wand in Berührung zu kommen. Die Wellenfunktion $\psi(x,t)$ ist hier aber zeitabhängig mit einer komplizierten Zeitabhängigkeit (s.a. Abb. 2.16) , man hat einen nichtstationären Zustand. Das Streuvermögen eines Streuzentrums wird als Summe der Streuanteile der spektralen Komponenten gebildet. Da aber das Streuvermögen eine stetige Funktion von k ist, kann man statt des Mittelwertes über $f(k)$ auch das Streuvermögen für die Wellenzahl k (der Schwerpunkt von $f(k)$) nehmen. Dann hat man aber wieder statt des Wellenpaketes eine ebene Welle (2.75) betrachtet. Zusätzlich ist das mit dem Vorteil verbunden, dass man mit einer stationären Lösung arbeitet.

Eine zweite Möglichkeit besteht darin, *die Wände zu berücksichtigen*. Statt der ebenen Wellen (2.75) hat man dann als Wellenfunktionen Sinusfunktionen zu betrachten, die an den Wänden verschwinden (bei unendlich hohen Wänden). Das ist aber sehr unbeholfen da es sich mit Exponentialfunktionen leichter rechnet lässt. Es entspricht auch nicht dem Bild eines sich ausbreitenden Elektrons, da die Sinusfunktion beide Impulsrichtungen enthält.

Schließlich kann man sogenannte *periodische Randbedingungen* fordern. Man stellt sich vor, dass sich das Elektron in einem Ring der Länge L bewegt oder dass sich das physikalische Geschehen in Bereichen L identisch wiederholt. Man fordert also, dass die Wellenfunktion bei x und $L+x$ identisch ist. Für diesen Fall sind die ebenen Wellen (2.75) die genauen, richtig normierten Eigenfunktionen. Die Periodizitätsforderung führt aber dazu, dass k nur ein Vielfaches von $2\pi/L$ sein kann, man hat nur noch ein Quasikontinuum von Zuständen (wie es bei einer Bewegung im begrenzten Aufenthaltsbereich sein muss). Das ist aber kein Nachteil. Vielfach ist es sogar übersichtlicher, sich auf diskrete Zustände beziehen zu können. Deswegen wird diese Beschreibung im Allgemeinen bevorzugt.

2.3.2 Das Streuproblem

Bei Streuproblemen hat man einen Strom einfallender Teilchen, die auf ein *Streuzentrum* fallen. Durch die Wechselwirkung mit dem Streuzentrum können sie abgelenkt werden, sie können einen Energieverlust erleiden, sie können eingefangen werden usw. Man fragt nun nach der Zahl der Teilchen, mit denen etwas Bestimmtes passiert. Die charakteristische Messgröße, die dieses Verhalten beschreibt, ist der *Wirkungsquerschnitt*. Bei der Streuung im Eindimensionalen reduzieren sich die Aussagen (bei elastischer Streuung) auf die Angabe des Durchlass- und des Reflexionskoeffizienten.

Man hat also die in Abb. 2.16 dargestellte Situation. Das Teilchen läuft von links ein. Dabei bewegt es sich zunächst in einem konstanten Potential ($V_\infty = 0$), da alle in der Natur auftretenden Wechselwirkungen in großem Abstand verschwinden. Dann tritt das Wellenpaket mit dem Potential in Wechselwirkung. Im Ergebnis wird ein Teil der Welle reflektiert, ein Teil durchgelassen. Die Anteile werden durch den *Reflexionskoeffizienten R* und den *Durchlasskoeffizienten D* beschrieben. Zur reflektierten Welle gehört eine im Vorzeichen geänderte Wellenzahl, da sie sich nach links bewegt. (Bei der hier betrachteten Streuung treten weder Energieänderung, noch Einfang usw. auf. Die Energie kann sich nur im zeitabhängigen Potential ändern. Einen Einfang kann man modellmäßig durch ein komplexes Potential beschreiben.) Da das Teilchen nach der Streuung entweder in der reflektierten oder in der durchgelassenen Welle anzutreffen ist, folgt aus der Normierungsbedingung

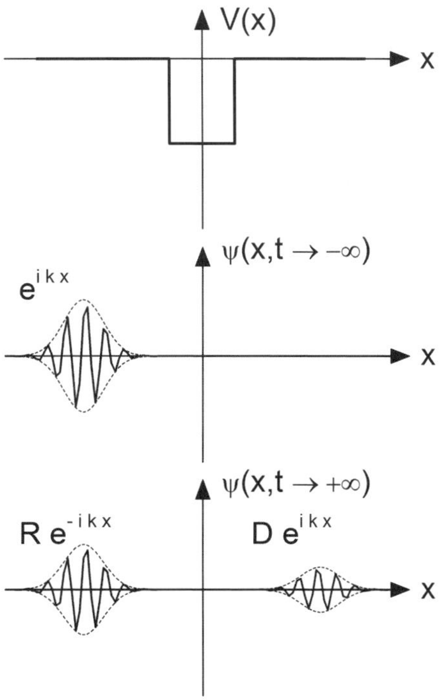

Abb. 2.16 Streuung eines Wellenpaketes am Potentialtopf.

$$1 = | R |^2 + | D |^2 \quad . \tag{2.76}$$

Die in der angegebenen Weise verlaufende Streuung wird durch eine zeitabhängige Wellenfunktion beschrieben. Wie in Abb. 2.16 dargestellt, charakterisiert die Wellenfunktion in ferner Vergangenheit ($t \to -\infty$) ein bei $x \approx -\infty$ befindliches Wellenpaket. In ferner Zukunft ($t \to +\infty$) beschreibt sie zwei Teilpakete bei $x \approx \pm\infty$. Bei den Streuexperimenten wird in der Regel ein stationärer Zustand hergestellt, indem ein kontinuierlicher Teilchenstrom einfällt. Auf diesen Zustand beziehen wir uns bei der Betrachtung der Streuung. Der einfallende Teilchenstrom und die beiden Teilströme nach der Streuung werden dann durch ebene Wellen (2.75) beschrieben. Das ist genau der in Abschnitt 2.3.1 diskutierte Übergang zum stationären Zustand. Dabei wird der Normierungsfaktor oder ein Faktor, der angibt wie viele Teilchen je Zeiteinheit einlaufen, nicht mitgeführt. Es interessieren nur die relativen Anteile. Bei der Verdopplung der Zahl der einfallenden Teilchen verdoppelt sich auch die Zahl der Teilchen in beiden Teilströmen. Diese Faktoren kürzen sich also heraus. Demzufolge suchen wir eine Lösung der zeitunabhängigen Schrödingergleichung mit dem Potential $V(x)$, die die Randbedingungen

$$\begin{aligned} \varphi(x \to -\infty) &= e^{ikx} + Re^{-ikx} \\ \varphi(x \to +\infty) &= De^{ikx} \end{aligned} \tag{2.77}$$

erfüllt. $|R|^2$ beschreibt die Wahrscheinlichkeit dafür, dass ein Teilchen reflektiert wird, $|D|^2$ die Durchlasswahrscheinlichkeit. (2.76) enthält die Aussage, dass ein einfallendes Teilchen entweder reflektiert oder durchgelassen wird. R und D selbst sind komplexe Größen. Sie beschreiben die Amplitude und die Phase der beiden Anteile.

2.3.3 Streuung am Potentialtopf

Betrachten wir ein konkretes Beispiel, die Streuung am *Potentialtopf* (vergl. Abb. 2.17a) bzw. an der *Potentialschwelle* (vergl. Abb. 2.17b). Beide Aufgaben können in einer Rechnung zusammengefasst werden, nur ist V_0 beim Topf negativ, bei der Schwelle positiv. Die Energie des einfallenden Teilchens $E > 0$ können wir uns beliebig vorgeben, da Streuprobleme keine Eigenwertprobleme sind. Die Energie ist kontinuierlich variierbar. Mit den Abkürzungen

$$E = \frac{\hbar^2}{2m}k^2 , \quad E - V_0 = \frac{\hbar^2}{2m}K^2 \tag{2.78}$$

lautet die zeitunabhängige Schrödingergleichung (2.27) analog zu (2.30) in den in Abb. 2.17a gekennzeichneten Bereichen

$$\begin{aligned} \mathrm{I} &: \left(\frac{d^2}{dx^2} + k^2\right)\varphi = 0, \quad & \varphi_{\mathrm{I}} &= e^{ikx} + Re^{-ikx} , \\ \mathrm{II} &: \left(\frac{d^2}{dx^2} + K^2\right)\varphi = 0, \quad & \varphi_{\mathrm{II}} &= ae^{iKx} + be^{-iKx} , \\ \mathrm{III} &: \left(\frac{d^2}{dx^2} + k^2\right)\varphi = 0, \quad & \varphi_{\mathrm{III}} &= De^{ikx} . \end{aligned} \tag{2.79}$$

In die allgemeine Lösung der Schrödingergleichung (2.79) wurde die Randbedingung (2.77) schon eingebaut. Für die vier Koeffizienten erhält man vier Bedingungen aus der *Stetigkeit* bei $x = 0$ bzw. $x = d$:

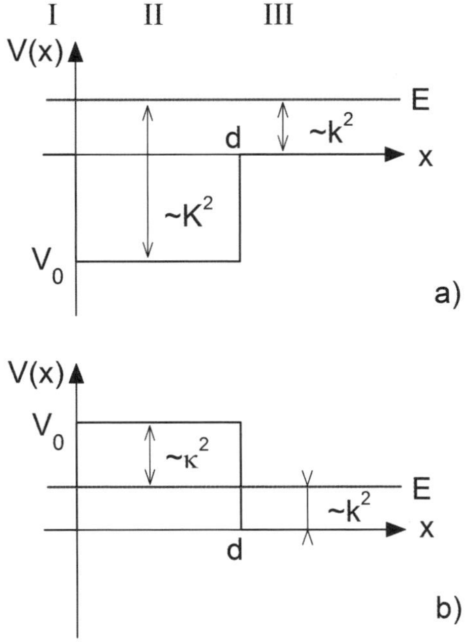

Abb. 2.17 Streuung am rechteckigen Potentialtopf. Erläuterung der Wellenzahlen k, K und κ.

$$\begin{aligned}
\varphi_{\mathrm{I}}(0) &= \varphi_{\mathrm{II}}(0)\,, & 1+R &= a+b\,,\\
\varphi'_{\mathrm{I}}(0) &= \varphi'_{\mathrm{II}}(0)\,, & k(1-R) &= K(a-b)\,,\\
\varphi_{\mathrm{II}}(d) &= \varphi_{\mathrm{III}}(d)\,, & ae^{iKd}+be^{-iKd} &= D\,e^{ikd}\,,\\
\varphi'_{\mathrm{II}}(d) &= \varphi'_{\mathrm{III}}(d)\,, & K\left(ae^{iKd}-be^{-iKd}\right) &= kD\,e^{ikd}\,.
\end{aligned} \tag{2.80}$$

Durch einfache algebraische Umformungen kommt man auf R und D. Addiert bzw. subtrahiert man die Gleichungen (2.80) paarweise (Multiplikation mit K), so ergibt sich zunächst

$$\begin{aligned}
K+k+R(K-k) &= 2Ka\,,\\
K-k+R(K+k) &= 2Kb\,,\\
2Kae^{iKd} &= (K+k)De^{ikd}\,,\\
2Kbe^{-iKd} &= (K-k)De^{ikd}\,.
\end{aligned} \tag{2.81}$$

Jetzt kann man a und b eliminieren:

$$\begin{aligned}
(K+k+R(K-k))\,e^{iKd} &= (K+k)De^{ikd}\,,\\
(K-k+R(K+k))\,e^{-iKd} &= (K-k)De^{ikd}\,.
\end{aligned} \tag{2.82}$$

Multipliziert man diese Gleichungen mit $K-k$ bzw. $K+k$, so werden die rechten Seiten gleich und die linken Seiten gehen in

$$[K^2 - k^2 + R(K-k)^2]e^{iKd} = [K^2 - k^2 + R(K+k)^2]e^{-iKd} \tag{2.83}$$

über. Das führt zum Endergebnis

$$\begin{aligned} R &= \frac{2i(K^2 - k^2)\sin Kd}{(K+k)^2 e^{-iKd} - (K-k)^2 e^{iKd}}\,, \\ D &= \frac{4kKe^{-ikd}}{(K+k)^2 e^{-iKd} - (K-k)^2 e^{iKd}}\,. \end{aligned} \tag{2.84}$$

Der Durchlasskoeffizient ist aus (2.82) leicht zu gewinnen. Auch überprüft man schnell, dass R und D - wie es sein muss - die Normierungsbedingung (2.76) erfüllen.

Reflexions- und Durchlasswahrscheinlichkeit sind in Abb. 2.18 dargestellt. Zunächst stellen wir fest, dass am Potentialtopf ($V_0 < 0$) im Gegensatz zur klassischen Mechanik auch eine Reflexion auftritt. Weiterhin ist bemerkenswert, dass

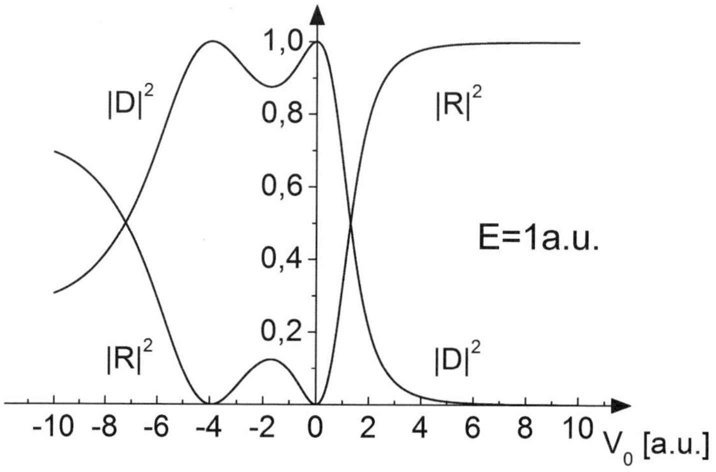

Abb. 2.18 Abhängigkeit der Reflexions- und Durchlasswahrscheinlichkeit bei gegebener Energie E von der Höhe der Potentialschwelle (bzw. Tiefe des Potentialtopfes) für eine rechteckige Schwelle der Breite 4 *a.u.* Für $V_0 > E$ tritt eine kleine Tunnelwahrscheinlichkeit auf, die Reflexionswahrscheinlichkeit geht gegen Eins. Für $V_0 < E$ wird das Teilchen auch reflektiert. Die Reflexionswahrscheinlichkeit oszilliert mit der Tiefe des Topfes.

Reflexions- und Durchlasswahrscheinlichkeit mit der Potentialtiefe - entscheidend ist der Wert von K - variieren. Dabei schwanken die Werte im ganzen Bereich zwischen 0 und 1.

Keine Reflexion tritt genau dann auf, wenn Kd ein Vielfaches von π ist. Das sind genau die Energien, für die der Potentialkasten seine gebundenen Zustände (2.42) besitzt. Hier ändert sich die Phase der Wellenfunktion im Potentialtopf um

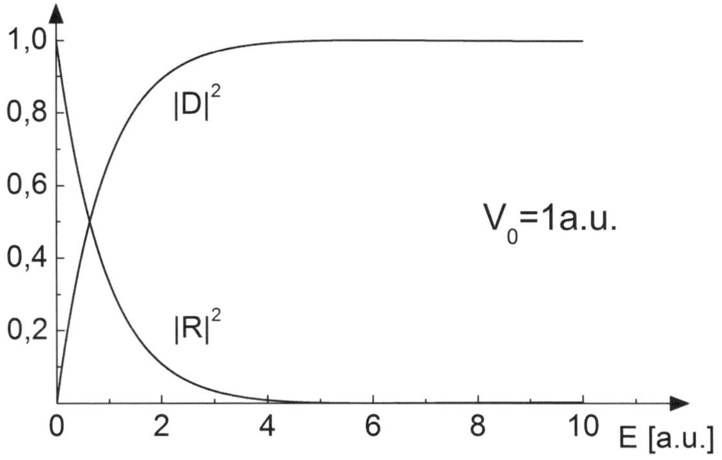

Abb. 2.19 Abhängigkeit von Reflexions- und Durchlasswahrscheinlichkeit an der rechteckigen Potentialschwelle der Breite 4 *a.u.* für verschiedene Einfallsenergien. Für $E < V_0$ besteht eine kleine Tunnelwahrscheinlichkeit. Für $E > V_0$ tritt ein oszillierendes Verhalten der Wahrscheinlichkeiten auf. Für $E \gg V_0$ verschwindet die Reflexionswahrscheinlichkeit, die Potentialschwelle ist eine kleine Störung, die das Teilchen kaum registriert.

$\pi, 2\pi, \ldots$, so dass auch die Wellenfunktionen φ_I und φ_{III} stetig aneinander passen. φ_{III} hat also dieselbe Amplitude wie φ_I, es gilt $|D| = 1$ und $R = 0$.

Anders sieht es bei $Kd = (2n+1)\pi/2$, $n = 0, 1, \ldots$ aus. Dort wird

$$R = -\frac{K^2 - k^2}{K^2 + k^2}, \quad D = (-1)^n \frac{ikKe^{-ikd}}{K^2 + k^2}. \tag{2.85}$$

Mit wachsender Tiefe des Potentialtopfes $|V_0| \gg E$ (oder $K \gg k$) nähert sich R bei diesen Energien dem Wert -1. Insgesamt erhält man den oszillierenden Verlauf von $|R|^2$ aus Abb. 2.18.

Betrachten wir jetzt die Abhängigkeit des Reflexionskoeffizienten von der Energie des einfallenden Teilchens bei gegebener Potentialtiefe. Abb. 2.19 zeigt das Ergebnis (2.84) für diesen Fall (vergl. **MB4**). Zwei Eigenschaften sollen hervorgehoben werden: Bei großen Energien verschwindet der Reflexionskoeffizient. Der Zähler in (2.84) enthält den konstanten Faktor $K^2 - k^2 \sim V_0$, während der Nenner mit $k^2 \sim E$ anwächst. Die Ursache ist darin zu sehen, dass sich die Wellenfunktion für $E \gg |V_0|$ nur geringfügig von der für $V(x) = 0$ unterscheidet.

Im Bereich des Potentialtopfes würde sich die Phase der Wellenfunktion für $V = 0$ um kd ändern. Im Potential der Abb. 2.17 ändert sie sich aber um Kd. Der Unterschied

$$(K - k)d = \left[\sqrt{k^2 - \frac{2mV_0}{\hbar^2}} - k\right] d \approx -\frac{1}{2}\frac{2mV_0}{\hbar^2 k} d \tag{2.86}$$

verschwindet mit der Wurzel aus dem *Verhältnis von Potentialtiefe zu Energie*

$$|K-k|d = \frac{\pi}{2}\sqrt{\frac{|V_0|}{E}}\sqrt{\frac{2m}{\hbar^2}|V_0|d^2}\,. \tag{2.87}$$

Außerdem enthält diese Phasendifferenz einen Faktor, der die Stärke des Potentials charakterisiert. Vergleicht man mit den Ergebnissen von Abschnitt 2.2.1, so sieht man, dass $\sqrt{2m|V_0|d^2/\hbar^2}/\pi$ etwa die *Zahl der gebundenen Zustände* im Potentialtopf der Tiefe $|V_0|$ angibt. Ist (2.87) ein kleiner Wert (klein gegen 2π), dann ist der Potentialtopf als eine *schwache Störung* anzusehen. Auf dieser Aussage baut die für $E \gg V_0$ brauchbare sogenannte *Bornsche Näherung* auf, auf die hier aber nicht näher eingegangen werden kann.

2.3.4 Der Tunneleffekt

Wenden wir uns jetzt dem Fall zu, in dem das Teilchen an einer Potentialschwelle gestreut wird, also am Potential der Abb. 2.17 b mit positivem V_0. Gegenüber Abschnitt 2.3.3 treten besondere Ergebnisse nur für $E < V_0$ auf. Im klassischen Fall würde das Teilchen an der Potentialwand reflektiert. *Der quantenmechanische Durchlasskoeffizient* (2.84) *verschwindet aber nicht*. Führen wir statt (2.78)

$$V_0 - E = \frac{\hbar^2}{2m}\kappa^2\,, \qquad K = i\kappa \tag{2.88}$$

ein, so wird die Durchlasswahrscheinlichkeit (2.84)

$$|\,D\,|^2 = \frac{16k^2\kappa^2}{|\,(k+i\kappa)^2 e^{\kappa d} - (k-i\kappa)^2 e^{-\kappa d}\,|^2}\,. \tag{2.89}$$

Es ist eine Funktion, die entsprechend Abb. 2.18 mit wachsender Schwellenhöhe monoton abnimmt. Für $\kappa d \gtrsim 1$ überwiegt im Nenner von (2.89) der erste Term. Für kleine Energien $k \ll \kappa$ ergibt sich dann der einfache Ausdruck $|\,D\,|^2 = 16(k/\kappa)^2 e^{-2\kappa d}$. Der exponentielle Abfall entspricht dem Verlauf der Wellenfunktion in der Potentialschwelle. Dieser Bereich gehört nicht zum klassischen Aufenthaltsbereich, in ihm fällt die Wellenfunktion nach Abschnitt 2.2.3 exponentiell ab. (Der exponentiell anwachsende Anteil kann nicht auftreten, da sonst durch die Schwelle mehr Teilchen hindurchtreten würden als einfallen.) Die Wellenfunktion hat die in Abb. 2.20 dargestellte Form. Die Amplituden der Wellenfunktion bei $x = 0$ und bei $x = d$ verhalten sich wie $e^{-\kappa d}$, die Aufenthaltswahrscheinlichkeit bei $x = d$ ist also proportional zu $e^{-2\kappa d}$. Dieses Ergebnis kann auf Potentialschwellen beliebiger Form verallgemeinert werden. Nach (2.69) hat die Wellenfunktion in der Potentialschwelle die Form

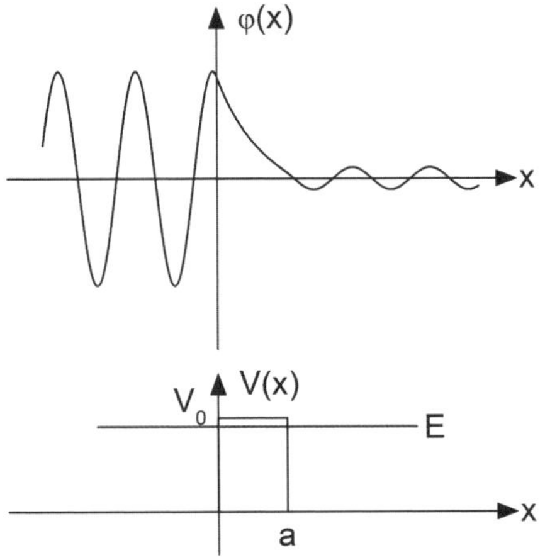

Abb. 2.20 Verlauf der Wellenfunktion beim Durchtunneln einer Potentialschwelle.

$$\varphi(x) \sim e^{-Q(x)}, \quad Q(x) = \int^{x} dx' \sqrt{\frac{2m}{\hbar^2}[V(x') - E]}\,. \tag{2.90}$$

Im Verhältnis von $\varphi(x^+)/\varphi(x^-)$ tritt also $Q(x^+) - Q(x^-)$, d.h.

$$|\,D\,|^2 \sim e^{-2G}, \quad G = \int_{x^-}^{x^+} dx' \sqrt{\frac{2m}{\hbar^2}[V(x') - E]} \tag{2.91}$$

auf. G wird auch *Gamovfaktor* der Schwelle gekannt.

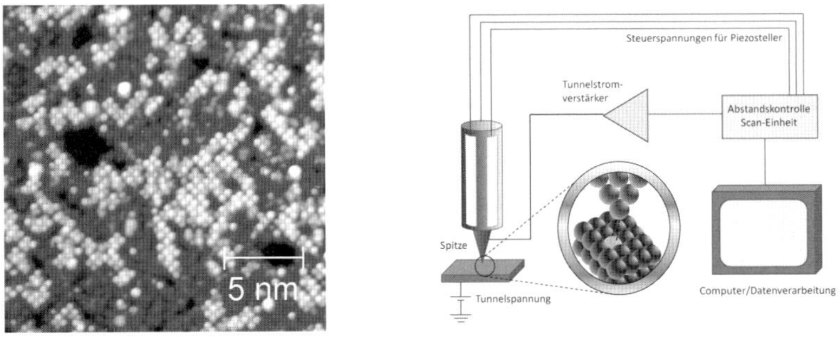

Abb. 2.21 links: Abbildung mit dem Raster-Tunnelmikroskop mit atomarer Auflösung einer $SrRuO_3$(001) Oberfläche, die periodische Struktur wird durch die Oberflächenatome der c(2×2) Terminierung hervorgerufen [nach *W. Widdra*], rechts: Prinzip des Rastertunnelmikroskops.

Zusammenfassend können wir feststellen, dass die Quantenmechanik einem Teilchen gestattet, durch eine Potentialschwelle $V_0 > E$ hindurchzutreten; es tritt ein *Tunneleffekt* auf. Die Wahrscheinlichkeit dafür, eine Potentialschwelle zu durchtunneln, ist durch den Gamovfaktor G (2.91) bestimmt und proportional zu e^{-2G}. Es soll besonders darauf hingewiesen werden, dass die Tunnelwahrscheinlichkeit außerordentlich rasch abfällt, wenn die Höhe oder Breite der Potentialschwelle anwächst. Tab. 2.1 zeigt das an einem Beispiel.

Tabelle 2.1 Tunnelwahrscheinlichkeit e^{-2G} durch eine rechteckige Potentialschwelle der Breite a (in $a.u.$) für verschiedene Lagen der Energie unter der Schwellenhöhe $V_0 - E$ (in $a.u.$)

$V_0 - E$	a			
	1	2	5	10
0	1	1	1	1
0,01	$7{,}536 \cdot 10^{-1}$	$5{,}680 \cdot 10^{-1}$	$2{,}431 \cdot 10^{-1}$	$5{,}911 \cdot 10^{-2}$
0,02	$6{,}703 \cdot 10^{-1}$	$4{,}493 \cdot 10^{-1}$	$1{,}353 \cdot 10^{-1}$	$1{,}832 \cdot 10^{-2}$
0,05	$5{,}313 \cdot 10^{-1}$	$2{,}823 \cdot 10^{-1}$	$4{,}233 \cdot 10^{-2}$	$1{,}792 \cdot 10^{-3}$
0,1	$4{,}088 \cdot 10^{-1}$	$1{,}672 \cdot 10^{-1}$	$1{,}142 \cdot 10^{-2}$	$1{,}305 \cdot 10^{-4}$
0,2	$2{,}823 \cdot 10^{-1}$	$7{,}967 \cdot 10^{-2}$	$1{,}792 \cdot 10^{-3}$	$3{,}210 \cdot 10^{-6}$
0,5	$1{,}353 \cdot 10^{-1}$	$1{,}832 \cdot 10^{-2}$	$4{,}540 \cdot 10^{-5}$	$2{,}061 \cdot 10^{-9}$
1,0	$5{,}911 \cdot 10^{-2}$	$3{,}493 \cdot 10^{-3}$	$7{,}214 \cdot 10^{-7}$	$5{,}204 \cdot 10^{-13}$
2,0	$1{,}832 \cdot 10^{-2}$	$3{,}355 \cdot 10^{-4}$	$2{,}061 \cdot 10^{-9}$	$4{,}248 \cdot 10^{-18}$
5,0	$1{,}792 \cdot 10^{-3}$	$3{,}210 \cdot 10^{-6}$	$1{,}847 \cdot 10^{-14}$	$3{,}410 \cdot 10^{-28}$
10,0	$1{,}305 \cdot 10^{-4}$	$1{,}703 \cdot 10^{-8}$	$3{,}782 \cdot 10^{-20}$	$1{,}431 \cdot 10^{-39}$

Mit Hilfe des Raster-Tunnelmikroskops (G. Binnig, H. Rohrer Nobelpreis 1986) lassen sich atomare Strukturen auf einer Materialoberfläche sichtbar machen. Zwischen einer Metallspitze, die idealerweise in einem einzelnen Atom endet, und der Probe wird eine kleine Spannung angelegt. Durch den quantenmechanischen Tunneleffekt können Elektronen von der Spitze in die Oberfläche übertreten. Auf Grund der exponentiellen Abhängigkeit der Tunnelwahrscheinlichkeit vom Gamovfaktor der Schwelle (s. Tabelle 2.1) befindet sich die Metallspitze nur etwa 1 nm über der Oberfläche. Abb. 2.21 zeigt die Abbildung einer Silizium-Oberfläche mit atomarer Auflösung und den schematischen Aufbau eines Raster-Tunnelmikroskops.

2.3.5 *Streuphasen**

Ein Sonderfall des Streuproblems der Abb. 2.16 tritt auf, wenn das Potential eine undurchdringliche Wand enthält. Damit das physikalische Geschehen sich bei positiven x-Werten abspielt, nehmen wir entsprechend Abb. 2.22 an, dass das Teilchen von rechts einläuft und das Potential für negative x unendlich hoch ist. In diesem Fall tritt nur eine reflektierte Welle auf, der unendlich hohe Potentialwall kann nicht durchdrungen werden. Die Wellenfunktion verschwindet nach Abschnitt 2.2.3 bei $x = 0$. Aus der Normierungsbedingung (2.76) folgt, dass $\mid R \mid = 1$ ist. Die reflektierte Welle hat die gleiche Amplitude wie die einfallende, es tritt nur ein Phasenfaktor auf. Es ist üblich, in diesem Falle $R = -e^{2i\delta}$ zu setzen, so dass

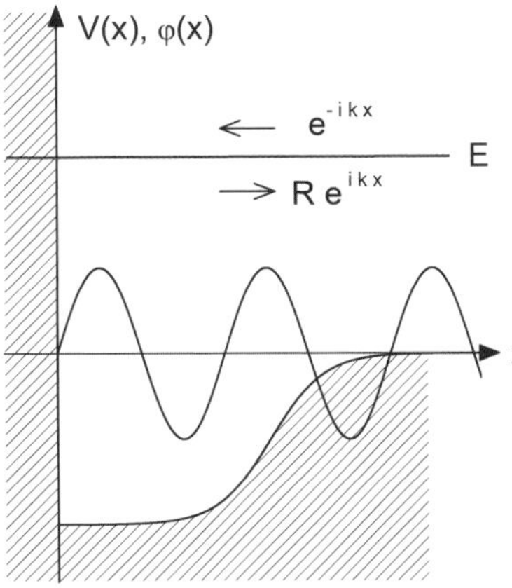

Abb. 2.22 Reflexion einer Welle am unendlich hohen Potentialwall mit Potentialtopf.

$$\varphi(x \to \infty) = e^{-ikx} + Re^{ikx} = -2ie^{i\delta}\sin(kx+\delta) \tag{2.92}$$

wird. Statt zweier komplexer Koeffizienten D und R tritt hier nur eine *Streuphase* δ auf. Hier besteht also die Aufgabe darin, die Streuphase zu berechnen, indem man eine Lösung der Schrödingergleichung aufsucht, die den Bedingungen

$$\varphi(0) = 0, \quad \varphi(x \to \infty) = \sin(kx+\delta) \tag{2.93}$$

genügt. Der andere Vorfaktor gegenüber (2.92) ist nach Abschnitt 2.3.2 unwesentlich, er entspricht nur einer anderen Normierung des einfallenden Teilchenstromes.

Dieses Streuproblem, das hier als ein Sonderfall erscheint, ist deshalb so wichtig, weil es der typischen Fragestellung beim dreidimensionalen Streuproblem entspricht. Die hier durch einen unendlich hohen Potentialwall erzwungene Randbedingung $\varphi(0) = 0$ tritt dort (siehe Abschnitt 4.3.1) durch die Beschränkung des Wertebereiches von r auf positive Werte automatisch auf.

Als Beispiel betrachten wir die Streuung am Potentialtopf der Abb. 2.23. Das ist wieder ein *stückweise konstantes Potential*; die Lösung erhalten wir, indem wir die Lösungen der Teilbereiche stückweise stetig aneinander anschließen. Da das Potential für $x < a$ unendlich hoch sein soll, verschwindet dort die Wellenfunktion, und es ist die Randbedingung

$$\varphi(a) = 0 \tag{2.94}$$

zu erfüllen. Die Lösungen in den Bereichen I ($a < x < b$) und II $x > b$ sind mit $E = \hbar^2k^2/2m = \hbar^2K^2/2m + V_0$

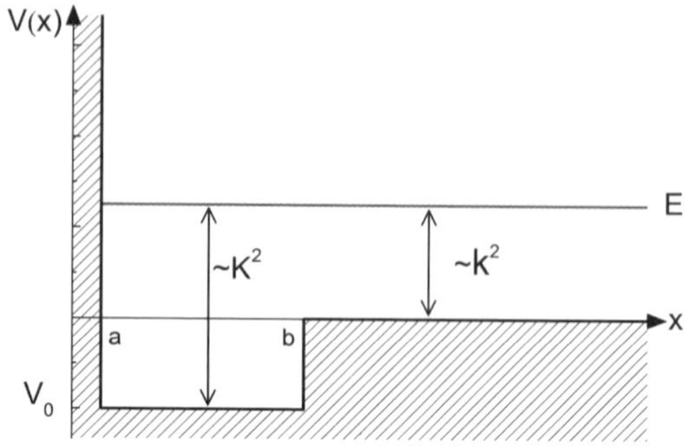

Abb. 2.23 Streuung an einem speziellen Potentialtopf.

$$\begin{aligned} \mathrm{I}: \left(\frac{d^2}{dx^2}+K^2\right)\varphi=0\,, \qquad & \varphi_{\mathrm{I}}(x)=c\sin K(x-a)\,,\\ \mathrm{II}: \left(\frac{d^2}{dx^2}+k^2\right)\varphi=0\,, \qquad & \varphi_{\mathrm{II}}(x)=\sin(kx+\delta)\,. \end{aligned} \tag{2.95}$$

Die Randbedingung (2.94) bzw. (2.93) wurde in φ_{I} bzw. φ_{II} schon berücksichtigt. Die *Stetigkeitsforderungen* bei $x=b$ führen wie in (2.80) auf zwei Bedingungen für die Parameter c und δ:

$$\begin{aligned} c\sin K(b-a) &= \sin(kb+\delta)\,,\\ Kc\cos K(b-a) &= k\cos(kb+\delta)\,. \end{aligned} \tag{2.96}$$

Durch Division erhält man

$$\tan(kb+\delta)=\frac{k}{K}\tan K(b-a)\,, \tag{2.97}$$

und die Auflösung nach δ führt auf

$$\delta=\arctan\left[\frac{k}{K}\tan K(b-a)\right]-kb\,. \tag{2.98}$$

Betrachten wir zunächst den Fall $V_0=0$, d.h. $K=k$. (2.98) liefert dann $\delta=-ka$. Die Wellenfunktion (2.95) ist gegenüber der ungestörten einfach um eine Strecke a verschoben, wie Abb. 2.24 zeigt.

Als nächstes untersuchen wir das Verhalten von δ für ein schwach anziehendes Potential $V_0<0$ (es soll aber kein gebundener Zustand existieren). Für kleine Energien ist $K\approx K_0=\sqrt{-2mV_0/\hbar^2}$, und k geht gegen Null. Damit vereinfacht sich (2.98) zu $\delta=kb[(1/K_0b)\tan K_0(b-a)-1]$. Für kleine Energien verschwindet die Streuphase proportional zu k. Für ein rein anziehendes Potential ($a=0$) ist die Streuphase bei kleinen Energien positiv, für große Energien strebt sie wegen $K\approx k(1-mV_0/\hbar^2k^2)\approx k$ gegen Null.

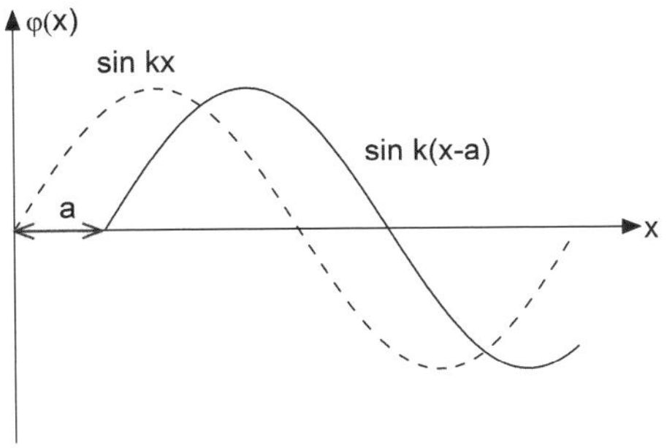

Abb. 2.24 Wellenfunktion bei Streuung an einer undurchdringlichen Wand.

Diese Grenzfälle und der allgemeine Verlauf der Streuphase sind in Abb. 2.25 eingezeichnet. Als konkreter Fall wurde die durch die Kernkräfte bedingte *Streuphase der Proton-Proton-Streuung im Singulettzustand* (antiparallele Spins) ausgewählt. Aus der Energieabhängigkeit dieser Streuphase kann geschlossen werden, dass die zugehörigen Kernkräfte einen abstoßenden Kern (hard core) und einen anziehenden Bereich enthalten, also qualitativ die Form des Potentials der Abb. 2.23 besitzen.

Auf weitere Beispiele soll hier nicht eingegangen werden. In **MB5** werden weitere Fälle näher diskutiert. Die erläuterten Fälle zeigen schon, dass einerseits mit der Kenntnis der Streuphasen das Streuverhalten eines Systems vollständig charakterisiert ist und dass andererseits aus der Kenntnis der Streuphasen Aufschluss über die Form des Potentials gewonnen werden kann.

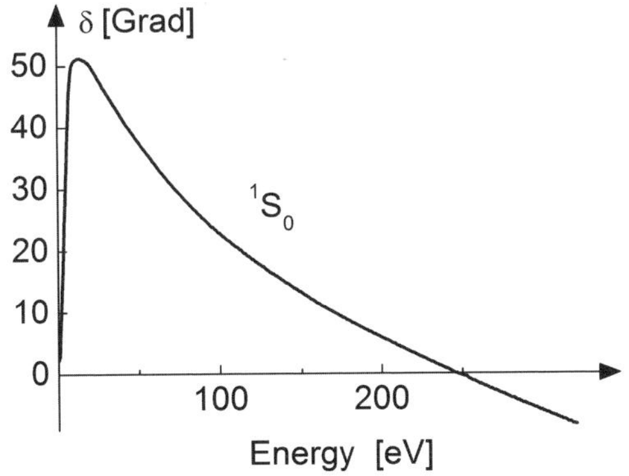

Abb. 2.25 Streuphase für die Proton-Proton-Streuung im Singulettzustand (antiparalleler Spin) [nach *Brink, D.M.* Nuclear Forces, Pergamon 1965)]

2.3.6 *Aufgaben*

2.7. Bestimmen Sie Reflexions- und Durchlasskoeffizient eines Teilchens an der Potentialstufe

$$V(x) = \begin{cases} 0, & x \leq 0 \\ V_0, & x > 0 \end{cases},$$

wobei $V_0 > 0$ gilt. Das einfallende Teilchen bewegt sich von links nach rechts. Die Energie des einfallenden Teilchens sei größer als V_0. Zeigen Sie, dass Reflexions- und Durchlasskoeffizient in der Summe Eins ergeben. Wie verhält sich der Durchlasskoeffizient für kleine Werte von $E - V_0$?

2.8. Man bestimme den Durchlasskoeffizienten für das δ-Potential $V(x) = \alpha\delta(x)$, wobei $\alpha > 0$ gelten soll. Das einfallende Teilchen bewegt sich von links nach rechts. Betrachten Sie die Grenzfälle $E \to \infty$ und $E \to 0$.

Für die Diracsche δ-Funktion gilt:

$$\int_{-\infty}^{+\infty} dx\, f(x)\delta(x-a) = f(a)\,.$$

Leiten Sie zuerst die Stetigkeitsbedingungen für die Ableitung der Wellenfunktion an der Stelle $x = 0$ ab.

2.9. Man berechne die Streuphase zu folgendem Potential

$$V = \begin{cases} \infty & x \leq 0 \\ V_0 & 0 \leq x < a \\ -V_1 & a \leq x < b \\ 0 & b \leq x \end{cases}. \tag{2.99}$$

2.4 Näherungsverfahren

Zusammenfassung: Der Erwartungswert von $\hat{\text{H}}$ hat für die Eigenfunktionen einen Extremwert. Man kann daher mit Näherungsfunktionen, die qualitativ die Form der Eigenfunktionen haben, einen guten Näherungswert für die Eigenwerte berechnen. Beim Ritzschen Variationsverfahren wird die günstigste Näherungsfunktion aus einer parametrisierten Schar von Funktionen ausgewählt. Die Verschiebung des Eigenwertes bei einer schwachen Störung des Systems ist in erster Ordnung durch den Erwartungswert des Störpotentials mit den Eigenfunktionen des ungestörten Systems gegeben.

2.4.1 Extremaleigenschaften

In den vorangegangenen Abschnitten haben wir die Lösungen der zeitunabhängigen Schrödingergleichung

$$\hat{\mathrm{H}}\varphi_n = E_n\varphi_n\,, \quad (\varphi_n,\varphi_n) = 1 \tag{2.100}$$

untersucht. Die Eigenfunktionen φ_n aus (2.100) besitzen wichtige Eigenschaften: Sie bilden ein vollständiges (2.20) und orthonormiertes (2.17) Funktionensystem. Wir wollen weitere Eigenschaften kennenlernen.

Wir können zeigen, dass der Erwartungswert von $\hat{\mathrm{H}}$ beim Vergleich verschiedener Zustände χ für die Eigenfunktionen φ_n einen *Extremwert* besitzt. Wir bilden dazu den Erwartungswert

$$\overline{E} = \overline{\hat{\mathrm{H}}} = \frac{(\chi,\hat{\mathrm{H}}\chi)}{(\chi,\chi)}\,, \quad \chi = \varphi_n + \delta\varphi \tag{2.101}$$

mit einem System von Funktionen χ, die in ihrem Verlauf nur wenig von einer Eigenfunktion φ_n abweichen, und berechnen die Änderung $\delta E = \overline{E} - E_n$ in Abhängigkeit von $\delta\varphi$. Bei der Vernachlässigung quadratischer Terme in $\delta\varphi$ ergibt sich

$$\begin{aligned}
\delta E &= \frac{(\varphi_n+\delta\varphi,\hat{\mathrm{H}}(\varphi_n+\delta\varphi))}{(\varphi_n+\delta\varphi,\varphi_n+\delta\varphi)} - \frac{(\varphi_n,\hat{\mathrm{H}}\varphi_n)}{(\varphi_n,\varphi_n)}\\
&= \frac{(\varphi_n,\hat{\mathrm{H}}\varphi_n)}{(\varphi_n,\varphi_n)}\left[1 - \frac{(\delta\varphi,\varphi_n)}{(\varphi_n,\varphi_n)} - \frac{(\varphi_n,\delta\varphi)}{(\varphi_n,\varphi_n)}\right]\\
&+ \frac{(\delta\varphi,\hat{\mathrm{H}}\varphi_n)}{(\varphi_n,\varphi_n)} + \frac{(\varphi_n,\hat{\mathrm{H}}\delta\varphi)}{(\varphi_n,\varphi_n)} - \frac{(\varphi_n,\hat{\mathrm{H}}\varphi_n)}{(\varphi_n,\varphi_n)}\\
&= E_n\,[1-(\delta\varphi,\varphi_n)-(\varphi_n,\delta\varphi)+(\delta\varphi,\varphi_n)+(\varphi_n,\delta\varphi)-1]\\
&= 0\,.
\end{aligned} \tag{2.102}$$

Eine Abweichung $\delta\varphi$ der verwendeten Funktion χ von der Eigenfunktion φ_n führt zu einem Erwartungswert, der nur in der Größenordnung $(\delta\varphi)^2$ vom Eigenwert abweicht. Für die richtigen Eigenfunktionen besitzt also der *Erwartungswert ein Extremum.*

Wir können leicht sehen, dass es sich beim Grundzustand um ein Minimum handelt. Schreiben wir die Erwartungswerte von kinetischer und potentieller Energie einzeln

$$\begin{aligned}
\overline{E} &= \frac{1}{2m}(\chi,\hat{\mathbf{p}}^2\chi) + (\chi,V\chi)\\
&= \frac{1}{2m}(\hat{\mathbf{p}}\chi,\hat{\mathbf{p}}\chi) + (\chi,V\chi)\\
&= \frac{1}{2m}\int d^3\mathbf{r}\left|\frac{\hbar}{i}\frac{\partial\chi}{\partial\mathbf{r}}\right|^2 + \int d^3\mathbf{r}\;|\,\chi\,|^2\,V(\mathbf{r})\,.
\end{aligned} \tag{2.103}$$

dann lässt sich der Erwartungswert der kinetischen Energie $\overline{T}$ wegen der Hermitezität von $\hat{\mathbf{p}}$ in eine Form bringen, in der der Integrand klar als positiv definit erkennbar ist. Die kinetische Energie und auch die Dichte der kinetischen Energie sind eben positive Größen. Wir können uns nun Funktionen χ wie in Abb. 2.26 denken, deren Dichteverlauf von $|\varphi_0|^2$ nur geringfügig abweicht, so dass auch $\overline{V}$ für χ und φ_0

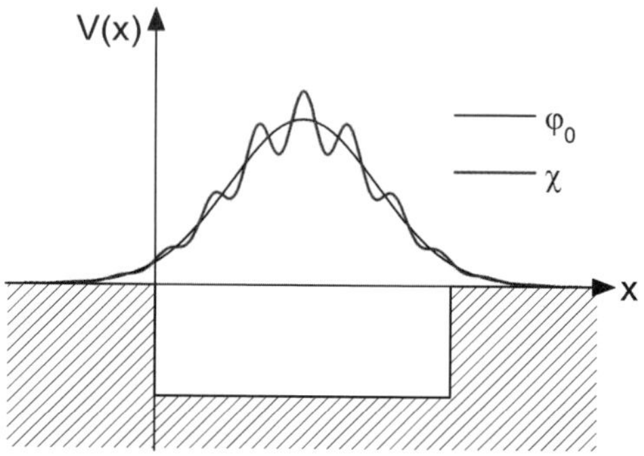

Abb. 2.26 Vergleichswellenfunktion χ mit einem großen Erwartungswert der kinetischen Energie.

fast gleich ist. Jedoch besitzt χ im Vergleich zu φ_0 im Mittel eine wesentlich größere Steigung, so dass T für χ wesentlich größer ist als für φ_0. Wir können also bei geeigneter Wahl von χ $\overline{T}$ beliebig groß machen. Daher muss es sich bei dem Extremwert um ein Minimum handeln.

Bei angeregten Zuständen φ_n müssen wir eine Einschränkung machen. Ein echtes *Minimum* ergibt sich nur *für den Grundzustand*. Bei angeregten Zuständen, wie φ_1, wird dann $\overline{E} < E_1$ wenn $\delta\varphi \sim \varphi_0$ ist, also $\chi = \varphi_1 + \alpha\varphi_0$ gewählt wird. Dann ist nämlich

$$\begin{aligned}(\chi,\chi) &= (\varphi_1,\varphi_1) + \alpha^2(\varphi_0,\varphi_0) = 1+\alpha^2\,,\\ \overline{E} &= \frac{(\chi,\hat{\mathrm{H}}\chi)}{(\chi,\chi)} = \frac{1}{1+\alpha^2}\left[(\varphi_1,\hat{\mathrm{H}}\varphi_1) + \alpha^2(\varphi_0,\hat{\mathrm{H}}\varphi_0)\right]\\ &= \frac{E_1+\alpha^2 E_0}{1+\alpha^2} = E_1\frac{1+(E_0/E_1)\alpha^2}{1+\alpha^2} < E_1 \quad .\end{aligned} \tag{2.104}$$

Die in φ_0 und φ_1 gemischten Terme fallen wegen der Orthogonalität immer weg. Die Eigenfunktionen φ_n eines angeregten Zustandes liefern also nur in dem Sinne ein Minimum des Erwartungswertes, dass bei der Variation ausschließlich zu den tiefer liegenden Zuständen orthogonale Abweichungen $\delta\varphi$ zugelassen werden.

Die Extremaleigenschaften des Erwartungswertes kann man zur *näherungsweisen Berechnung der Eigenwerte* ausnutzen. Wir wollen das an einem Beispiel demonstrieren, für das die exakte Lösung der Schrödingergleichung bekannt ist. Für den Potentialkasten der Breite d von Abb. 2.27 haben wir für den Grundzustand (Abschnitt 2.2.1)

$$E_0 = \frac{\hbar^2}{2m}\left(\frac{\pi}{d}\right)^2 , \quad \varphi_0 = \sqrt{\frac{2}{d}} \sin\left(\pi\frac{x}{d}\right) \tag{2.105}$$

gefunden. Wir nehmen nun einmal an, dass das Ergebnis (2.105) nur auf sehr komplizierte Weise erzielbar wäre und wir uns deshalb mit einer näherungsweisen Berechnung des Eigenwertes begnügen müssten. Wir würden dann mit einem geeigneten Ansatz χ_0 für die Wellenfunktion des Grundzustandes den Erwartungs-

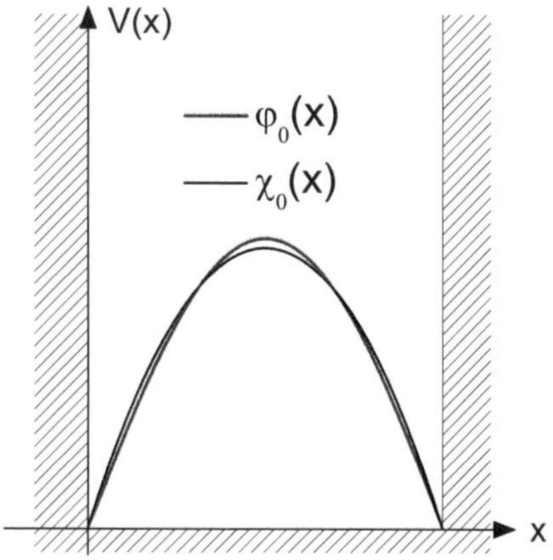

Abb. 2.27 Näherungswellenfunktion und exakte Eigenfunktion im Potentialkasten der Breite d.

wert $\overline{E}_0$ von $\hat{\mathrm{H}}$ bilden. $\overline{E}_0$ wäre dann ein Näherungswert für E_0. Der Fehler ist quadratisch in den Abweichungen zwischen χ_0 und der „nicht bekannten" Eigenfunktion φ_0.

χ_0 muss an den Rändern $x = 0$ und $x = d$ verschwinden und darf als Grundzustand keinen Knoten haben. Die einfachste Funktion dieses Typs ist

$$\begin{aligned} \chi_0 &= cx(d-x) , \\ (\chi_0, \chi_0) &= c^2 \int_0^d dx\, x^2(d-x)^2 = c^2 d^5/30 = 1 , \\ (\chi_0, \hat{\mathrm{H}}\chi_0) &= c^2 \int_0^d dx\, x(d-x)\left(-\frac{\hbar^2}{2m}\frac{d^2}{dx^2}\right) x(d-x) \\ &= \frac{\hbar^2}{2m}\frac{c^2 d^3}{3} . \end{aligned} \tag{2.106}$$

Normierung und Erwartungswert $\overline{E}_0$ sind einfach berechenbar. Die Näherungslösung wird

$$\chi_0 = \sqrt{\frac{30}{d}}\frac{x(d-x)}{d^2} , \quad \overline{E}_0 = \frac{\hbar^2}{2m}\frac{10}{d^2} \gtrsim E_0 . \tag{2.107}$$

Der Vergleich mit (2.105) zeigt, dass der Näherungswert $\overline{E}_0$ nur wenig vom exakten Eigenwert abweicht, der Unterschied zwischen 10 und $\pi^2 = 9,87$ liegt nur knapp über einem Prozent. Wir finden weiterhin bestätigt, dass $\overline{E}_0$ über dem exakten Eigenwert E_0 liegt.

2.4.2 Ritzsches Variationsverfahren

Die näherungsweise Berechnung von Eigenwerten, im letzten Abschnitt an einem Beispiel demonstriert, kann man noch verfeinern. Wir betrachten ein beliebiges Potential $V(x)$ wie in Abb. 2.28, das gebundene Zustände besitzt. E_0 soll näherungsweise berechnet werden. Dazu müssen wir eine *geeignete Näherungsfunktion* χ_0

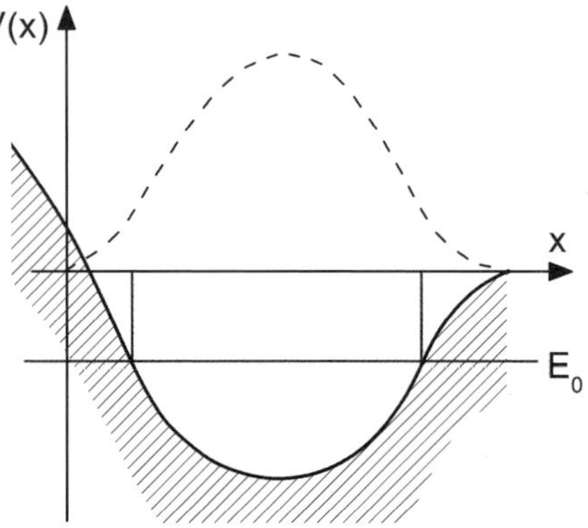

Abb. 2.28 Qualitative Form der Eigenfunktion im Potentialtopf.

auswählen. Wir wissen, wie χ_0 aussehen muss: kosinusartig innerhalb der klassischen Umkehrpunkte, als Grundzustand ohne Nullstellen, asymptotisch exponentiell abfallend. Die in Abschnitt 2.2.3 gewonnenen Einsichten über die Gestalt der Eigenfunktionen kommen uns also hier zugute.

Wir brauchen nun als Näherungsfunktion χ_0 keine ganz bestimmte Funktion zu wählen, sondern können eine ganze Schar von Funktionen heranziehen, indem wir in $\chi_0(\alpha,\beta)$ die Parameter α,β offenlassen. Diese können z.B. die Stärke des exponentiellen Abfalls (d.h. den Wert des Exponenten) oder die Breite der Funktion im Ortsraum oder die Form der Funktion im klassischen Aufenthaltsbereich charakterisieren. Unter den betrachteten Funktionen wird dann diejenige am günstigsten sein, für die die Differenz $\overline{E}_0 - E_0$ minimal ist, d. h. für die $\overline{E}_0(\alpha,\beta)$ ein Minimum besitzt.

Wir bilden also mit dem Näherungsansatz $\chi_0(\alpha,\beta)$ den Erwartungswert

$$\overline{E}_0 = \frac{(\chi_0, \hat{\mathrm{H}}\chi_0)}{(\chi_0, \chi_0)} = \overline{E}_0(\alpha,\beta)\,, \tag{2.108}$$

der von den Parametern α, β abhängt. In anderen Problemen kann natürlich die Verwendung von mehr als zwei Parametern sinnvoll sein. Aus den Bedingungen

$$\frac{\partial \overline{E}_0}{\partial \alpha} = 0, \quad \frac{\partial \overline{E}_0}{\partial \beta} = 0 \to \alpha_0, \beta_0 \tag{2.109}$$

finden wir die Werte α_0, β_0, für die wir den besten Näherungswert

$$\text{Min}\left[\overline{E}_0(\alpha, \beta)\right] = \overline{E}_0(\alpha_0, \beta_0) \tag{2.110}$$

erhalten. $\chi_0(\alpha_0, \beta_0)$ ist also die günstigste Näherungsfunktion.

Betrachten wir auch hierzu ein Beispiel, für das wir die exakten Lösungen schon kennen: den Grundzustand im harmonischen Oszillator von Abb. 2.29:

$$\begin{aligned} \hat{\mathrm{H}} &= -\frac{\hbar^2}{2m}\frac{d^2}{dx^2} + \frac{m}{2}\omega^2 x^2, \\ \varphi_0 &= \frac{1}{\sqrt{\sqrt{\pi}\beta}} e^{-(x/\beta)^2/2}, \quad \beta^2 = \frac{\hbar}{m\omega}, \quad E_0 = \frac{\hbar\omega}{2}. \end{aligned} \tag{2.111}$$

Die Lösung wurde aus Abschnitt 2.2.2 übernommen. Wir wählen als Näherungsfunktion

$$\chi_0(\alpha) = c(1 + \alpha|x|)e^{-\alpha|x|} \quad . \tag{2.112}$$

Hier wurde bewusst eine von der Gaußkurve doch recht verschiedene Funktion ausgesucht. Im Exponenten steht nicht x^2, sondern x. Natürlich wählen wir entsprechend der Symmetrie des Potentials eine symmetrische Funktion. Der Vorfaktor wurde so bestimmt, dass die Ableitung von χ_0 bei $x = 0$ verschwindet. Je nach

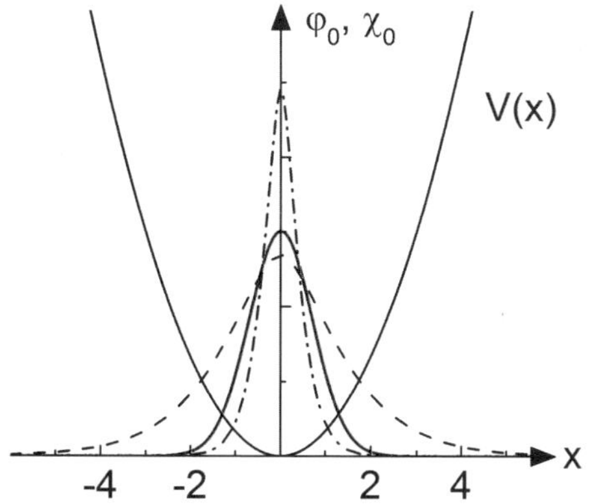

Abb. 2.29 Form der Näherungsfunktion $\chi_0(- - -)$ (2.112) für verschiedene Werte von α. (s. Abb. 2.10)

Wahl des Parameters α ist die Funktion breiter oder schmaler (siehe Abb. 2.29). Wir müssen das günstigste α aussuchen. Wir berechnen zunächst die Integrale

$$
\begin{aligned}
(\chi_0,\chi_0) &= \int_{-\infty}^{+\infty} dx|\chi_0|^2 = 2\int_0^\infty dx c^2(1+\alpha x)^2 e^{-2\alpha x} \\
&= \frac{2c^2}{\alpha}\int_0^\infty dz(1+2z+z^2)e^{-2z} = \frac{5c^2}{2\alpha}, \\
(\chi_0,\hat{\mathrm{H}}\chi_0) &= c^2\int_{-\infty}^{+\infty} dx(1+\alpha|x|)e^{-\alpha|x|}\left[-\frac{\hbar^2}{2m}\frac{d^2}{dx^2}+\frac{m}{2}\omega x^2\right](1+\alpha|x|)e^{-\alpha|x|} \\
&= \frac{2c^2}{\alpha}\int_0^\infty dz\left[\frac{\hbar^2\alpha^2}{2m}(1-z^2)+\frac{m\omega^2}{2\alpha^2}(z^2+2z^3+z^4)\right]e^{-2z} \\
&= \frac{2c^2}{\alpha}\left[\frac{\hbar^2\alpha^2}{8m}+\frac{7m\omega^2}{8\alpha^2}\right]. \qquad (2.113)
\end{aligned}
$$

Damit wird der Erwartungswert

$$
\overline{E}_0(\alpha) = \frac{(\chi_0,\hat{\mathrm{H}}\chi_0)}{(\chi_0,\chi_0)} = \frac{\hbar^2}{2m}\frac{\alpha^2}{5}+\frac{m}{2}\omega^2\frac{7}{5\alpha^2}. \qquad (2.114)
$$

Der Erwartungswert der kinetischen Energie $\overline{T}$ wächst mit α an, da entsprechend Abb. 2.29 zu großen α-Werten stärker gekrümmte Funktionen gehören. Dagegen verschwindet der Erwartungswert der potentiellen Energie $\overline{V}$ für große α. Dann hält sich nach Abb. 2.29 das Teilchen nur in Bereichen auf, wo das Potential nahe Null ist. Bei kleinen α wächst dagegen die Aufenthaltswahrscheinlichkeit in den Bereichen, in denen das Potential große Werte besitzt, der Erwartungswert V vergrößert sich.

Den günstigsten Wert α erhalten wir aus

$$
\frac{\partial\overline{E}_0(\alpha)}{\partial\alpha} = \frac{\hbar^2}{m}\frac{\alpha}{5} - m\omega^2\frac{7}{5\alpha^3} = 0, \quad \alpha_0^2 = \sqrt{7}\frac{m\omega}{\hbar}. \qquad (2.115)
$$

Er führt auf einen Näherungswert

$$
\overline{E}_0(\alpha_0) = \frac{\sqrt{7}}{2\cdot 5}\hbar\omega + \frac{\sqrt{7}}{2\cdot 5}\hbar\omega = \frac{\sqrt{7}}{5}\hbar\omega = 0{,}53\hbar\omega \gtrsim \frac{\hbar\omega}{2}, \qquad (2.116)
$$

der sechs Prozent über dem exakten Wert liegt. Man beachte, dass hier, dem Virialsatz entsprechend, die Erwartungswerte $\overline{T}$ und $\overline{V}$ gleich groß sind.

Man kann auf diesem Wege auch *Eigenwerte angeregter Zustände* näherungsweise berechnen (s. **MB6**). Man muss dann aber in den Ansatz für die Wellenfunktion einbauen, dass es sich um einen angeregten Zustand handelt. So müsste also χ_1 einen Knoten besitzen und vor allem orthogonal zu χ_0 sein. Für den Potentialkasten könnte man z. B. eine Funktion

$$
\chi_1 = cx\left(\frac{d}{2}-x\right)(d-x) \qquad (2.117)
$$

wählen. Diese Funktion besitzt im Vergleich zu (2.107) einen Knoten bei $x = d/2$. Außerdem ist sie bezüglich $d/2$ antisymmetrisch und daher orthogonal zu χ_0.

2.4.3 *Störungsrechnung*

Die Extremaleigenschaften der Eigenwerte können auch zur Lösung folgender Aufgabe herangezogen werden. Wir nehmen an, dass wir die Eigenwerte E_n^0 und die Eigenfunktionen φ_n^0 in einem Potential V^0 berechnet haben, und betrachten die Bewegung eines Teilchens im Potential $V_{ges} = V^0 + V$:

$$\begin{aligned} &\hat{\mathrm{H}} = T + V_{ges} = T + V^0 + V = \hat{\mathrm{H}}^0 + V\,, \\ &\text{gesucht: } \hat{\mathrm{H}}\varphi_n = E_n\varphi_n, \qquad \text{bekannt: } \hat{\mathrm{H}}^0\varphi_n^0 = E_n^0\varphi_n^0\,. \end{aligned} \tag{2.118}$$

Wir sprechen davon, dass das System $\hat{\mathrm{H}}^0$ durch das Potential V „gestört“ wird. Wenn das *Störpotential V* schwach ist (Was wir unter schwach zu verstehen haben, wird unten genau erklärt.), dann können wir annehmen, dass die Lösungen φ_n nur geringfügig von den Lösungen φ_n^0 abweichen, bei $V \to 0$ sollen sie in diese übergehen. Wir können daher die Funktionen φ_n^0 als Näherungsfunktionen für die φ_n verwenden und damit die Eigenwerte näherungsweise berechnen.

$$E_n = (\varphi_n^0, \hat{\mathrm{H}}\varphi_n^0) = (\varphi_n^0, \hat{\mathrm{H}}^0\varphi_n^0) + (\varphi_n^0, V\varphi_n^0) \quad . \tag{2.119}$$

Der erste Term ergibt E_n^0, da die Funktion φ_n^0 nach (2.118) die Eigenfunktion von $\hat{\mathrm{H}}^0$ ist - darin liegt der Vorteil dieser Aufspaltung von $\hat{\mathrm{H}}$ -, den zweiten Term wollen wir mit V_{nn} abkürzen. Es ist *der Erwartungswert des Störpotentials zum ungestörten Zustand* φ_n^0. In erster Näherung sind also die Eigenwerte durch

$$E_n = E_n^0 + V_{nn} \tag{2.120}$$

gegeben. (2.120) werden wir bei vielen Anwendungen benutzen, insbesondere dann, wenn wir auf ein bekanntes System ein äußeres Feld wirken lassen (s. **MB7**). Die zum äußeren Feld proportionalen Reaktionen des Systems (z. B. die Polarisierbarkeit) werden genau durch (2.120) beschrieben.

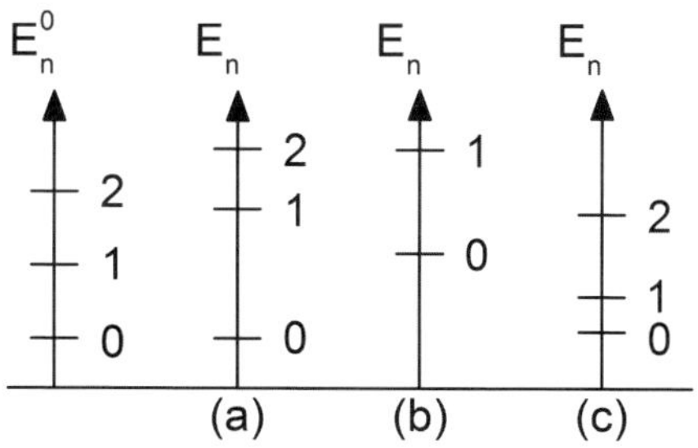

Abb. 2.30 Die Störungsrechnung ist in den Fällen (a) und (b), nicht im Fall (c) anwendbar

Noch eine Bemerkung zum „schwachen“ Störpotential. (2.120) ist nur dann anwendbar, wenn sich die Abstände zwischen den Eigenwerten durch die Störung nicht wesentlich verschieben. Das trifft in Abb. 2.30 in den Fällen a) und b), nicht im Fall c) zu.

Unter Störungsrechnung versteht man allgemeiner eine Berechnung der Differenz $E_n - E_n^0$ in nach Potenzen des Störpotentials geordneten Beiträgen. (2.120) stellt das erste Glied dieser Entwicklung dar.

2.4.4 Aufgaben

2.10. Durch Variation ist die Energie im Grundzustand des Wasserstoffatoms zu berechnen. Als Ansatz für die Wellenfunktion verwende man

$$\psi(\mathbf{r}) = Ae^{-\alpha r/a_0} \quad , \quad a_0 = \frac{\hbar^2}{m \in^2} \tag{2.121}$$

mit α als dimensionslosem Variationsparameter.

2.11. Der Hamilton-Operator eines zweidimensionalen harmonischen Oszillators ist gegeben durch

$$\hat{\mathrm{H}} = \frac{\hat{\mathrm{p}}_x^2}{2m} + \frac{\hat{\mathrm{p}}_y^2}{2m} + \frac{m\omega^2}{2}x^2 + \frac{m\omega^2}{2}y^2 \quad . \tag{2.122}$$

Berechnen Sie mit Störungstheorie erster Ordnung die durch das Störungspotential

$$V(x,y) = \lambda x^2 y^2 \tag{2.123}$$

bewirkte Energieverschiebung im Grundzustand.

2.12. Berechnen Sie mit Hilfe des Ritzschen Variationsverfahrens die Energie des 1. angeregten Zustandes eines eindimensionalen harmonischen Oszillators. Benutzen Sie als Testfunktion

$$\psi_1(x) = Ax\exp(-\frac{\alpha}{2}x^2) \ . \tag{2.124}$$

Hinweis: Benutzen Sie die Integrale:

$$\int_{-\infty}^{\infty} \exp(-\alpha x^2)dx = \frac{\sqrt{\pi}}{\alpha^{1/2}} \ , \tag{2.125}$$

$$\int_{-\infty}^{\infty} x^2 \exp(-\alpha x^2)dx = \frac{\sqrt{\pi}}{2\alpha^{3/2}}, \tag{2.126}$$

$$\int_{-\infty}^{\infty} x^4 \exp(-\alpha x^2)dx = \frac{3\sqrt{\pi}}{4\alpha^{5/2}} \ . \tag{2.127}$$

Kapitel 3
Darstellung und Zeitablauf physikalischer Größen

3.1 Darstellung physikalischer Größen

Zusammenfassung: Der mittlere Messwert einer physikalischen Größe ist durch den Erwartungswert des die physikalische Größe repräsentierenden Operators im betrachteten Zustand gegeben. Die Abweichungen der Einzelmessungen vom Erwartungswert werden durch die mittlere quadratische Schwankung beschrieben. Sie verschwindet für die Eigenfunktionen des betrachteten Operators. Jeder hermitesche Operator besitzt ein orthonormiertes und vollständiges System von Eigenfunktionen.

3.1.1 Erwartungswert des Ortes und des Impulses

In Abschn. 1.5.3 haben wir kennengelernt, dass $|\psi(\mathbf{r},t)|^2 d^3\mathbf{r}$ die Wahrscheinlichkeit bedeutet, ein Teilchen zur Zeit t im Volumenelement $d^3\mathbf{r}$ um den Punkt $\mathbf{r}$ anzutreffen. In Abb. 3.1 ist für den eindimensionalen Fall diese Größe durch die schraffierte Fläche gegeben. Nehmen wir nun an, wir messen den Ort des Teilchens. Dann können wir das Teilchen überall dort antreffen, wo $|\psi|^2 \neq 0$ ist. Führen wir viele Ortsmessungen an einem Ensemble von gleichartigen (gleiches Potential, gleiche Anfangswellenfunktion) Systemen durch, dann werden wir die verschiedenen Lagen x mit einer Häufigkeit antreffen, die proportional zu $|\psi|^2$ ist. *Den Mittelwert dieser Messungen nennt man Erwartungswert.* Wir schreiben

$$\bar{x} = \int_{-\infty}^{+\infty} dx |\psi(x,t)|^2 \, x \,, \qquad \bar{\mathbf{r}} = \int d^3\mathbf{r} \, |\psi(\mathbf{r},t)|^2 \, \mathbf{r} \tag{3.1}$$

je nach dem, ob wir eine eindimensionale oder dreidimensionale Bewegung betrachten. In der Schreibweise (1.157) mit dem Skalarprodukt hat (3.1) die Form

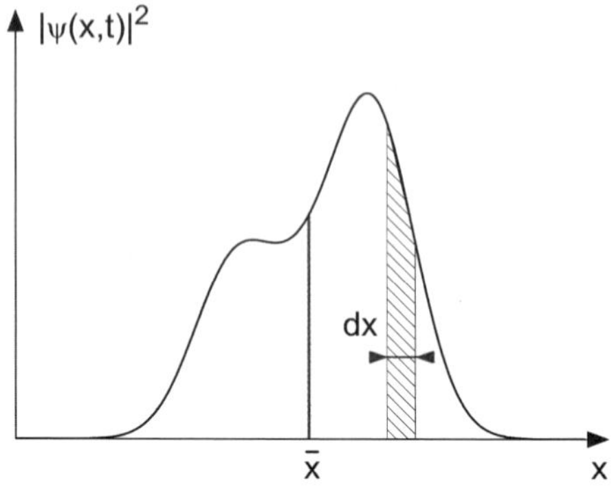

Abb. 3.1 Zur Bestimmung des Mittelwertes.

$$\bar{x} = (\psi, x\psi) \;, \qquad \bar{\mathbf{r}} = (\psi, \mathbf{r}\psi) \;. \tag{3.2}$$

Versuchen wir jetzt das Ergebnis einer Impulsmessung zu finden. Die Wellenfunktion eines freien Teilchens, die ebene Welle (1.148), charakterisiert einen Zustand mit dem Impuls $\boldsymbol{p} = \hbar\boldsymbol{k}$. Eine Impulsmessung in diesem Zustand muss also stets den Wert $\hbar\boldsymbol{k}$ liefern. Dagegen ist das Wellenpaket (1.29)

$$\psi(\mathbf{r},t) = \int \frac{d^3\mathbf{k}}{(2\pi)^3}\, f(\mathbf{k}) e^{-i[\omega(\mathbf{k})t - \mathbf{k}\cdot\mathbf{r}]} \tag{3.3}$$

aus ebenen Wellen verschiedener Wellenlängen (d.h. verschiedener Impulse) aufgebaut. Bei Impulsmessungen an Systemen eines Ensembles (wiederum Systeme, deren Wellenfunktionen $\psi(\mathbf{r},t)$ gleich sind) werden wir also Werte in einem Impulsbereich erwarten, für den $|f(\mathbf{k})|^2 \neq 0$ ist, der Bereich Δk in Abb. 3.2. Die Wahr-

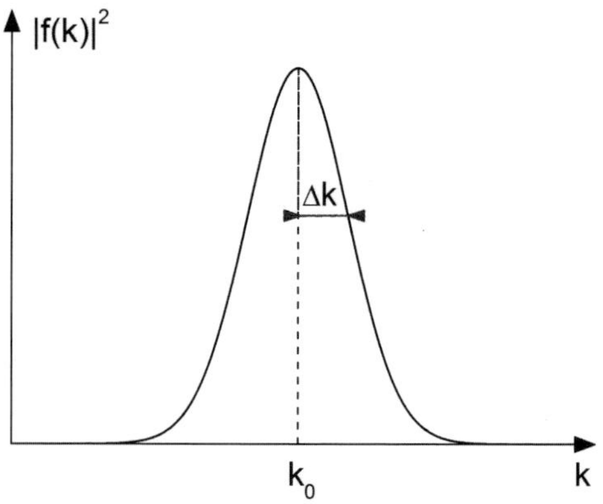

Abb. 3.2 Mittelwert der Impulsverteilung.

scheinlichkeit, einen Impuls im Intervall $d^3\mathbf{k}$ zu messen, können wir mit genauen Vorfaktoren aus der Normierungsbedingung ablesen. Auch für die Impulsmessung gilt: Die Wahrscheinlichkeit, irgendeinen Impuls zu messen, muss Eins sein.

$$\begin{aligned}(\psi,\psi) &= \int \frac{d^3\mathbf{k}'d^3\mathbf{k}}{(2\pi)^3}\, f^\star(\mathbf{k}')f(\mathbf{k})\, e^{-i(\omega(\mathbf{k})-\omega(\mathbf{k}'))t} \int \frac{d^3\mathbf{r}}{(2\pi)^3} e^{i(\mathbf{k}-\mathbf{k}')\cdot\mathbf{r}} \\ &= \int \frac{d^3\mathbf{k}}{(2\pi)^3}\, |f(\mathbf{k})|^2 = 1\,.\end{aligned} \tag{3.4}$$

Die Ortsintegration in (3.4) liefert $\delta(\mathbf{k}-\mathbf{k}')$, wonach die Ausführung der $\mathbf{k}'$-Integration zum Endergebnis führt. Somit ist $d^3\mathbf{k}|f(\mathbf{k})|^3/(2\pi)^3$ die Wahrscheinlichkeit dafür, einen Impuls im Intervall $d^3\mathbf{p} = \hbar^3 d^3\mathbf{k}$ um den Wert $\hbar\mathbf{k}$ herum zu messen.

Der mittlere Messwert des Impulses ist daher

$$\bar{\hat{\mathbf{p}}} = \int \frac{d^3\mathbf{k}}{(2\pi)^3}\, |f(\mathbf{k})|^2\hbar\mathbf{k}\,. \tag{3.5}$$

Führt man (3.5) in eine Ortsintegration über, indem man eine Umformung wie in (3.4) vornimmt, so erhält man

$$\bar{\hat{\mathbf{p}}} = \int d^3\mathbf{r}\ \psi^\star \left(\frac{\hbar}{i}\frac{\partial}{\partial\mathbf{r}}\right)\psi = (\psi,\hat{\mathbf{p}}\psi)\,. \tag{3.6}$$

Der mittlere Messwert des Impulses im Zustand ψ ergibt sich als Erwartungswert $(\psi,\hat{\mathbf{p}}\psi)$ des Impulsoperators $\hat{\mathbf{p}}$ in diesem Zustand. Die Gleichheit von (3.5) und (3.6) kann man leicht erkennen. Man denke sich in (3.4) den Impulsoperator unter der Ortsintegration hinzugefügt. Bei der Anwendung auf die ebene Welle kann er durch einen Faktor $\hbar\mathbf{k}$ ersetzt werden.

3.1.2 Erwartungswerte physikalischer Größen

Die Ergebnisse für Ort und Impuls aus Abschn. 3.1.1 sollen jetzt verallgemeinert und Aussagen über beliebige physikalische Größen gewonnen werden. In der klassischen Mechanik sind physikalische Größen bestimmte Funktionen $A(\mathbf{p},\mathbf{r})$ von Impuls und Ort, z.B. die kinetische Energie und der Drehimpuls. Den Messwert zu einer Zeit t erhält man, indem man die Werte $\mathbf{r}(t)$ und $\mathbf{p}(t)$ entsprechend der Bahnkurve des betrachteten Teilchens einsetzt.

In der Quantenmechanik werden physikalische Größen durch hermitesche Operatoren $\hat{\mathrm{A}}(\hat{\mathbf{p}},\mathbf{r})$ charakterisiert. Man erhält sie, indem man in der klassischen Funktion den Impuls durch den Operator $\hat{\mathbf{p}} = (\hbar/i)\partial/\partial\mathbf{r}$ ersetzt. Der mittlere Messwert zur Zeit t ist der Erwartungswert

$$\overline{\hat{\mathrm{A}}}(t) = \int d^3\mathbf{r}\ \psi^\star(\mathbf{r},t)\hat{\mathrm{A}}(\hat{\mathbf{p}},\mathbf{r})\psi(\mathbf{r},t) = (\psi,\hat{\mathrm{A}}\psi)\,. \tag{3.7}$$

Beispiele haben wir mit dem Ort (3.2), dem Impuls (3.6) und mit der Energie (2.10) kennengelernt.

Die Bildung von $\hat{A}(\hat{\mathbf{p}},\mathbf{r})$ kann nach der angegebenen Regel nicht eindeutig sein. So ist zwar $\mathbf{r}\cdot\mathbf{p}=\mathbf{p}\cdot\mathbf{r}$ aber $\mathbf{r}\cdot\hat{\mathbf{p}}\neq\hat{\mathbf{p}}\cdot\mathbf{r}$, da $\hat{\mathbf{p}}$ in $\hat{\mathbf{p}}\cdot\mathbf{r}$ auch auf $\mathbf{r}$ operiert. Diese Unklarheit wird durch die Forderung beseitigt, dass $\hat{A}(\hat{\mathbf{p}},\mathbf{r})$ ein hermitescher Operator sein muss, da nur für diese, wie in Abschn. (2.1.4) gezeigt wurde, die Erwartungswerte reell sind.

Zusammenfassend können wir feststellen:

Physikalische Größen werden durch hermitesche Operatoren $\hat{A}(\hat{\mathbf{p}},\mathbf{r})$ beschrieben, die die Relation $(\chi,\hat{A}\psi)=(\hat{A}\chi,\psi)$ erfüllen. Der mittlere Messwert im Zustand ψ ist der Erwartungswert $\overline{\hat{A}}=(\psi,\hat{A}\psi)$. (3.8)

3.1.3 Eigenwerte und Eigenzustände

Betrachten wir ein Teilchen in einem Zustand $\varphi(x)=\psi(x,t_0)$. Der mittlere Messwert des Ortes x ist der Erwartungswert (3.2). Bei Einzelmessungen erhalten wir Werte, die in einem Bereich Δx um x herum schwanken, wobei Δx entsprechend Abb. (3.3) den Bereich angibt, in dem $\mid\varphi\mid^2$ wesentlich von Null verschieden ist. Ein Maß für dic Größe der Abweichungen der Einzelmessungen vom Mittelwert ist die *mittlere quadratische Schwankung*

$$\begin{aligned}(\Delta x)^2 &= \overline{(x-\overline{x})^2}\\ &= \int dx\,\varphi^\star\left(x^2-2x\overline{x}+\overline{x}^2\right)\varphi\\ &= \overline{x^2}-\overline{x}^2\,.\end{aligned} \tag{3.9}$$

Sie kann bei der Messung beliebiger physikalischer Größen definiert werden

$$(\Delta\hat{A})^2=\overline{(\hat{A}-\overline{\hat{A}})^2}=\overline{\hat{A}^2}-\overline{\hat{A}}^2\,. \tag{3.10}$$

Es kann nun Zustände χ geben, für die $\Delta\hat{A}=0$ gilt. Bei der Messung von $\hat{A}$ im Zustand χ schwankt der Messwert nicht, bei jeder einzelnen Messung wird der gleiche Wert gemessen. Einen solchen Zustand nennen wir einen *Eigenzustand* von $\hat{A}$ und a den zugehörigen *Eigenwert*.

Ein Beispiel haben wir mit den Eigenzuständen von $\hat{H}$, den Lösungen der zeitunabhängigen Schrödingergleichung (2.4), schon kennengelernt:

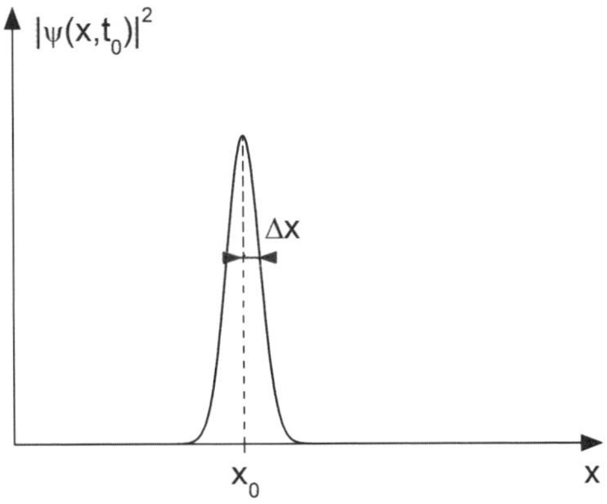

Abb. 3.3 Schwankung der Messwerte um den Erwartungswert.

$$
\begin{aligned}
\hat{\mathrm{H}}\varphi_n &= E_n\varphi_n\,, \qquad (\varphi_n,\varphi_n) = 1,\\
\overline{\hat{\mathrm{H}}} &= E_n = (\varphi_n,\hat{\mathrm{H}}\varphi_n),\\
(\Delta E)^2 &= (\varphi_n,\hat{\mathrm{H}}^2\varphi_n) - E_n^2 = 0\,.
\end{aligned}
\tag{3.11}
$$

(3.11) gilt in gleicher Weise für jeden Operator $\hat{\mathrm{A}}(\hat{\mathbf{p}},\mathbf{r})$.

$$
\hat{\mathrm{A}}\chi_n = a_n\chi_n, \quad (\chi_n,\chi_n) = 1, \quad \Delta\hat{\mathrm{A}} = 0 \tag{3.12}
$$

ist also die Bestimmungsgleichung für die Eigenfunktionen $\chi_0,\chi_1,\ldots,\chi_n,\ldots$ und die Eigenwerte $a_0,a_1,\ldots,a_n,\ldots$ von $\hat{\mathrm{A}}$, wobei entsprechend der Wahrscheinlichkeitsbedeutung der Wellenfunktionen nur solche Lösungen physikalische Zustände darstellen, die normierbar sind. Für die Eigenfunktionen χ_n gilt das über die Eigenfunktionen von $\hat{\mathrm{H}}$ Gesagte, da die Betrachtungen in Abschn. 2.1.5 nur von der Hermitizität, nicht von der speziellen Bedeutung von $\hat{\mathrm{H}}$ Gebrauch machen. *Die Eigenfunktionen χ_n stellen ein normierbares, orthogonales und vollständiges Funktionensystem dar.*

Betrachten wir als Beispiel den Impulsoperator $\hat{\mathrm{A}} = \hat{\mathbf{p}}$

$$
\hat{\mathbf{p}}\chi_p = \mathbf{p}\chi_p, \qquad \chi_p = \frac{1}{\sqrt{\Omega}}e^{i\mathbf{p}\cdot\mathbf{r}/\hbar}\,. \tag{3.13}
$$

Die Eigenfunktionen sind ebene Wellen zum Wellenvektor $\mathbf{p}/\hbar$. Die Entwicklung einer Funktion nach ebenen Wellen, das Fourierintegral, ist unter diesem Gesichtspunkt als eine Entwicklung nach den Eigenfunktionen des Impulses aufzufassen. (3.13) reproduziert auch die Aussage, dass eine ebene Welle einen Zustand zu einem bestimmten Impuls $\mathbf{p}$ charakterisiert. Bei Impulsmessungen im Zustand χ_p ergibt sich $\Delta\hat{\mathbf{p}} = 0$.

3.1.4 Aufgaben

3.1. Man zeige, dass der Erwartungswert des Impulses in einem zum diskreten Spektrum gehörigen stationären Zustand verschwindet.

3.2. Der Erwartungswert des Impulses bei der eindimensionalen Bewegung errechnet sich bekanntlich nach der Formel

$$\overline{\hat{\mathrm{p}}_x} = \frac{\hbar}{i} \int_{-\infty}^{+\infty} dx \, \psi^\star(x) \frac{d}{dx} \psi(x) \, . \tag{3.14}$$

Es ist zu zeigen, dass dieser Mittelwert auch durch die „symmetrisierte" Formel

$$\overline{\hat{\mathrm{p}}_x} = \frac{\hbar}{2i} \int_{-\infty}^{+\infty} dx \left(\psi^\star(x) \frac{d}{dx} \psi(x) - \psi(x) \frac{d}{dx} \psi^\star(x) \right) \tag{3.15}$$

dargestellt werden kann.
Hinweis:
Man untersuche das Integral

$$\int_{-\infty}^{+\infty} dx \, \frac{d}{dx} (\psi^\star(x) \psi(x)) \tag{3.16}$$

mit Hilfe der Grenzbedingungen für die Wellenfunktion.

3.3. Berechnen Sie den Erwartungswert des Operators $\hat{\rho} = e^{-\beta \hat{H}}$ (β: relle Konstante) für Eigenzustände von $\hat{H}$, die als Lösungen der Eigenwertgleichung $\hat{H} \, \psi_n = E_n \, \psi_n$ gegeben sind.

3.2 Zeitablauf physikalischer Größen

Zusammenfassung: Die zeitliche Veränderung des Erwartungswertes von $\hat{\mathrm{A}}$ wird durch die Vertauschung $[\hat{\mathrm{H}}, \hat{\mathrm{A}}]$ bestimmt. Mit $\hat{\mathrm{H}}$ vertauschbare Größen sind Erhaltungsgrößen. Zu zwei vertauschbaren Operatoren lässt sich ein gemeinsames System von Eigenfunktionen finden. Die Schwerpunktbewegung eines Wellenpaketes genügt der Newtonschen Grundgleichung, falls sich das Kraftfeld im Bereich des Wellenpaketes nur unwesentlich ändert. Ein Wellenpaket breitet sich im Zeitablauf mit der Gruppengeschwindigkeit aus und fließt auseinander.

3.2.1 Allgemeine zeitabhängige Lösung der Schrödingergleichung

Die Schrödingergleichung (1.158)

$$-\frac{\hbar}{i}\frac{\partial}{\partial t}\psi = \hat{\mathrm{H}}\psi, \quad \hat{\mathrm{H}} = -\frac{\hbar^2}{2m}\Delta + V(\mathbf{r}), \quad (\psi,\psi) = 1 \tag{3.17}$$

ist eine Differentialgleichung erster Ordnung bezüglich der Zeit. Gibt man die Wellenfunktion zu einer Anfangszeit mit $\psi(\mathbf{r},0) = \varphi(\mathbf{r})$ vor, dann liefert (3.17) den Zeitablauf von ψ. Der Weg zur Bestimmung von $\psi(\mathbf{r},t)$ wurde schon in Abschnitt 2.1.1 angedeutet. Spezielle Lösungen (zu einer bestimmten Energie) von (3.17) sind die *stationären Lösungen* (2.2)

$$\psi_n(\mathbf{r},t) = \varphi_n(\mathbf{r})e^{-\frac{i}{\hbar}E_n t}, \quad \hat{\mathrm{H}}\varphi_n = E_n\varphi_n\,. \tag{3.18}$$

Die allgemeine Lösung (2.5) erhält man, indem man die verschiedenen stationären Lösungen mit beliebigen Gewichten c_n überlagert:

$$\psi(\mathbf{r},t) = \sum_n c_n\psi_n(\mathbf{r},t) = \sum_n c_n\varphi_n e^{-\frac{i}{\hbar}E_n t}, \quad \sum_n |\, c_n\,|^2 = 1. \tag{3.19}$$

Die zweite Gleichung sichert die Normierung von ψ. Wir können jetzt die c_n so bestimmen, dass

$$\psi(\mathbf{r},0) = \varphi(\mathbf{r}) = \sum_n c_n\varphi_n(\mathbf{r}) \tag{3.20}$$

gilt. Dazu multiplizieren wir (3.20) mit $\varphi_m^\star$ und integrieren über den Ort. Dabei verwenden wir die Normierungs- und Orthogonalitätsgleichung (2.7)

$$(\varphi_m,\varphi) = \sum_n c_n(\varphi_m,\varphi_n) = \sum_n c_n\delta_{m,n} = c_m. \tag{3.21}$$

Der Wert von (3.21) wird in (3.20) eingesetzt und führt auf

$$\psi(\mathbf{r},t) = \sum_n \varphi_n(\mathbf{r})(\varphi_n,\varphi)e^{-\frac{i}{\hbar}E_n t} \tag{3.22}$$

als allgemeine Lösung. Man sieht, dass $\psi(\boldsymbol{r},t)$ für $t = 0$ aufgrund der Vollständigkeitsrelation (2.20) in die richtige Anfangsverteilung übergeht:

$$\begin{aligned}\sum_n \varphi_n(\mathbf{r})(\varphi_n,\varphi) &= \int d^3\mathbf{r}'\,\sum_n \varphi(\mathbf{r})\varphi_n^\star(\mathbf{r}')\varphi(\mathbf{r}') \\ &= \int d^3\mathbf{r}'\,\delta(\mathbf{r}-\mathbf{r}')\varphi(\mathbf{r}') = \varphi(\mathbf{r}).\end{aligned} \tag{3.23}$$

3.2.2 Zeitliche Änderung von Erwartungswerten

Der Erwartungswert einer physikalischen Größe ist durch (3.7) definiert. Um seine *zeitliche Änderung* untersuchen zu können, müssen wir uns daran erinnern, dass die zeitliche Änderung von ψ durch die Schrödingergleichung gegeben ist und dass nur hermitesche Operatoren physikalische Größen darstellen können:

$$\begin{aligned} \overline{\hat{\mathrm{A}}}(t) &= \int d^3\mathbf{r}\ \psi^\star(\mathbf{r},t)\hat{\mathrm{A}}(\hat{\mathbf{p}},\mathbf{r},t)\psi(\mathbf{r},t) = (\psi,\hat{\mathrm{A}}\psi), \\ -\frac{\hbar}{i}\frac{\partial}{\partial t}\psi &= \hat{\mathrm{H}}\psi, \quad (\chi,\hat{\mathrm{A}}\psi) = (\hat{\mathrm{A}}\chi,\psi). \end{aligned} \tag{3.24}$$

Wir schließen dabei in unsere Betrachtungen physikalische Größen ein, die explizit von der Zeit abhängen (wie ein zeitlich veränderliches Potential). Dann wird

$$\begin{aligned} \dot{\overline{\hat{\mathrm{A}}}} &= (\dot{\psi},\hat{\mathrm{A}}\psi) + (\psi,\hat{\mathrm{A}}\dot{\psi}) + (\psi,\dot{\hat{\mathrm{A}}}\psi) \\ &= \left(-\frac{i}{\hbar}\hat{\mathrm{H}}\psi,\hat{\mathrm{A}}\psi\right) + \left(\psi,-\frac{i}{\hbar}\hat{\mathrm{A}}\hat{\mathrm{H}}\psi\right) + (\psi,\dot{\hat{\mathrm{A}}}\psi) \\ &= \frac{i}{\hbar}\{(\psi,\hat{\mathrm{H}}\hat{\mathrm{A}}\psi) - (\psi,\hat{\mathrm{A}}\hat{\mathrm{H}}\psi)\} + (\psi,\dot{\hat{\mathrm{A}}}\psi) \\ &= \frac{i}{\hbar}\overline{[\hat{\mathrm{H}}\hat{\mathrm{A}} - \hat{\mathrm{A}}\hat{\mathrm{H}}]} + \overline{\partial\hat{\mathrm{A}}/\partial t}. \end{aligned} \tag{3.25}$$

Zuerst werden nach der Produktregel die verschiedenen Faktoren nach der Zeit differenziert. In der zweiten Zeile wird die zeitliche Änderung der Wellenfunktion mittels der Schrödingergleichung eliminiert, und dann wird von der Hermitezität von $\hat{\mathrm{H}}$ Gebrauch gemacht. Man beachte dabei, dass i aus der linken Seite des Skalarproduktes herausgezogen $-i$ ergibt, da in der ausführlichen Schreibweise alle links im Skalarprodukt stehenden Größen mit ihren konjugiert komplexen Werten auftreten. In der letzten Zeile von (3.25) ist schließlich die Erwartungswertbildung durch einen Querstrich beschrieben worden. Führt man noch die *Minusvertauschung*

$$[\hat{\mathrm{A}},\hat{\mathrm{B}}] = \hat{\mathrm{A}}\hat{\mathrm{B}} - \hat{\mathrm{B}}\hat{\mathrm{A}} \tag{3.26}$$

ein, dann erhält man

$$\dot{\overline{\hat{\mathrm{A}}}} = \frac{i}{\hbar}\overline{[\hat{\mathrm{H}},\hat{\mathrm{A}}]} + \overline{\frac{\partial\hat{\mathrm{A}}}{\partial t}}\ . \tag{3.27}$$

Die zeitliche Änderung beliebiger physikalischer Größen wird durch den Hamiltonoperator des Systems festgelegt.

3.2.3 Erhaltungsgrößen

In der klassischen Mechanik nennen wir eine physikalische Größe $\hat{\mathrm{A}}(\mathbf{p},\mathbf{r})$ eine Erhaltungsgröße, wenn für eine beliebige Lösung der Newtonschen Grundgleichung $\mathbf{r}(t),\mathbf{p}(t)$ der Ausdruck $A(\mathbf{p}(t),\mathbf{r}(t))$ zeitunabhängig ist, d.h. $\dot{A} = 0$ gilt. In der Quantenmechanik ist $\hat{\mathrm{A}}$ *eine Erhaltungsgröße, wenn* für beliebige Lösungen der Schrödingergleichung *der Erwartungswert* $\overline{\hat{A}}$ *zeitunabhängig ist.*

Damit diese Bedingung erfüllt ist, darf die betrachtete Größe zunächst nicht explizit von der Zeit abhängen, d.h., es muss $\partial\hat{\mathrm{A}}/\partial t = 0$ gelten. Beschränken wir uns auf die Betrachtung solcher Größen, dann ist die physikalische Größe $\hat{\mathrm{A}}$ eine Erhaltungsgröße, wenn entsprechend

$$\dot{\overline{\hat{\mathrm{A}}}} = 0 \quad \text{für} \quad [\hat{\mathrm{H}}, \hat{\mathrm{A}}] = 0 \tag{3.28}$$

$\hat{\mathrm{A}}$ mit $\hat{\mathrm{H}}$ vertauschbar ist. (Vertauschbar nennen wir zwei Operatoren, wenn deren Minusvertauschung verschwindet.) Wie in der klassischen Mechanik durch die Hamiltonfunktion H, werden in der Quantenmechanik die Erhaltungsgrößen durch Eigenschaften von $\hat{\mathrm{H}}$ bestimmt!

Betrachten wir verschiedene Erhaltungsgrößen, die sofort erkennbar sind:
(1) $\hat{\mathrm{A}} = 1$. Einen Zahlenfaktor kann man links oder rechts von $\hat{\mathrm{H}}$ schreiben, er ist mit $\hat{\mathrm{H}}$ vertauschbar. Der zugehörige Erwartungswert $\overline{\hat{\mathrm{A}}} = (\psi, 1 \cdot \psi)$ ist die Normierung. Die Normierung ist eine Erhaltungsgröße. Das ist zu erwarten; die Wahrscheinlichkeit, das Teilchen irgendwo im Raum zu finden, bleibt im Zeitablauf Eins.

Aus dieser Betrachtung können wir weitergehende Schlussfolgerungen ziehen. Für die hier betrachteten Teilchen ist die Wellengleichung von erster Ordnung in der Zeit, $\dot{\psi}$ ist durch die Wellengleichung bestimmt. Das ermöglicht über die Umformungen (3.25) die Aussage über die Erhaltung der Normierung. Wäre die Wellengleichung von zweiter Ordnung in der Zeit, dann könnte man $\dot{\psi}$ (neben ψ) beliebig vorgeben. Damit wären beliebige zeitliche Änderungen der Normierung konstruierbar. Das heißt, man könnte die Erzeugung oder Vernichtung von Teilchen beschreiben, je nachdem ob sich die Normierung vergrößert oder verkleinert. Eine Wellengleichung für Teilchen, die einer Teilchenzahlerhaltung unterliegen, muss daher von erster Ordnung in der Zeit sein. Das trifft für Elektronen zu. (Die Paarerzeugung widerspricht dem nicht. Sie wird in der relativistischen Beschreibung erfasst.) Dagegen darf die Wellengleichung für Teilchen, die erzeugt oder vernichtet werden können, nicht von erster Ordnung in der Zeit sein. So ist die Wellengleichung für Photonen (1.20) von zweiter Ordnung in der Zeit.
(2) $\hat{\mathrm{A}} = e, m$. Mit der Teilchenzahl bleiben auch Ladung und Masse des Elektrons erhalten.
(3) $\hat{\mathrm{A}} = \hat{\mathrm{H}}$. Ein Operator ist mit sich selbst vertauschbar. Die Energie, die der Operator $\hat{\mathrm{H}}$ charakterisiert, ist eine Erhaltungsgröße. Für diese Aussage ist die oben angeführte Einschränkung wesentlich. *Die Energie ist eine Erhaltungsgröße, falls der Hamiltonoperator* $\hat{H}$ *zeitunabhängig ist.* Das ist die gleiche Aussage wie in der klassischen Mechanik. Sie weist wieder darauf hin, dass die Energieerhaltung mit der *Invarianz des Systems gegen Translationen der Zeit* verknüpft ist, unabhängig davon, welche Bewegungsgleichungen das System beschreiben.
(4) Bei der Untersuchung des Wasserstoffatoms (Abschn. 4) werden wir sehen, dass für kugelsymmetrische Potentiale $V(\boldsymbol{r}) = V(r)$ der Drehimpuls $\hat{\mathrm{A}} = \hat{\mathbf{L}} = \mathbf{r} \times \hat{\mathbf{p}}$ eine Erhaltungsgröße ist. Auch dieses Ergebnis ist aus der klassischen Mechanik (sie-

he Tab. 1.1) bekannt. Es zeigt, dass bei Systemen, die gegen räumliche Drehungen invariant sind, der Drehimpuls eine Erhaltungsgröße ist.

Es soll auf eine weitere Eigenschaft von Erhaltungsgrößen hingewiesen werden. Wesentlich für diese Aussage wird sein, dass die beiden betrachteten Größen, hier $\hat{\mathrm{H}}$ und $\hat{\mathrm{A}}$, vertauschbar sind. Daher gilt sie analog für *beliebige vertauschbare hermitesche Operatoren.*

Auf die Eigenwertgleichung von $\hat{\mathrm{H}}$, die zeitunabhängige Schrödingergleichung, wenden wir den Operator $\hat{\mathrm{A}}$ an und berücksichtigen die Vertauschbarkeit von $\hat{\mathrm{H}}$ und $\hat{\mathrm{A}}$

$$\begin{aligned} \hat{\mathrm{H}}\varphi_n &= E_n\varphi_n, \qquad & \hat{\mathrm{A}}\hat{\mathrm{H}}\varphi_n &= E_n\hat{\mathrm{A}}\varphi_n \,, \\ \left[\hat{\mathrm{H}},\hat{\mathrm{A}}\right] &= 0, & \hat{\mathrm{H}}(\hat{\mathrm{A}}\varphi_n) &= E_n(\hat{\mathrm{A}}\varphi_n)\,. \end{aligned} \tag{3.29}$$

Man erhält eine Eigenwertgleichung, in der $\hat{\mathrm{A}}\varphi_n$ eine Eigenfunktion von $\hat{\mathrm{H}}$ zum Eigenwert E_n ist. Gibt es zu dem Eigenwert E_n nur die eine Eigenfunktion φ_n, dann muss $\hat{\mathrm{A}}\varphi_n = a\varphi_n$ proportional zu φ_n sein. Das heißt, dass φ_n auch eine Eigenfunktion von $\hat{\mathrm{A}}$ ist. Die beiden vertauschbaren Operatoren haben also ein gemeinsames System von Eigenfunktionen.

Das ist die gesuchte Aussage. Aus der Kenntnis von Erhaltungsgrößen kann man aus den Eigenfunktionen dieser Erhaltungsgrößen schon weitgehende Aussagen über die Eigenfunktionen der Schrödingergleichung gewinnen. Eine analoge Aussage kennen wir aus der klassischen Mechanik, wo aus den Erhaltungsgrößen Schlüsse über die Bahnkurve gezogen werden können. So ist bekannt, dass die Drehimpulserhaltung im Zentralkraftfeld zu der Einschränkung führt, dass die Bahnkurve in einer Ebene liegt.

Falls Entartung vorliegt, d.h., falls zu einem Eigenwert E_n von $\hat{\mathrm{H}}$ mehrere Eigenfunktionen existieren, dann kann aus (3.29) nur der Schluss gezogen werden, dass $\hat{\mathrm{A}}\varphi_n$ eine Linearkombination der entarteten Funktionen ergibt. Man kann aber gleich solche Funktionen φ_n auswählen, die Eigenfunktionen zu $\hat{\mathrm{A}}$ sind. Daher gilt:

Zu zwei vertauschbaren Operatoren lässt sich stets, auch bei Entartung, ein gemeinsames System von Eigenfunktionen finden

$$[\hat{\mathrm{A}},\hat{\mathrm{B}}] = 0 \;\rightarrow\; \hat{\mathrm{A}}\varphi_n = a_n\varphi_n, \quad \hat{\mathrm{B}}\varphi_n = b_n\varphi_n\,. \tag{3.30}$$

Auf diese Aussage werden wir immer dann zurückgreifen, wenn wir Erhaltungsgrößen zur Berechnung der Eigenfunktionen der Schrödingergleichung ausnutzen wollen.

3.2.4 Ehrenfestsche Sätze

Wir wollen jetzt die Bewegung des Schwerpunktes eines Wellenpaketes betrachten, also $\hat{\mathrm{A}} = \mathbf{r}$ wählen. Aus (3.27) folgt

$$\dot{\bar{\mathbf{r}}} = \frac{i}{\hbar}\overline{[\hat{\mathrm{H}}, \mathbf{r}]}, \quad \hat{\mathrm{H}} = \frac{\hat{\mathbf{p}}^2}{2m} + V(\mathbf{r}) \,. \tag{3.31}$$

In der Vertauschung

$$\frac{i}{\hbar}[\hat{\mathrm{H}}, \mathbf{r}] = \frac{i}{\hbar}\frac{1}{2m}\left(\frac{\hbar}{i}\right)^2 [\Delta, \mathbf{r}] + \frac{i}{\hbar}[V, \mathbf{r}] \tag{3.32}$$

verschwindet der zweite Summand, da es ohne Bedeutung ist, in welcher Reihenfolge man die Ortsfunktionen V und $\mathbf{r}$ schreibt. Dagegen liefert die erste Vertauschung einen Beitrag, da in $\Delta\boldsymbol{r}$ die Differentialoperatoren auf $\mathbf{r}$ wirken, in $\mathbf{r}\;\Delta$ nicht.

Bei der Auswertung von (3.32) muss man beachten, dass in (3.31) rechts von der Vertauschung eine Wellenfunktion steht, die auch zu differenzieren ist. Man erhält

$$\begin{aligned}\Delta\mathbf{r} &= \sum_k\sum_l \mathbf{e}_k \frac{\partial}{\partial x_l}\frac{\partial}{\partial x_l} x_k = \sum_k\sum_l \mathbf{e}_k \frac{\partial}{\partial x_l}\left(\delta_{lk} + x_k \frac{\partial}{\partial x_l}\right) \\ &= \sum_k \mathbf{e}_k \frac{\partial}{\partial x_k} + \sum_k\sum_l \mathbf{e}_k \left(\delta_{lk} + x_k \frac{\partial}{\partial x_l}\right)\frac{\partial}{\partial x_l} \,,\end{aligned} \tag{3.33}$$

$$\Delta\mathbf{r} = 2\sum_k \mathbf{e}_k \frac{\partial}{\partial x_k} + \sum_k \mathbf{e}_k x_k \sum_l \frac{\partial}{\partial x_l}\frac{\partial}{\partial x_l} \,, \tag{3.34}$$

$$\Delta\mathbf{r} = 2\frac{\partial}{\partial\mathbf{r}} + \mathbf{r}\Delta \,. \tag{3.35}$$

Die Auswertung wurde in Komponentenschreibweise durchgeführt. Man kann auch zunächst die x-Komponente Δx auswerten und dann die Komponenten addieren. Der zweite Term in (3.35) hebt sich in der Minusvertauschung heraus. Es verbleibt

$$\frac{i}{\hbar}[\hat{\mathrm{H}}, \mathbf{r}] = \frac{1}{2m}\frac{\hbar}{i}2\frac{\partial}{\partial\mathbf{r}} = \frac{\hat{\mathbf{p}}}{m} \tag{3.36}$$

Die Schwerpunktsgeschwindigkeit und der Schwerpunktsimpuls

$$m\dot{\bar{\mathbf{r}}} = (\psi, \hat{\mathbf{p}}\psi) = \bar{\hat{\mathbf{p}}} \tag{3.37}$$

sind durch den Erwartungswert des Impulses gegeben. Betrachten wir nun die *Schwerpunktsbeschleunigung*

$$m\ddot{\bar{\mathbf{r}}} = \dot{\bar{\hat{\mathbf{p}}}} = \frac{i}{\hbar}\overline{[\hat{\mathrm{H}}, \hat{\mathbf{p}}]}, \tag{3.38}$$

die sich als zeitliche Änderung des Erwartungswertes des Impulses ergibt. Mit

$$\frac{i}{\hbar}[\hat{\mathrm{H}}, \hat{\mathbf{p}}] = \left[V, \frac{\partial}{\partial\mathbf{r}}\right] = V\frac{\partial}{\partial\mathbf{r}} - \frac{\partial}{\partial\mathbf{r}}V = -\frac{\partial V}{\partial\mathbf{r}} = \mathbf{F}(\mathbf{r}) \tag{3.39}$$

wird

$$m\ddot{\bar{\mathbf{r}}} = \overline{\mathbf{F}(\mathbf{r})} \approx \mathbf{F}(\bar{\mathbf{r}}) \,. \tag{3.40}$$

Falls sich das Kraftfeld im Bereich des Wellenpaketes praktisch nicht ändert, kann der Erwartungswert der Kraft $\overline{\mathbf{F}(\mathbf{r})}$ durch den Wert der Kraft am Schwerpunkt $\mathbf{F}(\bar{\mathbf{r}})$ ersetzt werden. *Dann genügt die Schwerpunktsbewegung der Newtonschen Grundgleichung.* Für makroskopische Körper ist diese Bedingung nach Abschn. 1.5.4 immer erfüllt. Die Welleneigenschaften können nicht beobachtet werden. Die Schrödingergleichung reduziert sich auf die Newtonsehe Grundgleichung für den Schwerpunkt des Wellenpaketes, den klassischen Ort des Teilchens.

3.2.5 Die Heisenbergsche Unbestimmtheitsrelation

Bei der Betrachtung des Wellenpaketes in Abschn. 1.2.3 haben wir eine *Einschränkung für die Breite der Spektralverteilung und die Ausdehnung im Ortsraum* gefunden. Für quantenmechanische Systeme sagt sie aus, dass Ort und Impuls eines Teilchens nicht gleichzeitig mit beliebiger Genauigkeit gemessen werden können. Diese Bedingung soll jetzt streng abgeleitet und verallgemeinert werden.

Wir betrachten zwei physikalische Größen $\hat{\mathrm{A}}$ und $\hat{\mathrm{B}}$. Sind die beiden Größen vertauschbar, dann lässt sich ein gemeinsames System von Eigenfunktionen φ_n (3.27) finden. Da die mittlere quadratische Schwankung in einem Eigenzustand verschwindet (3.11), sind die φ_n Zustände, in denen die Schwankungen von $\hat{\mathrm{A}}$ und $\hat{\mathrm{B}}$ gleichzeitig verschwinden.

$$[\hat{\mathrm{A}},\hat{\mathrm{B}}] = 0 \Rightarrow \Delta\hat{\mathrm{A}} = 0, \quad \Delta\hat{\mathrm{B}} = 0 \,. \tag{3.41}$$

Bei *nichtvertauschbaren Operatoren*, wie Ort und Impuls, gilt dies nicht mehr, und wir interessieren uns gerade für die Größe der Schwankungen in diesem Fall. Die Vertauschung möge den Operator $i\hat{\mathrm{C}}$ ergeben. Wir wollen beweisen, dass durch

$$[\hat{\mathrm{A}},\hat{\mathrm{B}}] = i\hat{\mathrm{C}} \rightarrow \Delta\hat{\mathrm{A}}\cdot\Delta\hat{\mathrm{B}} \geq |\overline{\hat{\mathrm{C}}}|/2 \tag{3.42}$$

eine untere Schranke für das Produkt der Schwankungen im beliebigen Zustand φ gegeben ist. Für Ort und Impuls führt (3.42) auf

$$[\hat{\mathrm{p}},x] = \frac{\hbar}{i}, \quad \Delta p\cdot\Delta x \geq \frac{\hbar}{2} \,. \tag{3.43}$$

Das ist die *Heisenbergsche Unbestimmtheitsrelation*, die wir schon in (1.62) und (1.121) kennengelernt haben. Jetzt sind die Schwankungen mit (3.10) genau definiert.

Den Beweis von (3.42) führen wir in drei Schritten:

(1) Die *Schwarzsche Ungleichung*. Wir betrachten zwei Zustände χ und Φ. Die Funktion Φ lässt sich immer in einen Anteil proportional zu χ und einen Anteil

orthogonal zu χ

$$\Phi = \frac{\chi(\chi,\Phi)}{(\chi,\chi)} + \left[\Phi - \frac{\chi(\chi,\Phi)}{(\chi,\chi)}\right] = \Phi_{\parallel} + \Phi_{\perp} \tag{3.44}$$

zerlegen. (3.44) wird mit $\Phi^{\star}$ multipliziert und integriert

$$\begin{aligned}(\Phi,\Phi) &= \frac{(\Phi,\chi)(\chi,\Phi)}{(\chi,\chi)} + (\Phi_{\perp},\Phi_{\perp}) \,, \\ (\chi,\chi)(\Phi,\Phi) &= |\,(\chi,\Phi)\,|^2 + (\chi,\chi)(\Phi_{\perp},\Phi_{\perp}) \,.\end{aligned} \tag{3.45}$$

Dabei wurde im zweiten Summanden für $\Phi^{\star} = \Phi^{\star}_{\parallel} + \Phi^{\star}_{\perp}$ eingesetzt und $(\Phi_{\parallel},\Phi_{\perp}) = 0$ berücksichtigt. Nach Multiplikation mit (χ,χ) entsteht die zweite Zeile. Da die Norm $(\Phi_{\perp},\Phi_{\perp})$ bzw. (χ,χ) positiv definit ist, gilt

$$(\chi,\chi)(\Phi,\Phi) \geq |(\chi,\Phi)|^2 \,. \tag{3.46}$$

Diese Beziehung wird Schwarzsche Ungleichung genannt.
(2) Wir wählen die zwei Funktionen

$$\begin{aligned}\chi &= [\hat{A} - (\varphi,\hat{A}\varphi)]\varphi, \quad (\chi,\chi) = (\Delta\hat{A})^2 \\ \Phi &= [\hat{B} - (\varphi,\hat{B}\varphi)]\varphi, \quad (\Phi,\Phi) = (\Delta\hat{B})^2\end{aligned} \tag{3.47}$$

deren Norm die mittleren quadratischen Schwankungen $(\Delta\hat{A})^2$ und $(\Delta\hat{B})^2$ im Zustand φ liefert. Für diese Funktionen lautet die Schwarzsche Ungleichung (3.46)

$$(\Delta\hat{A})^2(\Delta\hat{B})^2 \geq |(\varphi,(\hat{A}-\overline{\hat{A}})(\hat{B}-\overline{\hat{B}})\varphi)|^2 \,. \tag{3.48}$$

Das Argument wird entsprechend

$$\begin{aligned}(\hat{A}-\overline{\hat{A}})(\hat{B}-\overline{\hat{B}}) &= [\hat{A}\hat{B} - \hat{B}\hat{A}]/2 \\ &\quad + [(\hat{A}-\overline{\hat{A}})(\hat{B}-\overline{\hat{B}}) + (\hat{B}-\overline{\hat{B}})(\hat{A}-\overline{\hat{A}})]/2 \\ &= i\frac{\hat{C}}{2} + \hat{R} \,, \\ (\Delta\hat{A})^2(\Delta\hat{B})^2 &\geq |i\overline{\hat{C}} + \overline{\hat{R}}|^2\end{aligned} \tag{3.49}$$

umgeformt.
(3) $\hat{C} = -i[\hat{A}\hat{B} - \hat{B}\hat{A}]$ und $\hat{R}$ sind hermitesche Operatoren. Da $\hat{A}$ und $\hat{B}$ voraussetzungsgemäss hermitesche Operatoren sind, gilt mit (2.15)

$$(\chi,\hat{A}\hat{B}\varphi) = (\hat{B}\hat{A}\chi,\varphi) \,. \tag{3.50}$$

Der zu dem Produkt $\hat{A}\hat{B}$ hermitesch konjugierte Operator ist $(\hat{A}\hat{B})^{\dagger} = \hat{B}^{\dagger}\hat{A}^{\dagger}$. Beachtet man noch $(i)^{\dagger} = -i$, so wird

$$\hat{C}^\dagger = (-i[\hat{A}, \hat{B}])^\dagger = i[\hat{B}, \hat{A}] = -i[\hat{A}, \hat{B}] = \hat{C} \ . \tag{3.51}$$

In R gehen erster und zweiter Summand ineinander über. Die Erwartungswerte hermitescher Operatoren $\hat{C}$ und $\hat{R}$ sind aber reell (2.13). Daher gilt $|i\overline{\hat{C}}/2 + \overline{\hat{R}}|^2 = (\overline{\hat{C}}/2)^2 + (\overline{\hat{R}})^2$. Damit geht (3.49) in die Behauptung (3.42) über

$$(\Delta\hat{A})^2(\Delta\hat{B})^2 \geq (\overline{\hat{C}}/2)^2 + (\overline{\hat{R}})^2 \geq (\overline{\hat{C}}/2)^2 \ , \tag{3.52}$$

da das Quadrat $(\overline{\hat{R}})^2$ einer reellen Zahl stets positiv ist. Für $\hat{A} = \hat{p}$ und $\hat{B} = x$ erhält man aus (3.52) nun (3.43).

3.2.6 Ausbreitung eines Wellenpaketes

Schon in Abschn. 1.2.7 hatten wir gefunden, dass beim Wellenpaket zwischen der Breite der Spektralverteilung $f(k)$ und der Breite im Ortsraum ein Zusammenhang besteht, der auf die Unbestimmtheitsrelation führt, die in Abschn. 3.2.5 inzwischen allgemeiner abgeleitet wurde. Dieses Wellenpaket

$$\begin{aligned} \psi(x,t) &= \int_{-\infty}^{+\infty} \frac{dk}{2\pi} f(k) e^{-i[\omega(k)t - kx]} \ , \\ f(k) &= e^{-ikx_0} \sqrt{\frac{2\sqrt{\pi}}{\Delta k}} \exp\left[-\frac{1}{2}\left(\frac{k-k_0}{\Delta k}\right)^2\right] , \\ \psi(x,0) &= e^{ik_0(x-x_0)} \frac{1}{\sqrt{\Delta x \sqrt{\pi}}} \exp\left[-\frac{1}{2}\left(\frac{x-x_0}{\Delta x}\right)^2\right] \end{aligned} \tag{3.53}$$

stellt ein Beispiel einer allgemeinen zeitabhängigen Lösung (3.19) der Schrödingergleichung dar. Hier wurde $\psi(x,t)$ nach den stationären Lösungen im konstanten Potential, den ebenen Wellen, entwickelt. Die zu der konkreten Spektralverteilung (3.53) gehörende Form des Wellenpaketes haben wir für $t = 0$ (1.60) berechnet. Darin ist Δx durch $\Delta x = 1/\Delta k$ bestimmt. Wie ändert sich das Wellenpaket im Zeitablauf?

Für $t \neq 0$ muss die k-abhängige Funktion $\omega(k)$ im Exponenten mit berücksichtigt werden. Da die *Spektralverteilung* um k_0 konzentriert ist, *entwickeln* wir $\omega(k)$ um k_0

$$\omega(k) = \omega_0 + (k-k_0)\omega_0' + \frac{1}{2}(k-k_0)^2\omega_0'' + \ldots \ . \tag{3.54}$$

Weitere Terme wollen wir nicht betrachten. Für ein Elektron mit $\hbar\omega = \hbar^2k^2/2m$ gibt es keine höheren Terme. In diesem Fall ist $\omega_0 = \hbar k_0^2/2m$, $\omega_0' = \hbar k_0/m$ und $\omega_0'' = \hbar/m$. Wir wollen aber die allgemeine Form (3.54) beibehalten, weil wir dann mit dem Ergebnis beliebige Wellenausbreitungen diskutieren können.

Wir setzen (3.54) in (3.53) ein

$$\psi(x,t) = e^{i[k_0(x-x_0)-\omega_0)t]} \times$$
$$\times \int \frac{dk}{2\pi} \sqrt{\frac{2\sqrt{\pi}}{\Delta k}} \exp\left[-\frac{1}{2}(k-k_0)^2 \left(\frac{1}{(\Delta k)^2} + i\omega_0'' t\right)\right] \times$$
$$\times e^{i(k-k_0)(x-x_0-\omega_0' t)} \tag{3.55}$$

und integrieren wie in Abschn. 1.2.7. Ein Vergleich mit (1.57) führt mit den Abkürzungen

$$v_{\text{ph}} = \frac{\omega_0}{k_0}, \quad v_{\text{gr}} = \left(\frac{d\omega}{dk}\right)_{k=k_0} = \omega_0' \tag{3.56}$$

und $(\widetilde{\Delta x})^2 = 1/(\Delta k)^2 + i\omega_0'' t = (\Delta x)^2 + i\omega_0'' t$ auf

$$\psi(x,t) = e^{ik_0(x-x_0-v_{ph}t)} \times$$
$$\times \sqrt{\frac{\Delta x}{(\widetilde{\Delta x})^2 \sqrt{\pi}}} \exp\left[-\frac{1}{2}\left(\frac{x-x_0-v_{\text{gr}}t}{\widetilde{\Delta x}}\right)^2\right] . \tag{3.57}$$

Die Zeit tritt an drei Stellen auf.
(1) Die Trägerwelle mit der Wellenzahl k_0 hat eine zeitabhängige Phase. Punkte konstanter Phase wandern mit der *Phasengeschwindigkeit* $v_{\text{ph}} = \omega_0/k_0 = E_0/p_0$. Da v_{ph} die Energie enthält, diese aber nur bis auf eine additive Konstante festgelegt ist, kann die Phasengeschwindigkeit keine konkrete physikalische Bedeutung haben. Je nach Wahl des Energienullpunktes erhält man verschiedene Werte v_{ph}.
(2) Der *Schwerpunkt des Wellenpaketes*, der zur Zeit $t = 0$ bei $x = x_0$ lag, *bewegt sich mit der Gruppengeschwindigkeit* v_{gr}. Diese Geschwindigkeit ist als mittlere Geschwindigkeit des Teilchens aufzufassen. In $v_{\text{gr}} = d\omega/dk = dE/dp$ spiegelt sich die kanonische Gleichung (1.1) wider. Für ein Teilchen mit $E = p^2/2m$ ist $v_{\text{gr}} = p/m$ identisch mit dem in (3.37) berechneten Wert.
(3) Schließlich wird die Breite des Wellenpaketes $\widetilde{\Delta x}$ zeitabhängig. $\widetilde{\Delta x}$ ist komplex, daher wollen wir die Wahrscheinlichkeitsdichte $|\psi|^2$ untersuchen. Führen wir

$$[\Delta x(t)]^2 = (\Delta x)^2[1 + (t/\tau)^2], \quad \tau = (\Delta x)^2/\omega_0'' \tag{3.58}$$

ein, dann vereinfacht sich der Vorfaktor zu

$$\frac{\Delta x}{|\widetilde{\Delta x}|^2} = \frac{\Delta x}{\sqrt{(\Delta x)^4 + (\omega_0'' t)^2}} = \frac{1}{\Delta x\sqrt{1+(t/\tau)^2}} = \frac{1}{\Delta x(t)} , \tag{3.59}$$

und im Exponenten entsteht

$$\frac{1}{2}\left[\frac{1}{(\widetilde{\Delta x})^2} + \frac{1}{(\widetilde{\Delta x}^{\star})^2}\right] = \frac{1}{2}\frac{2(\Delta x)^2}{(\Delta x)^4 + (\omega_0'' t)^2} = \frac{1}{[\Delta x(t)]^2} . \tag{3.60}$$

Somit ist die Wahrscheinlichkeitsdichte

$$|\psi|^2 = \frac{1}{\Delta x(t)\sqrt{2\pi}} \exp\left[-\left(\frac{x - x_0 - v_{gr}t}{\Delta x(t)}\right)^2\right] . \tag{3.61}$$

Das *Wellenpaket* bewegt sich nicht nur mit der Gruppengeschwindigkeit, sondern ändert auch seine Gestalt, es *fließt auseinander*, es wird breiter.

Die Zeit τ, innerhalb der das Wellenpaket seine Breite um einen Faktor $\sqrt{2}$ vergrößert hat, wird durch $\omega'' = dv_{gr}/dk$ bestimmt. Das Auseinanderlaufen hängt also damit zusammen, dass sich verschiedene Teile des Wellenpaketes (zu verschiedenen k-Werten innerhalb der Spektralverteilung) mit unterschiedlicher Geschwindigkeit bewegen. Nur für die Dispersionsbeziehung $\omega = ck$ ist $\omega'' = 0$, breitet sich das Wellenpaket formunverändert aus. Das ist für Lichtwellen im Vakuum erfüllt, allgemeiner für alle Wellen, die der Wellengleichung (1.20) genügen. Aber schon in Substanzen, wo (1.20) - und damit die Dispersionsbeziehung - zusätzlich den frequenzabhängigen Brechungsindex enthält, zeigt auch Licht *Dispersion*.

3.2.7 Die Energie-Zeit-Unschärfe

Wir wollen folgender Frage nachgehen: Wann ist das durch das Wellenpaket (3.61) beschriebene Teilchen am Punkt x? Das Teilchen können wir zu all den Zeiten in der unmittelbaren Umgebung von x feststellen (bei vielen Messungen am Ensemble), für die $|\psi(x,t)|^2$ wesentlich von Null verschieden ist. Da $|\psi|^2$ die Breite $\Delta x(t) \geq \Delta x$ (3.58) hat und sich mit der Gruppengeschwindigkeit v_{gr} bewegt, ist das ein Zeitintervall $\Delta t \geq \Delta x/v_{gr} \geq \hbar/(v_{gr}\Delta p)$. Wir drücken Δx durch die Impulsbreite Δp aus und erinnern uns, dass die Gruppengeschwindigkeit durch $v_{gr} = dE/dp$ gegeben ist. Damit wird $v_{gr}\Delta p = (dE/dp)\Delta p = \Delta E$. ΔE gibt den Energiebereich an, aus dem stationäre Lösungen (d.h. ebene Wellen) zum Aufbau des Wellenpaketes überlagert wurden. Wir gelangen also zu der Ungleichung $\Delta E \cdot \Delta t \geq \hbar$, der *Energie-Zeit-Unschärfe*.

Auch diese Bedingung können wir mittels der allgemeinen Unschärferelation (3.42) genau formulieren. t ist ein Parameter, keine physikalische Größe, die durch einen Operator charakterisiert wird. Wir betrachten deswegen in (3.42) $\hat{\mathrm{B}} = \hat{\mathrm{H}}$ und einen mit $\hat{\mathrm{H}}$ nicht vertauschbaren Operator $\hat{\mathrm{A}}$. Setzen wir wieder $[\hat{\mathrm{A}}, \hat{\mathrm{H}}] = i\hat{\mathrm{C}}$, so folgt für den Zeitablauf von $\hat{\mathrm{A}}$ aus (3.27)

$$\dot{\overline{\hat{\mathrm{A}}}} = \frac{i}{\hbar}\overline{[\hat{\mathrm{H}}, \hat{\mathrm{A}}]} = \frac{\overline{\hat{\mathrm{C}}}}{\hbar} . \tag{3.62}$$

Die Unschärferelation (3.42) lautet dann

$$\frac{\Delta \hat{\mathrm{A}}}{|\dot{\overline{\hat{A}}}|}\Delta E \geq \frac{\hbar}{2} . \tag{3.63}$$

$\Delta\overline{\hat{\mathrm{A}}}/|\dot{\overline{\hat{\mathrm{A}}}}|$ gibt aber die Zeit Δt an, in der sich der Erwartungswert von $\hat{\mathrm{A}}$ um $\Delta\hat{\mathrm{A}}$ ändert. Mit dieser Definition von Δt ergibt sich

$$\Delta E \cdot \Delta t \geq \hbar/2 \tag{3.64}$$

die Energie-Zeit-Unschärfe.

3.2.8 Aufgaben

3.4. Da die Schrödingergleichung bezüglich der Zeit von erster Ordnung ist, wird $\psi(t)$ eindeutig durch $\psi(0)$ bestimmt. Man schreibt den Zusammenhang in der Form

$$\psi(t) = \hat{\mathrm{S}}(t)\psi(0)\ , \tag{3.65}$$

wobei $\hat{\mathrm{S}}$ ein Operator ist. Es ist zu zeigen, dass $\hat{\mathrm{S}}(t)$

a) der Gleichung

$$i\hbar\frac{d}{dt}\hat{\mathrm{S}}(t) = \hat{\mathrm{H}}\hat{\mathrm{S}}(t) \tag{3.66}$$

genügt und

b) für einen zeitunabhängigen Hamiltonoperator $\hat{\mathrm{H}}$ die Form

$$\hat{\mathrm{S}}(t) = e^{-i\hat{\mathrm{H}}t/\hbar} \tag{3.67}$$

besitzt und unitär ist, d.h. $\hat{\mathrm{S}}^{\dagger} = \hat{\mathrm{S}}^{-1}$ gilt.

3.5. Die Energie des Grundzustandes des harmonischen Oszillators ist mit Hilfe der Unschärferelation abzuschätzen.

3.6. Man zeige, dass für die Erwartungswerte des Drehimpulses $\overline{\hat{\mathbf{L}}}$ und des Drehmomentes $\overline{\hat{\mathbf{D}}}$ die klassische Bewegungsgleichung

$$\frac{d}{dt}\overline{\hat{\mathbf{L}}} = \overline{\hat{\mathbf{D}}} \tag{3.68}$$

gilt.

3.3 Quasistationäre Zustände

Zusammenfassung: Entsprechend der Energie-Zeit-Unschärfe $\Delta E \cdot \Delta t \geq \hbar/2$ hat der quasistationäre Zustand eine Energiebreite ΔE. Die Lebensdauer τ des quasistationären Zustandes wird durch den Gamovfaktor der Schwelle bestimmt. Beim α-Zerfall besitzt τ über viele Größenordnungen variierende Werte.

3.3.1 Die Zerfallswahrscheinlichkeit

Im Potential der Abb. 3.4a gibt es unterhalb der Energie V_0 nur gebundene Zustände. Nehmen wir an, es ist nur *ein gebundener Zustand* mit der Energie E_0 vorhanden. Die zugehörige Wellenfunktion ist eine Sinusfunktion mit einem exponentiell abfallenden Ausläufer in den Potentialwall hinein (Abschn. 2.2.1), wie es Abb. 3.4b zeigt. Im Grenzfall einer unendlich hohen Schwelle ist die Wellenfunktion nur im Innern von Null verschieden, das ist der Grundzustand im Potentialkasten.

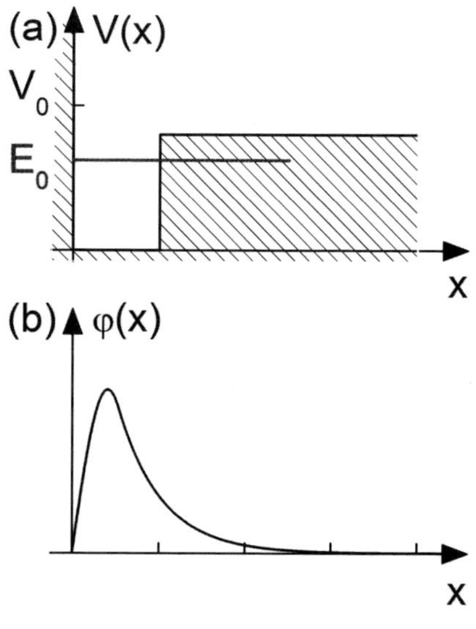

Abb. 3.4 Wellenfunktion eines gebundenen Zustandes (b) im Potentialtopf (a).

Verändern wir das Potential von Abb. 3.4 dahingehend, dass (wie in Abb. 3.5) nur ein Potentialwall endlicher Breite vorhanden ist, dann gibt es nur *Streuzustände*. Die Energie kann kontinuierlich alle Werte $E = 0 \ldots \infty$ annehmen (Abschn. 2.3.1). Dabei hat die Lösung der Schrödingergleichung die in Abb. 3.5 gezeigte Gestalt. Die Berechnung der Zustände aus Abb. 3.5 wird im Notebook **MB8** demonstriert. Für die Energie $E_r \approx E_0$ hat sie im Innern der Schwelle eine große Amplitude, in

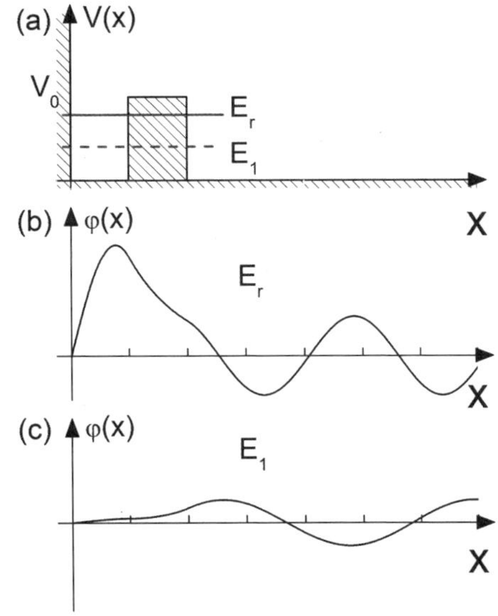

Abb. 3.5 Wellenfunktion für Teilchen verschiedener Energie (b, c) im Potentialtopf (a).

der Schwelle fällt sie exponentiell ab. Außerhalb ist sie eine ebene Welle (oder eine Sinusfunktion) konstanter Amplitude. Umgekehrt ist die Amplitude für Energien $E_1 \neq E_0$ im Innern klein. Im Grenzfall einer unendlich hohen Schwelle ist die Wellenfunktion in diesem Energiebereich nur für $E = E_0$ im Inneren von Null verschieden, das ist der gebundene Zustand von Abb. 3.4 für $V_0 \to \infty$, also der Grundzustand im Potentialkasten.

Wir wollen jetzt annehmen, dass sich das betrachtete Teilchen zum Zeitpunkt $t = 0$ mit einer Energie $\overline{E} = E_r$ innerhalb der Schwelle befindet, die Wellenfunktion $\psi(x,0)$ also nur innerhalb der Schwelle von Null verschieden ist, wie Abb. 3.6 zeigt.

$\psi(x,0)$ ist keine stationäre Lösung, deswegen können wir auch nur $\overline{E}$ vorgeben. Wir wollen die zeitliche Veränderung von ψ untersuchen. Das entspricht einer Situation, wo sich z. B. ein α-Teilchen in einem Atomkern befindet und wir die *Zerfallswahrscheinlichkeit* betrachten. Wir wollen diese abschätzen.

Ein Wellenpaket kann durch eine Schwelle *hindurchtunneln*. Nach einer gewissen Anlaufzeit, die durch die spezielle Anfangsverteilung bestimmt wird, erhalten wir eine Wellenfunktion $\psi_i = \psi(x,0)$, wie bei der in Abschn. 2.3 behandelten Streuung an einer Schwelle (s. Abb. 2.20), mit

$$|\psi_a|^2 \approx |\psi_i|^2 e^{-2G} \,. \tag{3.69}$$

Das Teilchen wird mit einer gewissen Wahrscheinlichkeit ($\sim |\psi_a|^2$) außerhalb der Schwelle angetroffen werden. Das Verhältnis der Wahrscheinlichkeitsdichten (3.69) wird durch den Gamovfaktor (2.91) bestimmt. Die Wahrscheinlichkeit, das Teilchen innerhalb der Schwelle der Breite a zu finden, ist ungefähr

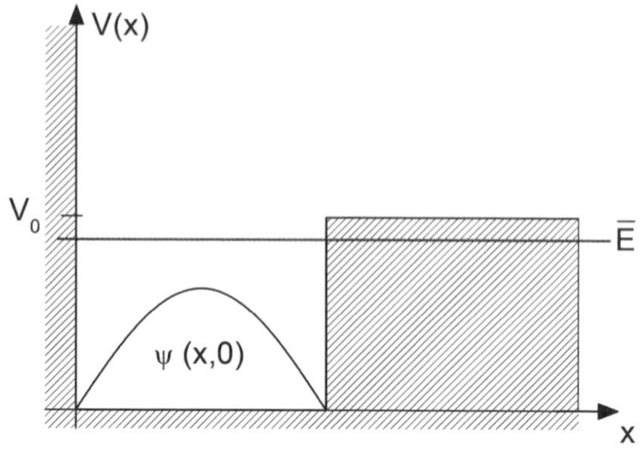

Abb. 3.6 Nichtstationäre Anfangsverteilung für ein Teilchen innerhalb des Potentialwalls.

$$W_i \approx |\psi_i|^2 a\,. \tag{3.70}$$

Der Teil des Wellenpaketes außerhalb der Schwelle bewegt sich mit der Gruppengeschwindigkeit (3.56) $v = \sqrt{2mE}$ von der Schwelle fort. Im Zeitintervall $d\tau$ wächst also die *Aufenthaltswahrscheinlichkeit außerhalb der Schwelle* um

$$dW_a = |\psi_a|^2 dx = |\psi_a|^2 v dt = -dW_i\,. \tag{3.71}$$

Um den gleichen Betrag muss die Wahrscheinlichkeit, das Teilchen im Inneren anzutreffen, abnehmen. Damit ergeben (3.69), (3.70) und (3.71) kombiniert

$$dW_i = -|\psi_i|^2 e^{-2G} v dt = -\gamma W_i\, dt\,. \tag{3.72}$$

Die Lösung dieser Differentialgleichung

$$W_i(t) = W(0)e^{-\gamma t} = W(0)e^{-t/\tau}, \quad \tau = \frac{1}{\gamma} \approx \frac{a}{v} e^{2G} \tag{3.73}$$

zeigt, dass die Aufenthaltswahrscheinlichkeit des Teilchens im Innern der Schwelle exponentiell abnimmt. Die *Lebensdauer* τ ist um so länger, je größer der Gamovfaktor ist, d.h. je höher und breiter die Schwelle ist.

3.3.2 Die Energie-Zeit-Unschärfe beim Zerfall

Die Anfangsverteilung $\psi(x,0)$ aus Abb. 3.6 ist keine stationäre Lösung. Wir können sie aber als *Linearkombination stationärer Lösungen*

$$\psi(x,t) = \int_0^\infty dE\, f(E) e^{-\frac{i}{\hbar}Et} \varphi_E(x) \tag{3.74}$$

schreiben, wobei (3.74) auch die zeitliche Entwicklung enthält. (3.74) ist eine konkrete Form von (3.22). In unserem Fall müssen wir stationäre Lösungen aus einem gewissen Energiebereich überlagern, um die innerhalb des Potentialwalls lokalisierte Wellenfunktion zu erhalten. Die Breite dieses Energiebereiches hängt über die Energie-Zeit-Unschärfe (3.64) mit der Lebensdauer (3.73) zusammen

$$\Delta E \cdot \tau \geq \hbar/2\,. \tag{3.75}$$

Ein gebundener Zustand $\Delta E = 0$ besitzt eine unendlich große Lebensdauer $\tau \to \infty$.

Wir finden (3.75) bestätigt, wenn wir versuchen, die Form von $f(E)$ aus (3.74) zu bestimmen. Die Wellenfunktion $\psi(x,t)$ muss nach Abschn. 3.3.1 im Innern der Schwelle eine Zeitabhängigkeit

$$\psi(x,t) \approx \sqrt{W_i(t)}\,\psi_r(x,t) \sim \varphi_r(x)e^{-\frac{i}{\hbar}E_r t}e^{-\gamma t/2} \tag{3.76}$$

haben. Die Form der Funktion ist ungefähr durch φ_r (Abb. 3.5b) gegeben, aber die Amplitude nimmt mit der Zeit ab. Diese Verteilung muss sich bei der Integration von (3.74) ergeben. Dabei können wir auch dort näherungsweise φ_E als φ_r aus dem Integral herausziehen, so dass die Forderung

$$\int_{-\infty}^{+\infty} dE\; f(E)e^{-\frac{i}{\hbar}Et} \sim e^{-\frac{i}{\hbar}E_r t}e^{-\gamma t/2} \tag{3.77}$$

entsteht. Dabei kann die Energieintegration bis $-\infty$ ausgedehnt werden, da $f(E)$ nur in der Umgebung von E_r von Null verschieden sein soll. Durch den Exponenten $-\gamma|t|/2$ können wir (3.77) auch auf negative t übertragen, weil dann das Wellenpaket der Abb. 3.6 auch nach negativen Zeiten hin zerfällt, wie es entsprechend der Invarianz der Schrödingergleichung gegen Zeitumkehr und entsprechend dem allgemeinen Verhalten von Wellenpaketen (3.57) sein muss. Nach (3.77) ist die rechte Seite die Fouriertransformation von $f(E)$.

Die Rücktransformation von (3.77) liefert

$$\begin{aligned} f(E) &\sim \int_{-\infty}^{+\infty} dt\; e^{-\frac{i}{\hbar}(E_r-E)t}e^{-\gamma|t|/2} \\ &= \int_0^{\infty} dt\; e^{-[\gamma/2+\frac{i}{\hbar}(E_r-E)]t} + \int_0^{\infty} dt\; e^{-[\gamma/2-\frac{i}{\hbar}(E_r-E)]t} \\ &= \frac{1}{\gamma/2+\frac{i}{\hbar}(E_r-E)} + \frac{1}{\gamma/2-\frac{i}{\hbar}(E_r-E)}\,. \end{aligned} \tag{3.78}$$

Die beiden Summanden ergeben zusammengefasst

$$f(E) \sim \frac{\gamma}{(E_r-E)^2+(\hbar\gamma/2)^2}\,. \tag{3.79}$$

Das ist, wie Abb. 3.7 zeigt, eine um E_r lokalisierte Verteilung von der Breite $\Delta E = \hbar\gamma/2$. Mit $\gamma = 1/\tau$ finden wir damit die Energie-Zeit-Unschärfe (3.75) bestätigt.

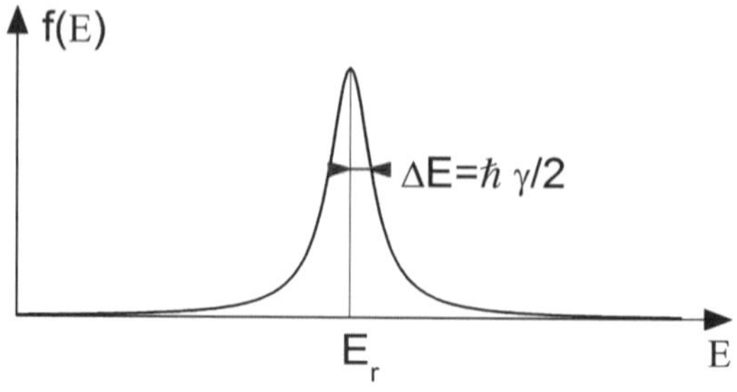

Abb. 3.7 Fourierzerlegung des quasistationären Zustandes nach stationären Zuständen verschiedener Energie.

Um den in Abb. 3.6 dargestellten nichtstationären Zustand zu beschreiben, muss man also stationäre Lösungen aus einem Energiebereich $\Delta E \approx (\hbar/2)/\tau$ überlagern. Wir sprechen von einem *quasistationären* Zustand, wenn die Lebensdauer groß ist gegen die Zeit, die das Teilchen zum Durchlaufen des Potentialtopfes benötigt, wenn also $\Delta E \ll E_r$ ist. Die bei der Ableitung betrachteten Näherungen sind auch nur für diesen Fall sinnvoll. Die Energieunschärfe eines Zustandes, der zerfallen kann, macht sich darin bemerkbar, dass das emittierte Teilchen Energien im Bereich ΔE besitzen kann. Das kann experimentell überprüft werden und ist von der natürlichen Linienbreite der Spektrallinien her wohlbekannt. Im nächsten Abschnitt wird der α-Zerfall als Beispiel behandelt.

3.3.3 Der α-Zerfall

Viele schwere Kerne können spontan durch Aussendung eines α-Teilchens - eines ^{4}He-Kernes, bestehend aus zwei Protonen und zwei Neutronen - zerfallen. Wir können diesen Prozess beschreiben, indem wir annehmen, dass sich das Gebilde von vier Nukleonen im Potential des Restkernes in einem quasistationären Zustand befindet.

Abb. 3.8 zeigt diese Situation für den Zerfall ^{238}U $\rightarrow^{234}$Th + α. Das Potential, in dem sich das α-Teilchen bewegt, wird durch zwei Summanden bestimmt, das abstoßende Coulombpotential zwischen der Ladung des α-Teilchens Z_α = 2 und der Ladung des Restkernes Z (der Ausgangskern hat also die Kernladungszahl $Z + Z_\alpha$) und das kurzreichweitige, bindende, durch die mittlere Wechselwirkung über die Kernkräfte bestimmte Potential. Wir können den Verlauf wie in Abb. 3.8 schematisieren und

$$V(r) = \begin{cases} -U \\ ZZ_\alpha \in^2 /r \end{cases} \text{für } r \lesseqgtr R \tag{3.80}$$

setzen. Das Kernvolumen beobachtet man als proportional zur Nukleonenzahl, so dass der Kernradius $R = r_0 A^{1/3}$ mit der dritten Wurzel der Nukleonenzahl anwächst. Für r_0 wird der Wert $r_0 \sim 1,2 \cdot 10^{-15}$ m gefunden.

Die Lebensdauer (3.73) des quasistationären Zustandes, des α-Teilchens im Kern, wird durch Höhe und Breite der Potentialschwelle, durch den Gamovfaktor bestimmt. Der Kernradius ändert sich mit der Nukleonenzahl nur gering, so ist $(216)^{1/3} = 6$ und $(250)^{1/3} = 6,3$. Bei einer festen Kernladungszahl (d.h. bei der Betrachtung von Isotopen) wird daher die *Lebensdauer maßgeblich durch die Energie der α-Teilchen bestimmt.* Mit wachsender Energie wird der Potentialberg immer kleiner, der Gamovfaktor kleiner, die Lebensdauer nimmt rasch ab. Das ist auch aus Abb. 3.9 zu ersehen, wo die Zerfallszeit verschiedener Isotope über der Zerfallsenergie, d.h. über E_α aufgetragen ist. Man sieht, dass in einem Bereich, in dem die Energie um einen Faktor zwei wächst, die Lebensdauer über viele Größenordnungen abfällt.

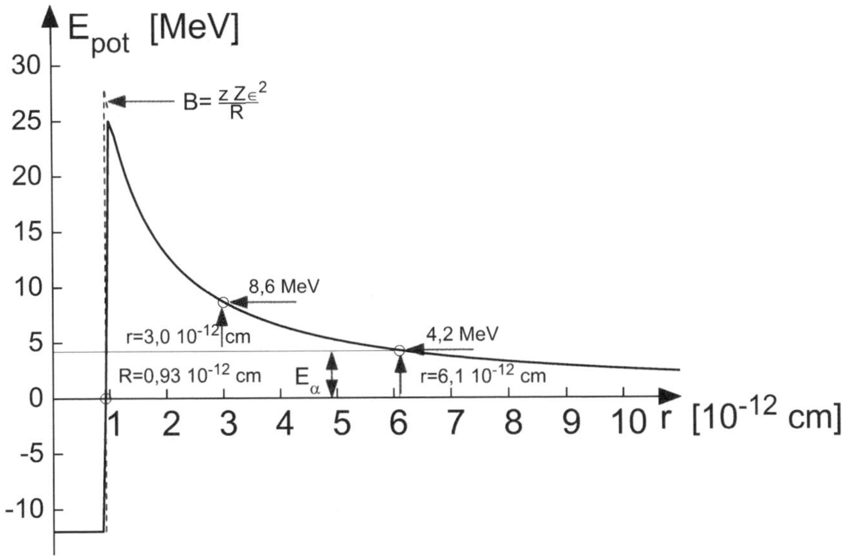

Abb. 3.8 Potentialverlauf für das α-Teilchen mit der Ladung $Z_\alpha = z$ beim α-Zerfall von ${}_{92}U^{238} \rightarrow {}_{90}Th^{234}$ [nach Hertz, G.: Lehrbuch der Kernphysik II, 1960].

Diesen Verlauf liefert auch die theoretische Auswertung. Wir müssen den Gamovfaktor (2.91) berechnen, der die Lebensdauer (3.73) bestimmt. Für das Potential aus Abb. 3.8 liegt die Schwelle im Bereich von $r_- = R$ bis $r_+ = ZZ_\alpha \in^2 / E_\alpha$. Daher wird der Gamovfaktor (Substitution $x = r/r_+$)

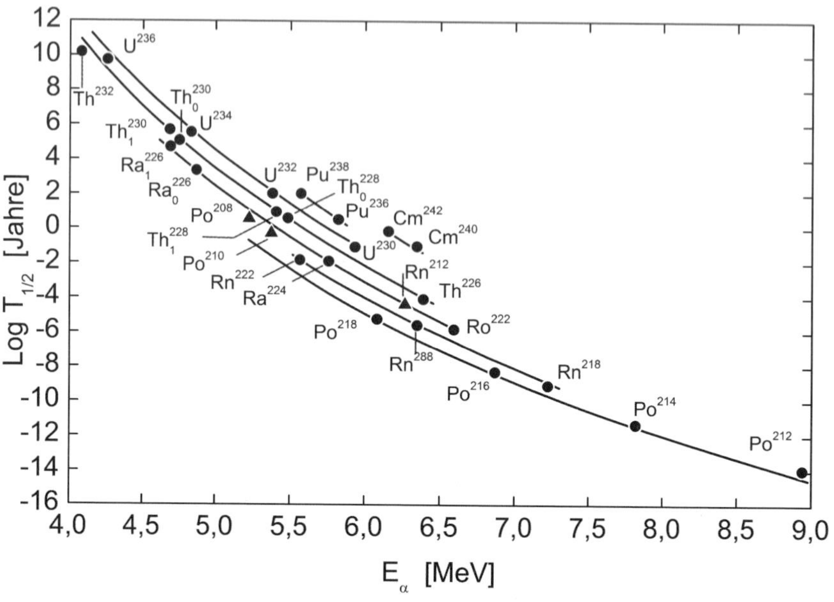

Abb. 3.9 Abhängigkeit der Lebensdauer verschiedener α-Strahler von der Zerfallsenergie [nach Hertz, G.: Lehrbuch der Kernphysik II, 1960].

$$
\begin{aligned}
G &= \int_R^{r_+} dr \sqrt{\frac{2m_\alpha}{\hbar^2}\left(\frac{ZZ_\alpha \in^2}{r} - E_\alpha\right)} \\
&= ZZ_\alpha \in^2 \sqrt{\frac{2m_\alpha}{\hbar^2 E_\alpha}} \int_{R/r_+}^1 dx \sqrt{\frac{1}{x} - 1}\,.
\end{aligned}
\tag{3.81}
$$

Nach einer weiteren Substitution $x = \cos^2\zeta$ nimmt das Integral eine einfach zu integrierende Gestalt an

$$
\begin{aligned}
\int_{R/r_+}^1 dx \sqrt{\frac{1}{x} - 1} &= 2\int_{\zeta_0}^0 d\zeta\ \cos\zeta(-\sin\zeta)\tan\zeta \\
&= 2\int_0^{\zeta_0} d\zeta\ \sin^2\zeta = \zeta_0 - \frac{1}{2}\sin 2\zeta_0\,.
\end{aligned}
\tag{3.82}
$$

Damit wird der Gamovfaktor

$$G = ZZ_\alpha \frac{\in^2}{\hbar c}\sqrt{\frac{2m_\alpha c^2}{E_\alpha}}\left(\zeta_0 - \frac{1}{2}\sin 2\zeta_0\right), \quad \cos^2\zeta_0 = \frac{RE_\alpha}{ZZ_\alpha \in^2}. \tag{3.83}$$

Für den Fall kleiner Energien $E_\alpha \ll ZZ_\alpha \in^2 /R$ ist $\zeta_0 \approx \pi/2$, und der Gamovfaktor vereinfacht sich zu

$$G_0 = ZZ_\alpha \frac{\in^2}{\hbar c}\sqrt{\frac{2m_\alpha c^2}{E_\alpha}}\frac{\pi}{2}. \tag{3.84}$$

Für kleine Energien wird der Gamovfaktor sehr groß, die Lebensdauer wächst.

Wir können den numerischen Wert für das in Abb. 3.8 dargestellte Beispiel Z=90 berechnen. Mit den Werten $\in^2 /(\hbar c) = 1/137$ für die Sommerfeldsche Feinstrukturkonstante und $m_\alpha c^2 = 4 \cdot 10^3$ MeV für die Ruheenergie des α-Teilchens ergibt sich

$$G_0 = \frac{90 \cdot 2}{137}\sqrt{\frac{4 \cdot 10^3}{E/\text{MeV}}}\frac{\pi}{2} = \frac{110}{\sqrt{E/\text{MeV}}} \tag{3.85}$$

Für E = 4 MeV erhalten wir G_0 = 55, für E = 6,25 MeV G_0 = 44. Die Lebensdauer $\tau \sim e^{2G}$ ist also für E = 4 MeV um einen Faktor e^{22} größer als für E = 6,25 MeV. Wir sehen, dass sich die Lebensdauer bei relativ kleinen Energieverschiebungen um viele Größenordnungen verändert.

3.3.4 Aufgaben

3.7. Mit Hilfe der quasiklassische Näherung (Berechnung des Gamovfakors) ist die Durchlasswahrscheinlichkeit einer Metalloberfläche für Elektronen in einem starken homogenen elektrischen Feld der Feldstärke $\mathbf{E}_a = E_a \mathbf{e}_x$ zu bestimmen. Das Feld ist dabei parallel zur Oberflächennormale des Metalls gerichtet.

a) Diskutieren Sie die durch das elektrische Feld hervorgerufene Barriere an der Oberfläche. Berechnen Sie die Durchlasswahrscheinlichkeit.
b) In Wirklichkeit erfolgt die Änderung des Potentials in der Nähe einer Metalloberfläche kontinuierlich. So wirkt z.B. in großen Abständen von der Metalloberfläche das Potential der elektrischen Bildkraft

$$V_B = -\frac{\in^2}{4x}. \tag{3.86}$$

Die Durchlasswahrscheinlichkeit ist unter Berücksichtigung der Bildkraft zu berechnen.

3.8. Ein α-Teilchen mit der Energie E befindet sich im Feld des Restkerns. Das Potential sei durch einen Kasten der Breite R_0 (Kernradius), der durch einen Wall der Breite d und der Höhe U_0 begrenzt wird, gegeben.

$$V(r) = \begin{cases} 0 & 0 \leq r \leq R \\ U_0 & R \leq r \leq R+d \\ 0 & r > R+d \end{cases} \tag{3.87}$$

Das Geiger-Nuttalsche Gesetz stellt eine Beziehung zwischen der Zerfallswahrscheinlichkeit eines α-Strahlers und der kinetischen Energie des emittierten α-Teilchens her. Es gilt:

$$\ln\lambda = A + B\ln E \tag{3.88}$$

Zeigen Sie, dass das Modell-Potential (3.87) in der Lage ist das Geiger-Nuttallsche Gesetz qualitativ zu erklären.

Kapitel 4
Das Wasserstoffatom

4.1 Das Wasserstoffspektrum

Zusammenfassung: Dem Wasserstoffspektrum lässt sich ein Niveauschema $E_n = -R'/n^2$ zuordnen. Daraus ergeben sich die Wellenzahlen $1/\lambda = R_{\mathrm{H}}(1/n^2 - 1/m^2)$ mit $m > n$. Die Rydbergkonstante des Wasserstoffs hat den Wert $R_{\mathrm{H}} = 109677{,}584\,\mathrm{cm}^{-1}$. Aufgrund der Mitbewegung des Atomkerns ergeben sich für H und D etwas unterschiedliche Spektren. Deren Auswertung führt auf $R_\infty = 109737{,}315\,\mathrm{cm}^{-1}$ und $m_{\mathrm{p}}/m = 1836{,}15$. Bei den atomaren Einheiten werden Längen in Bohrschen Wasserstoffradien $a_0 = 0{,}5292 \cdot 10^{-10}\,\mathrm{m}$ und Energien in $\in^2/a_0 = 27{,}211\,\mathrm{eV}$ angegeben.

4.1.1 Das Niveauschema

Die Analyse des vom Wasserstoff emittierten Lichtes führt auf eine Reihe von Serien diskreter Linien. Die im sichtbaren Licht liegende Balmerserie (Abb. 4.1) beginnt im langwelligen Bereich mit diskreten Linien, die dann immer enger zusammenrücken und dann schließlich in ein Kontinuum übergehen. Eine weitere Serie tritt im Ultravioletten auf, andere liegen im Ultraroten. Sie besitzen alle eine der Balmerserie ähnliche Form. Die Analyse der in Tab. 4.1 aufgeführten Wellenlängen zeigt nun - wie schon in Abschn. 1.4.1 besprochen -, dass sich die Frequenzen aller Serien als *Differenzen eines Termschemas* (Ritzsches Kombinationsprinzip) darstellen lassen, wobei die Termlage proportional zu $1/n^2$ ist (n = 1,2, ...).

Vom Standpunkt der Quantenmechanik ist dieses Ergebnis zu erwarten. Wie im Potentialtopf (Abschn. 2.2.1) oder im harmonischen Oszillator (Abschn. 2.2.2) gibt es auch im Wasserstoffatom gebundene Zustände nur für diskrete Energien. Diese entsprechen den aus der Analyse des spektroskopischen Materials gefundenen Termen. Ein Lichtquant wird emittiert, wenn ein Elektron von einem Energiezustand in einen tiefer gelegenen Zustand fällt. Die Energie des Photons muss dann gleich

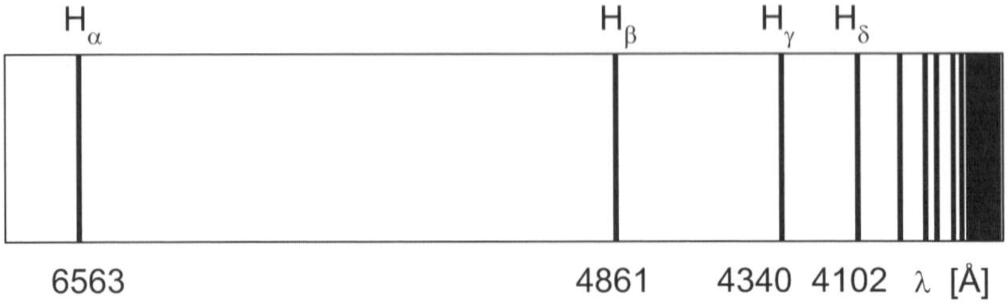

Abb. 4.1 Aufnahme der Balmerserie [nach Finkelnburg, W.: *Einführung in die Atomphysik*, 12. Aufl., Springer, Berlin, 1967].

der Differenz der Energien des Elektrons im Ausgangszustand und Endzustand sein. (Vom Rückstoss kann hier abgesehen werden.) Diese Aussage ist aber das Ritzsche Kombinationsprinzip.

Wir erwarten also das in Abb. 4.2 dargestellte Niveauschema des Wasserstoffatoms, in das auch die den einzelnen Serien entsprechenden Übergänge eingetragen wurden. Die Auswertung der spektroskopischen Daten führt, wie schon vermerkt, zu

$$E_n = -R' \frac{1}{n^2}, \quad n = 1, 2, 3, \ldots \quad R' = 13{,}60\,\text{eV} . \tag{4.1}$$

Entsprechend $V(\infty) = 0$ gehören im Coulombpotential die gebundenen Zustände zu negativen Energien; die Termlage ist proportional zu $-1/n^2$. Die Photonenenergie beim Übergang vom Niveau m in das Niveau n ist daher

$$E_{\text{ph}} = \hbar\omega = R' \left(\frac{1}{n^2} - \frac{1}{m^2} \right), \quad m > n . \tag{4.2}$$

Für $n = 1, m = 2, 3, \ldots$ ergibt sich die im Ultravioletten liegende Lymanserie, für $n = 2, m = 3, 4, \ldots$ die Balmerserie usw.

Da die Spektrallinien üblicherweise durch Wellenlängen $\lambda = c/f$ oder „Wellenzahlen" $\tilde{\nu} = 1/\lambda$ ($\tilde{\nu}$ und k aus Abschn. 1.2 unterscheiden sich um einen Faktor 2π) charakterisiert werden, sollen auch diese Größen angegeben werden. In

$$\lambda = \frac{hc}{R'} \frac{n^2 m^2}{m^2 - n^2}, \quad \frac{hc}{R'} = 91{,}176\,\text{nm} \tag{4.3}$$

gibt der Vorfaktor hc/R' die Größenordnung der Wellenlängen an. Für die langwelligste Linie der Lymanserie $(n = 1, m = 2)$ ist der Vorfaktor mit $4/3$ zu multiplizieren, das führt auf die in Tab. 4.1 angeführte Wellenlänge bei 121,5 nm. Der Übergang der Lymanserie ins Kontinuum entspricht $m = \infty$ und liegt gerade bei $\lambda = 91{,}176$ nm.

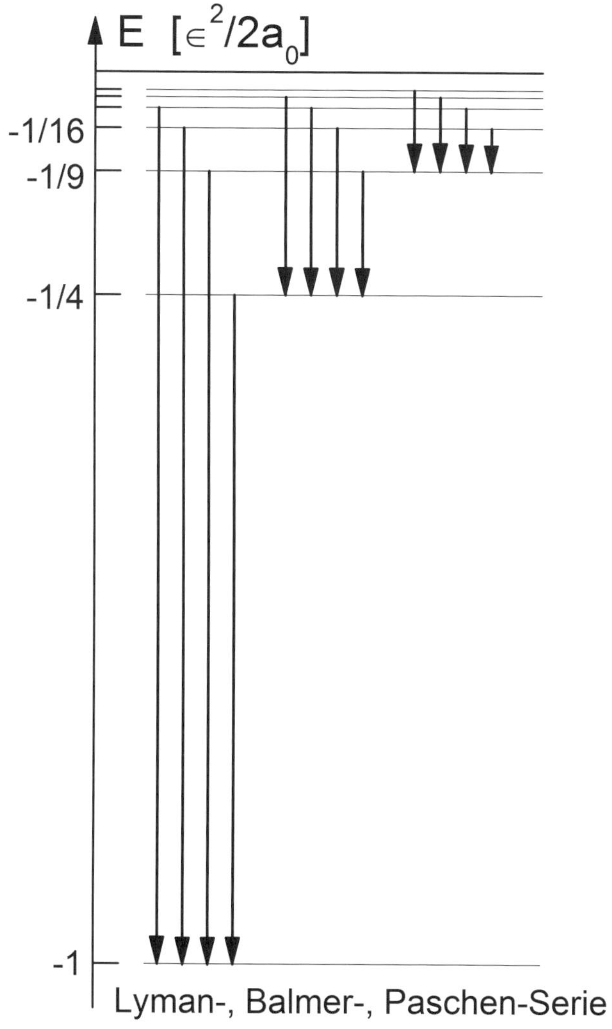

Abb. 4.2 Niveauschema des Wasserstoffatoms. Die den verschiedenen Serien entsprechenden Übergänge sind eingetragen.

Die langwelligste Linie der Balmerserie ergibt sich aus (4.3) mit $n = 2$ und $m = 3$. Neben dem Vorfaktor steht $36/5 = 7,2$, wir erhalten somit eine Wellenlänge bei 650 nm, wie es dem experimentellen Wert in Tab. 4.1 entspricht. Der Vergleich der genauen Zahlenwerte der gemessenen und der aus (4.3) berechneten Wellenlängen führt zu einer guten Übereinstimmung, wie Tab. 4.1 zeigt. Die kleinen Abweichungen sind im Wesentlichen durch den Unterschied zwischen λ_{Vak} und λ_{Luft} bedingt. Siehe aber auch Tab. 4.2. Für die Wellenzahl erhält man

Tabelle 4.1 Spektralserien des H, D und He^+ [Messwerte nach Landolt-Börnstein, I. Band, 1. Teil *Atome und Ionen*, 6. Aufl., Springer-Verlag, 1950)]. Die Messwerte werden mit den aus den Termformeln berechneten Wellenlängen verglichen. Die größeren Abweichungen für $\lambda > 200$ nm sind dadurch bedingt, dass die Messwerte hier die Wellenlängen in Luft ($\lambda_{\text{Vak}} \approx 1,0003\lambda_{\text{Luft}}$) bedeuten. Alle Wellenlängen sind in nm angegeben.

H: $\lambda_{\text{H}} = (1/109677,584)\ (n^2m^2)/(m^2 - n^2) \cdot 10^7$ nm

	n=1		n=2		n=3	
m	gem.	ber.	gem.	ber.	gem.	ber.
2	1215,68	1215,684	-	-	-	-
3	1025,83	1025,734	6562,793	6564,696	-	-
4	972,54	972,548	4861,327	4862,738	18751,05	18756,275
5	949,74	949,753	4340,466	4341,730	12818,11	12821,672
6	937,81	937,814	4101,738	4102,935	10938	10941,160
7	930,76	930,758	3970,075	3971,236	10049	10052,191
8	926,24	926,236	3889,052	3890,190	9546,2	9548,649
9	923,17	923,160	3835,387	3836,511	9229,7	9231,604
10	920,17	920,973	3797,900	3799,014	9015,3	9017,440

D: $\lambda_{\text{D}} = (1/109707,42)\ (n^2m^2)/(m^2 - n^2) \cdot 10^7$ nm

	n=1		n=2	
m	gem.	ber.	gem.	ber.
2	1215,334	1215,354	-	-
3	1025,442	1025,455	6562,911	-
4	972,267	972,283	4859,975	4861,411
5	949,477	949,495	4339,318	4340,549
6	937,545	937,559	-	4101,819
7	930,486	930,505	-	-

He: $\lambda_{\text{He}} = (1/4)(1/109722,403)\ (n^2m^2)/(m^2 - n^2) \cdot 10^7$ nm

	n=1		n=2		n=3	
m	gem.	ber.	gem.	ber.	gem.	ber.
2	303,782	303,797	-	-	-	-
3	256,547	256,329	1640,49	1640,504	-	-
4	243,222	243,038	1215,18	1215,188	4685,75	4687,153
5	237,264	237,341	1084,98	1084,989	3203,14	3204,109
6	234,340	234,358	1025,31	1025,315	2733,32	2734,173
7	232,540	232,595	-	992,403	2511,22	2512,021
8	231,472	231,464	-	972,150	2385,42	2386,187
9	230,691	230,696	-	958,736	2306,22	2306,958
10	230,208	230,149	-	949,366	2252,71	2253,439

$$\tilde{\nu} = \frac{1}{\lambda} = R_{\text{H}} \left(\frac{1}{n^2} - \frac{1}{m^2} \right), \quad R_{\text{H}} = \frac{R'}{hc} \,. \tag{4.4}$$

Die *Rydbergkonstante des Wasserstoffs*

Tabelle 4.2 Berechnete Struktur ausgewählter Linien aus Tab. 4.1. Bei der Berechnung wurden Feinstruktur, Mitbewegung des Atomkerns, Nichtseparierbarkeit der Diracgleichung über reduzierte Massen, endliche Ausdehnung des Atomkerns und Strahlungskorrekturen berücksichtigt. [nach Garcia, J.D., Mack, J.E. J. Opt. Soc. Am. **55**, 654 (1965)].

H_α-Linie $(n = 2, m = 3)$			H_β-Linie $(n = 2, m = 4)$		
Übergang	λ (nm)	re. Int.	Übergang	λ (nm)	re. Int.
$3S_{1/2}$-$2P_{3/2}$	656,472282	25/128	$4S_{1/2}$-$2P_{3/2}$	486,273316	1/4
$3D_{3/2}$-$2P_{3/2}$	656,468068	1	$4D_{3/2}$-$2P_{3/2}$	486,272342	1
$3D_{5/2}$-$2P_{3/2}$	656,466512	9	$4D_{5/2}$-$2P_{3/2}$	486,271981	9
$3P_{1/2}$-$2S_{1/2}$	656,458485	25/24	$4P_{1/2}$-$2S_{1/2}$	486,265604	45/32
$3S_{1/2}$-$2P_{1/2}$	656,456512	25/256	$4S_{1/2}$-$2P_{1/2}$	486,264665	1/8
$3P_{3/2}$-$2S_{1/2}$	656,453813	25/12	$4P_{3/2}$-$2S_{1/2}$	486,264523	45/16
$3D_{3/2}$-$2P_{1/2}$	656,452300	5	$4D_{3/2}$-$2P_{1/2}$	486,263690	5

D_α-Linie $(n = 2, m = 3)$			He-Linie $(n = 3, m = 4)$		
Übergang	λ (nm)	re. Int.	Übergang	λ (nm)	re. Int.
$3S_{1/2}$-$2P_{3/2}$	656,293696	25/128	$4F_{5/2}$-$3D_{5/2}$	468,714261	1
$3D_{3/2}$-$2P_{3/2}$	656,289487	1	$4F_{7/2}$-$3D_{5/2}$	468,711578	20
$3D_{5/2}$-$2P_{3/2}$	656,287930	9	$4D_{5/2}$-$3P_{3/2}$	468,701607	245/32
$3P_{1/2}$-$2S_{1/2}$	656,279908	25/24	$4F_{5/2}$-$3D_{3/2}$	468,701553	14
$3S_{1/2}$-$2P_{1/2}$	656,277934	25/256			
$3P_{3/2}$-$2S_{1/2}$	656,275238	25/12			
$3D_{3/2}$-$2P_{1/2}$	656,273724	14			

$$R_{\mathrm{H}} = 109677{,}584\,\mathrm{cm}^{-1} \tag{4.5}$$

kann der hohen Genauigkeit spektroskopischer Messungen entsprechend sehr genau angegeben werden.

4.1.2 Atomare Einheiten

Durch *Dimensionsanalyse* der Schrödingergleichung für das Wasserstoffatom kann auf die Größenordnung der Energieterme und auf die Ausdehnung der Wellenfunktionen geschlossen werden. Analoge Betrachtungen wurden schon beim harmonischen Oszillator (Abschn. 2.2.2) durchgeführt. Das Elektron bewegt sich im Coulombpotential, das für einen Z-fach geladenen Kern

$$V(r) = -\frac{Z\,\in^2}{r}, \quad \in^2 = \frac{e^2}{4\pi\varepsilon_0} \tag{4.6}$$

lautet. Die Schrödingergleichung (2.4)

$$\left[-\frac{\hbar^2}{2m} \triangle - \frac{Z \in^2}{r} \right] \varphi = E\varphi \tag{4.7}$$

kann in eine dimensionslose Form gebracht werden, wenn man wie beim harmonischen Oszillator aus den in der Gleichung auftretenden atomaren Konstanten eine Länge bzw. eine Energie bildet und Längen bzw. Energien dann in diesen Einheiten misst.

Die Kombination

$$a_0 = \frac{\hbar^2}{m \in^2} = 0,5292 \cdot 10^{-10} \text{ m} \tag{4.8}$$

ergibt eine Länge, den so genannten *Bohrschen Wasserstoffradius*. Betrachtet man die potentielle Energie (4.6), dann konstruiert man leicht eine Kombination mit der Dimension Energie

$$\frac{\in^2}{a_0} = \frac{m \in^4}{\hbar^2} = 27,212 \text{ eV} . \tag{4.9}$$

(4.8) und (4.9) werden atomare Einheiten genannt. a_0 charakterisiert die Ausdehnung des Wasserstoffatoms - wir werden dies bei der Berechnung der Wellenfunktionen in Abschn. 4.3.3 bestätigt finden -, und ein Vergleich mit (4.1) zeigt, dass der Vorfaktor der Energieterme gerade $R' = \in^2 / 2a_0$ ist, also eine halbe atomare Einheit beträgt. Die Energie $\in^2 / 2a_0$ wird auch *ein Rydberg* genannt.

Wir führen jetzt in (4.7) über

$$r \to a_0 r \qquad E \to \frac{\in^2}{a_0} E \tag{4.10}$$

dimensionslose Größen r, E ein. Wir verwenden wieder die gleichen Buchstaben, damit deutlich erkennbar ist, dass sie den Abstand vom Kraftzentrum bzw. die Energie charakterisieren. Diese Transformation überführt (4.7) in

$$\left[-\frac{\hbar^2}{2m} \frac{1}{a_0^2} \frac{\partial^2}{\partial \mathbf{r}^2} - \frac{Z \in^2}{a_0 r} \right] \varphi = \frac{\in^2}{a_0} E\varphi . \tag{4.11}$$

Ersetzt man in der kinetischen Energie ein a_0 durch $\hbar^2 / m \in^2$, so erkennt man, dass alle Glieder in (4.11) einen Faktor $\in^2 / a_0$ enthalten, der herausgekürzt werden kann. Die dimensionslose Schrödingergleichung ist also

$$\left(-\frac{1}{2} \triangle - \frac{Z}{r} \right) \varphi = E\varphi . \tag{4.12}$$

Diese Gleichung erhält man aus (4.7) formal, wenn man $\hbar = m = \in^2 = 1$ setzt. Man findet daher in der Literatur häufig, dass in allen Gleichungen $\hbar = m = \in^2 = 1$ gesetzt wird, verbunden mit der Sprechweise, dass zu atomaren Einheiten übergegangen wird. Die dimensionsbehafteten Größen findet man aus den Lösungen dieser Gleichungen, indem man die Transformation (4.10) rückgängig macht.

4.1.3 Die Mitbewegung des Kerns

Mit der Erhöhung der Genauigkeit spektroskopischer Messungen fand man, dass viele Linien, die man zunächst als eine Linie ansah, sich in zwei oder mehrere benachbarte Linien aufspalteten. Das hat verschiedene Ursachen (s. Tab. 4.2), auf eine wollen wir hier eingehen.

So trennte man die α-Linie der Lymanserie in zwei Linien mit den Wellenlängen $\lambda_{\mathrm{H}} = 121{,}5684\,\mathrm{nm}$ und $\lambda_{\mathrm{D}} = 121{,}5334\,\mathrm{nm}$ auf. Die Auswertung dieses Wellenlängenunterschiedes führte auf die *Entdeckung des Deuteriums*. Die schwache kurzwelligere Linie λ_{D} konnte als α-Linie der Lymanserie des Deuteriums gedeutet werden.

Das Wasserstoffatom ist genau besehen ein *Zweikörperproblem*, Elektron und Proton. Nur bei unendlich schwerem Kern können wir sagen, dass die Kernbewegung nicht von der Bewegung des Elektrons beeinflusst wird. Zu einem ruhenden Wasserstoffatom gehört dann ein ruhender Kern, und das Elektron bewegt sich im Potential (4.6).

Das bei endlicher Kernmasse zu betrachtende Zweikörperproblem ist aber nicht wesentlich komplizierter. Aus der klassischen Mechanik wissen wir, dass sich die Bewegungsgleichung für die Differenzkoordinate von der Bewegungsgleichung bei festem Kern nur dadurch unterscheidet, dass die Masse m des Elektrons durch die reduzierte Masse m^*

$$\frac{1}{m^*} = \frac{1}{m} + \frac{1}{M} \tag{4.13}$$

zu ersetzen ist. Diese Aussage bleibt auch in der Quantenmechanik gültig, denn die *Separierbarkeit von Schwerpunkts- und Differenzbewegung ist eine Folge der Invarianzeigenschaften der Hamiltonfunktion beim Zweikörperproblem.*

Wir wollen uns überlegen, wie die Energiewerte (4.1) bzw. (4.7) von der Kernmasse abhängen. (4.7) gilt für einen unendlich schweren Kern, dort erhält der Eigenwert einen Faktor $E \sim \in^2 / a_0$, der nach (4.9) proportional zur Elektronenmasse ist. Die Rydbergkonstante ist also proportional zur Elektronenmasse

$$R_\infty \sim m\,. \tag{4.14}$$

Bei endlichem Kern haben wir m durch $m^* = m/(1+m/M)$ (4.13) zu ersetzen. Daher wird

$$R_M = \frac{R_\infty}{1+m/M}\,. \tag{4.15}$$

Wir wollen (4.15) noch auf den Fall erweitern, dass sich das Elektron im Feld eines Z-fach geladenen Kerns bewegt. Wenn wir in (4.7) $Z \neq 1$ berücksichtigen wollen, dann müssen wir in den mit $Z = 1$ erzielten Ergebnissen überall $\in^2$ durch $Z \in^2$ ersetzen. Da nach (4.9) aber $R \sim \in^4$ ist, wird $R \sim Z^2$. Wir erhalten also für die Rydbergkonstante eines Elektrons im Feld eines Z-fach geladenen Kerns der Masse M

$$R_{M,Z} = \frac{Z^2 R_\infty}{1+m/M}, \qquad R_\infty = 109737{,}316\,\text{cm}^{-1}\,. \tag{4.16}$$

Da das Verhältnis von Protonen- zu Elektronenmasse etwa 2000 : 1 ist, entsteht durch die Kernmitbewegung nur eine kleine Korrektur unter 0,1 %. Von dieser Größenordnung ist aber auch gerade der Wellenlängenunterschied zwischen λ_H und λ_D.

Wenn die Vorstellung richtig ist, dass die beiden Linien λ_H und λ_D zum Wasserstoffatom bzw. zum Deuterium gehören und der Wellenlängenunterschied durch die unterschiedlichen Kernmassen bedingt ist, dann muss aus den Zahlenwerten für λ_H und λ_D *das Verhältnis von Protonenmasse m_p zu Elektronenmasse m* berechenbar sein.

Nach (4.3) ist $\lambda \sim 1/R$. Also gilt mit (4.16) und $m_\text{D} \approx 2m_\text{p}$

$$\frac{\lambda_\text{D}}{\lambda_\text{H}} = \frac{R_\text{H}}{R_\text{D}} = \frac{1+\frac{m}{m_\text{D}}}{1+\frac{m}{m_\text{p}}} \approx 1 - \frac{m}{2m_\text{p}}\,. \tag{4.17}$$

Daraus ergibt sich weiter

$$\frac{m}{m_\text{p}} = 2\left(1-\frac{\lambda_\text{D}}{\lambda_\text{H}}\right) = 2\frac{\lambda_\text{H}-\lambda_\text{D}}{\lambda_\text{H}} \tag{4.18}$$

und schließlich für das gesuchte Verhältnis nach Tabelle 4.1

$$\frac{m_\text{p}}{m} = \frac{\lambda_\text{H}}{2(\lambda_\text{H}-\lambda_\text{D})} = \frac{121{,}57}{2\cdot 0{,}0330} = 1842\,. \tag{4.19}$$

Wir erhalten das richtige Massenverhältnis, unsere Vorstellung wird bestätigt. Zieht man die aus jüngsten Messungen mit hoher Genauigkeit berechneten Werte von R_H (4.5) und R_∞ (4.16) heran, dann erhält man das Massenverhältnis

$$\frac{m_\text{p}}{m} = \frac{R_\text{H}}{R_\infty - R_\text{H}} = 1836{,}153 \tag{4.20}$$

mit erhöhter Genauigkeit.

4.1.4 Aufgaben

4.1. Ein System bestehe aus zwei Teilchen der Massen m_1 und m_2. Der Operator des Gesamtimpulses $\hat{\mathbf{P}} = \hat{\mathbf{p}}_1 + \hat{\mathbf{p}}_2$ ist durch die Schwerpunktkoordinate $\mathbf{R}$ und die Relativkoordinate $\mathbf{r}$ auszudrücken. Zerlegen Sie den Hamiltonoperator in Anteile der Schwerpunkts- und Relativbewegung, wenn die potentielle Energie nur eine Funktion des Abstandes der Teilchen ist.

4.2. Das Positronium ist ein exotisches Atom, in dem ein Positron, das Antiteilchen des Elektrons, das Proton im Kern des Wasserstoffatoms ersetzt. Im Myonium ersetzt ein Anti-Myon das Proton als Kernteilchen. Beide Systeme sind nicht stabil. Elektron und Positron annihilieren unter Aussendung von Photonen. Elektron und Positron haben die gleiche Masse m. Die Masse des Anti-Myons beträgt $206,768\,m$. Wie berechnen sich die Energieniveaus im Positronium und Myonium?

4.3. Man berechne in erster Ordnung Störungstheorie die 1s-Niveauverschiebung ($\Delta \mathrm{E}_{1s}$), die durch die Existenz eines endlichen Kernradius R hervorgerufen wird. Das Potential $V(r)$ und die ungestörte Wellenfunktion $\psi_{1s}(\mathbf{r}) = R_{1s}(r) Y_{00}(\hat{\mathbf{r}})$ sind durch die folgenden Ausdrücke gegeben:

$$V(r) = \begin{cases} -\frac{\epsilon^2}{r} & r > R \\ \frac{\epsilon^2}{R}\left(\frac{r^2}{2R^2} - \frac{3}{2}\right) & r < R \end{cases} \quad , \quad R_{1s}(r) = \frac{2}{a_0^{3/2}} e^{-r/a_0} \, . \tag{4.21}$$

4.2 Der Bahndrehimpuls

Zusammenfassung: Im Zentralkraftfeld ist der Drehimpuls auch beim quantenmechanischen Bewegungsproblem Erhaltungsgröße. Damit wird der Winkelanteil der Wellenfunktion unabhängig von der Form des Potentials $V(r)$ bestimmbar.

4.2.1 Erhaltungsgrößen im Zentralkraftfeld

Die Bewegung des Elektrons im Wasserstoflatom (4.7) ist eine *Bewegung im Zentralkraftfeld*. Von dem entsprechenden Problem der klassischen Mechanik - der Planetenbewegung - her wissen wir, dass *Energie und Drehimpuls Erhaltungsgrößen* sind

$$H = \frac{\mathbf{p}^2}{2m} + V(r), \quad \mathbf{L} = \mathbf{r} \times \mathbf{p}, \quad H = E, \quad \frac{d}{dt}\mathbf{L} = 0 \tag{4.22}$$

und dass die Kenntnis dieser Erhaltungsgrößen weitreichende Aussagen über die Bahnkurven zulassen. Das Teilchen bewegt sich in einer Ebene senkrecht zur Drehimpulsrichtung, das Kraftzentrum liegt in dieser Ebene. Energie und Betrag des Drehimpulses bestimmen die Bewegung in dieser Ebene, denn in Polarkoordinaten gilt $L = mr^2 \dot{\varphi} =$ konst. und

$$E = \frac{p_r^2}{2m} + \frac{L^2}{2mr^2} + V(r) \, . \tag{4.23}$$

Darin ist der radiale Impuls $p_r = m\dot{r}$. Aus (4.23) ist $r(t)$ berechenbar. Mit Hilfe der Erhaltungssätze war es also möglich, die Bestimmung der Bahnkurve der räumlichen Bewegung im Zentralkraftfeld $V(r)$ auf die Lösung eines eindimensionalen

Bewegungsproblems zu reduzieren. Diese eindimensionale radiale Bewegung erfolgt in einem Effektivpotential, das aus dem Zentrifugalpotential $\mathbf{L}^2/2mr^2$ und dem gegebenen Potential $V(r)$ besteht. Die Erhaltungsgrößen (4.22) folgen *aus allgemeinen Invarianzeigenschaften der Hamiltonfunktion*. Die Invarianz gegen Translationen der Zeit führt auf die Energieerhaltung, wegen der Invarianz gegen Drehungen des Raumes ist der Drehimpuls Erhaltungsgröße. Da der Hamiltonoperator

$$\hat{\mathrm{H}} = \frac{\hat{\mathbf{p}}^2}{2m} + V(r), \quad \hat{\mathbf{p}} = \frac{\hbar}{i}\frac{\partial}{\partial \mathbf{r}} = \frac{\hbar}{i}\nabla \tag{4.24}$$

die gleichen Invarianzeigenschaften wie die Hamiltonfunktion (4.22) besitzt, erwarten wir, dass auch bei der quantenmechanischen Bewegung Energie und Drehimpuls Erhaltungsgrößen sind.

In der Quantenmechanik sind *Erhaltungsgrößen* dadurch charakterisiert, dass die zugehörigen Operatoren nach (3.28) *mit dem Hamiltonoperator* vertauschbar sind und nicht explizit von der Zeit abhängen. Da $\hat{\mathrm{H}}$ mit sich selbst vertauschbar ist, ist die Energie Erhaltungsgröße, wenn $\hat{\mathrm{H}}$ zeitunabhängig ist. Das ist für (4.24) der Fall; es war ja die Voraussetzung dafür, dass wir die zeitunabhängige Schrödingergleichung (4.7) betrachten konnten. Es bleibt zu zeigen, dass der Drehimpulsoperator mit dem Hamiltonoperator vertauschbar ist, d.h.

$$[\hat{\mathrm{H}}, \hat{\mathbf{L}}] = 0, \quad \hat{\mathbf{L}} = \boldsymbol{r} \times \hat{\mathbf{p}} \, . \tag{4.25}$$

Um (4.25) zu beweisen, wollen wir zunächst drei Zwischenergebnisse ableiten.
(1) Wir wenden den Drehimpulsoperator auf eine Funktion $f(r)$ an.

$$\hat{\mathbf{L}} f(r) = \mathbf{r} \times \hat{\mathbf{p}} f = \mathbf{r} \times \frac{\hbar}{i}\frac{\mathbf{r}}{r} f' = 0 \, . \tag{4.26}$$

Da der Gradient einer Funktion von r in Richtung $\mathbf{r}$ zeigt, verschwindet (4.26). $\hat{\mathbf{L}}$ operiert also nur auf die Winkel (von Kugelkoordinaten ausgehend), nicht auf die Koordinate r.
(2) Aus ähnlichen Überlegungen folgt

$$\hat{\mathbf{p}} \times \mathbf{r} = -\mathbf{r} \times \hat{\mathbf{p}} \, . \tag{4.27}$$

Auf der linken Seite von (4.27) ist auch $\mathbf{r}$ (nicht nur eine rechts der Operatoren zu denkende Funktion) zu differenzieren. Dieser Term verschwindet aber wegen $\operatorname{rot} \mathbf{r} = 0$.
(3) Wir formen $\hat{\mathbf{p}}^2$ um. Dazu zerlegen wir $\hat{\mathbf{p}}$ in eine Komponente in Richtung von $\mathbf{e} = \mathbf{r}/r$ und eine Komponente senkrecht dazu

$$\hat{\mathbf{p}} = \mathbf{e} \circ \mathbf{e} \cdot \hat{\mathbf{p}} - \mathbf{e} \times (\mathbf{e} \times \hat{\mathbf{p}}) \, . \tag{4.28}$$

Löst man das doppelte Kreuzprodukt in (4.28) wieder auf, dann steht eine Identität da. Nun multiplizieren wir (4.28) von links mit $\hat{\mathbf{p}}$.

$$\hat{\mathbf{p}}^2 = (\hat{\mathbf{p}} \cdot \mathbf{e})(\mathbf{e} \cdot \hat{\mathbf{p}}) - (\hat{\mathbf{p}} \times \mathbf{e}) \cdot (\mathbf{e} \times \hat{\mathbf{p}}) \,. \tag{4.29}$$

Im zweiten Summanden wurde dabei davon Gebrauch gemacht, dass man in einem Spatprodukt das Kreuz verschieben kann. Bis auf einen Faktor $1/r^2$ geht er mit den Zwischenergebnissen (4.26) und (4.27) in $\hat{\mathbf{L}}^2$ über.

Im ersten Summanden liefert das zweite Skalarprodukt einfach die radiale Komponente des Gradienten $\mathbf{e} \cdot (\partial/\partial \mathbf{r}) = \partial/\partial r$. Das erste Skalarprodukt führt auf

$$\begin{aligned} \frac{\partial}{\partial \mathbf{r}} \frac{\mathbf{r}}{r} &= \frac{1}{r} \operatorname{div} \mathbf{r} + \mathbf{r} \cdot \operatorname{grad} \frac{1}{r} + \mathbf{e} \cdot \frac{\partial}{\partial \mathbf{r}} \\ &= \frac{3}{r} - \frac{1}{r} + \frac{\partial}{\partial r} = \frac{2}{r} + \frac{\partial}{\partial r} \,. \end{aligned} \tag{4.30}$$

Beachtet man noch

$$\frac{1}{r} \frac{\partial^2}{\partial r^2} r = \frac{1}{r} \frac{\partial}{\partial r} \left(1 + r \frac{\partial}{\partial r} \right) = \frac{1}{r} \left(2 \frac{\partial}{\partial r} + r \frac{\partial^2}{\partial r^2} \right) = \left(\frac{2}{r} + \frac{\partial}{\partial r} \right) \frac{\partial}{\partial r} \tag{4.31}$$

und

$$\frac{1}{r} \frac{\partial^2}{\partial r^2} r = \left(\frac{1}{r} \frac{\partial}{\partial r} r \right)^2 , \tag{4.32}$$

dann ergibt sich schließlich

$$\hat{\mathbf{p}}^2 = \hat{\mathrm{p}}_r^2 + \frac{\hat{\mathbf{L}}^2}{r^2} \qquad \hat{\mathrm{p}}_r = \frac{\hbar}{i} \frac{1}{r} \frac{\partial}{\partial r} r \,. \tag{4.33}$$

Dies entspricht einer Zerlegung der kinetischen Energie in Anteile, die zur radialen bzw. Winkelbewegung gehören.

Wir erhalten also den Hamiltonoperator

$$\hat{\mathrm{H}} = \frac{\hat{\mathrm{p}}_r^2}{2m} + \frac{\hat{\mathbf{L}}^2}{2mr^2} + V(r), \qquad [\hat{\mathrm{H}}, \hat{\mathbf{L}}] = 0 \,, \tag{4.34}$$

der eine zu (4.23) analoge Form hat, nur dass hier $\hat{\mathrm{p}}_r$ und $\hat{\mathbf{L}}$ Operatoren sind.

Dem Hamiltonoperator (4.34) ist die Vertauschbarkeit mit $\hat{\mathbf{L}}$ unmittelbar anzusehen. H enthält die Winkelkoordinaten nur in $\hat{\mathbf{L}}^2$. $\hat{\mathbf{L}}^2$ und $\hat{\mathbf{L}}$ sind aber vertauschbar. (siehe auch Abschn. 5.6) Nach der Zwischenrechnung (4.26) wirkt $\hat{\mathbf{L}}$ nicht auf die radiale Koordinate, ist also mit Ausdrücken, die nur r enthalten, wie $\hat{\mathrm{p}}_r^2, 1/r^2$ und $V(r)$ in (4.34), vertauschbar. Damit ist aber $\hat{\mathbf{L}}$ mit dem gesamten Hamiltonoperator vertauschbar. *Der Drehimpuls ist auch im quantenmechanischen Fall bei der Bewegung im Zentralkraftfeld eine Erhaltungsgräße.*

4.2.2 Bahndrehimpulsoperatoren

Welche Vereinfachungen für die Lösung der Bewegungsgleichung ergeben sich nun in der Quantenmechanik aus der Kenntnis der Erhaltungsgrößen? Nach Abschn. 3.2.3 kann man zu vertauschbaren Operatoren ein gemeinsames System von Eigenfunktionen finden. Der Hamiltonoperator (4.34) enthält $\hat{\mathbf{L}}$. Er ist auch mit $\hat{\mathbf{L}}^2$ vertauschbar. Also besitzen $\hat{\mathrm{H}}$ und $\hat{\mathbf{L}}^2$ ein gemeinsames System von Eigenfunktionen. Hat man daher die Eigenfunktionen von $\hat{\mathbf{L}}^2$ berechnet, dann besitzt man Aussagen über die Eigenfunktionen von $\hat{\mathrm{H}}$. Da die Eigenfunktionen von $\hat{\mathbf{L}}^2$ nicht von dem Potential $V(r)$ abhängen, kann man also unabhängig von der speziellen Form von $V(r)$ Aussagen über die Lösungen $\chi(\mathbf{r})$ der Schrödingergleichung machen. Es wird $\chi(\mathbf{r})$ anstatt $\varphi(\mathbf{r})$ für die Wellenfunktion verwendet, um Verwechslungen mit der Winkelvariablen φ zu vermeiden.

Die Situation wird klarer, wenn man sich die Form des Operators $\hat{\mathbf{L}}^2$ ansieht. Nach Abschn. 4.2.1 wirkt $\hat{\mathbf{L}}^2$ nur auf die Winkelkoordinaten. Vergleicht man (4.33) mit der Darstellung des Laplaceoperators in Kugelkoordinaten $\zeta = \cos\vartheta$ und φ, dann findet man

$$\hat{\mathbf{L}}^2 = -\hbar^2 \left[\frac{\partial}{\partial\zeta}(1-\zeta^2)\frac{\partial}{\partial\zeta} + \frac{1}{1-\zeta^2}\frac{\partial^2}{\partial\varphi^2} \right] . \tag{4.35}$$

Wir bezeichnen die Eigenfunktionen von $\hat{\mathbf{L}}^2$ mit $Y(\vartheta,\varphi)$

$$\hat{\mathbf{L}}^2 Y(\vartheta,\varphi) = \hbar^2 l(l+1) Y(\vartheta,\varphi) \tag{4.36}$$

Den Eigenwert schreiben wir gleich in einer Form, die das Ergebnis von Abschn. 4.2.4 vorwegnimmt. Die besondere Form des Hamiltonoperators (4.34) ermöglicht nun den *Separationsansatz*

$$\chi(\mathbf{r}) = R(r) Y(\vartheta,\varphi) . \tag{4.37}$$

Wirkt $\hat{\mathrm{H}}$ auf χ aus (4.37), dann kann $\hat{\mathbf{L}}^2$ durch seinen Eigenwert ersetzt und danach der Winkelanteil Y aus der Schrödingergleichung (4.28) herausgekürzt werden. Es verbleibt eine Differentialgleichung für den Radialteil der Wellenfunktion. Die Kenntnis der Drehimpulserhaltung ermöglicht es also, den Winkelanteil der Wellenfunktion zu bestimmen. Er ist unabhängig vom gegebenen Zentralpotential und durch die Eigenfunktionen von $\hat{\mathbf{L}}^2$ gegeben. Es verbleibt die Aufgabe, den Radialteil der Wellenfunktion zu berechnen. Diese Aufgabe werden wir in Abschn. (4.3) besprechen. Hier soll noch näher auf die Drehimpulsoperatoren eingegangen werden. (Ausführlich wird dies in Kapitel 5 besprochen.)

Die Vertauschbarkeit von $\hat{\mathrm{H}}$ und $\hat{\mathbf{L}}$ enthält drei Aussagen, da $\hat{\mathbf{L}}$ ein Vektor ist, nämlich die Vertauschbarkeit von $\hat{\mathrm{H}}$ mit allen Komponenten

$$[\hat{\mathrm{H}},\hat{\mathrm{L}}_x] = 0, \quad [\hat{\mathrm{H}},\hat{\mathrm{L}}_y] = 0, \quad [\hat{\mathrm{H}},\hat{\mathrm{L}}_z] = 0 . \tag{4.38}$$

Aus (4.38) darf man nicht schließen, dass $\hat{\mathrm{H}}$, $\hat{\mathrm{L}}_x$, $\hat{\mathrm{L}}_y$ und $\hat{\mathrm{L}}_z$ ein gemeinsames System von Eigenfunktionen besitzen. Dafür wäre auch erforderlich, dass $\hat{\mathrm{L}}_x$, $\hat{\mathrm{L}}_y$, $\hat{\mathrm{L}}_z$ untereinander vertauschbar sind. Das ist aber nicht der Fall, wie wir überprüfen werden. Wir betrachten

$$\hat{\mathrm{L}}_x = \frac{\hbar}{i}\left(y\frac{\partial}{\partial z} - z\frac{\partial}{\partial y}\right), \quad \hat{\mathrm{L}}_y = \frac{\hbar}{i}\left(z\frac{\partial}{\partial x} - x\frac{\partial}{\partial z}\right) . \tag{4.39}$$

Die Vertauschung liefert

$$\begin{aligned} [\hat{\mathrm{L}}_x, \hat{\mathrm{L}}_y] &= \left(\frac{\hbar}{i}\right)^2 \left\{\left[y\frac{\partial}{\partial z}, z\frac{\partial}{\partial x}\right] + \left[z\frac{\partial}{\partial y}, x\frac{\partial}{\partial z}\right]\right\} \\ &= \left(\frac{\hbar}{i}\right)^2 \left\{y\frac{\partial}{\partial x} - x\frac{\partial}{\partial y}\right\} . \end{aligned} \tag{4.40}$$

$y(\partial/\partial z)$ und $x(\partial/\partial z)$ bzw. $z(\partial/\partial y)$ und $z(\partial/\partial x)$ sind miteinander vertauschbar und in (4.40) gleich weggelassen worden. Das Ergebnis der Auswertung enthält die z-Komponente des Drehimpulses $\hat{\mathrm{L}}_z = (\hbar/i)[x(\partial/\partial y) - y(\partial/\partial x)]$. Wir erhalten also

$$[\hat{\mathrm{L}}_x, \hat{\mathrm{L}}_y] = -\frac{\hbar}{i}\hat{\mathrm{L}}_z . \tag{4.41}$$

In (4.41) können x, y, z zyklisch vertauscht werden. (4.41) stellt die *für Drehimpulse typische Vertauschungsrelation* dar, die in der Quantentheorie häufig wiederkehren wird.

$\hat{\mathrm{H}}$, $\hat{\mathrm{L}}_x$, $\hat{\mathrm{L}}_y$, $\hat{\mathrm{L}}_z$ können also kein gemeinsames System von Eigenfunktionen besitzen, da die Drehimpulskomponenten nicht untereinander vertauschbar sind. Wir können jedoch insgesamt drei Operatoren finden, die ein gemeinsames System von Eigenfunktionen besitzen, $\hat{\mathrm{H}}$, $\hat{\mathbf{L}}^2$ und noch eine Komponente des Drehimpulses - es wird üblicherweise die z-Komponente gewählt. $\hat{\mathrm{L}}_z$ und $\hat{\mathbf{L}}^2$ sind vertauschbar. Man kann dies mittels (4.41) nachweisen, sieht es aber schnell, wenn man die Form von $\hat{\mathrm{L}}_z$ in Kugelkoordinaten

$$\hat{\mathrm{L}}_z = \frac{\hbar}{i}\frac{\partial}{\partial \varphi} \tag{4.42}$$

betrachtet. L_z operiert nur auf den Winkel φ. $\hat{\mathbf{L}}^2$ enthält nach (4.35) φ aber auch nur als Differentialoperator $(\partial/\partial\varphi)$. Beide Operatoren sind also vertauschbar. Diese Eigenschaft wird uns helfen, die Eigenfunktionen Y von $\hat{\mathbf{L}}^2$ zu finden.

Insgesamt haben wir also ein *System von drei vertauschbaren Operatoren*

$$[\hat{\mathrm{H}}, \hat{\mathbf{L}}^2] = 0, \quad [\hat{\mathrm{H}}, \hat{\mathrm{L}}_z] = 0, \quad [\hat{\mathbf{L}}^2, \hat{\mathrm{L}}_z] = 0 . \tag{4.43}$$

Sie besitzen ein gemeinsames System von Eigenfunktionen. Diese lassen sich durch die Eigenwerte der drei Operatoren H, $\hat{\mathbf{L}}^2$, L_z klassifizieren. Durch drei Quantenzahlen sind aber die Zustände bei einem Bewegungsproblem mit drei Freiheitsgraden vollständig charakterisiert. Die möglichen Zustände lassen sich eindeutig durch die Werte der Erhaltungsgrößen Energie, Betrag des Bahndrehimpulses und z-Komponente des Bahndrehimpulses unterscheiden.

4.2.3 Eigenfunktionen und Eigenwerte von $\hat{\mathbf{L}}_z$

Die Eigenfunktionen und Eigenwerte von $\hat{\mathbf{L}}_z$ sind aus der Eigenwertgleichung

$$\hat{\mathrm{L}}_z f(\varphi) = \hbar m f(\varphi), \quad \hat{\mathrm{L}}_z = \frac{\hbar}{i}\frac{\partial}{\partial\varphi}, \quad (f,f) = 1 \,. \tag{4.44}$$

zu bestimmen. Die Betrachtungen werden in Kugelkoordinaten durchgeführt, für die $\hat{\mathrm{L}}_z$ die Form (4.42) hat. Der Eigenwert wurde als $\hbar m$ geschrieben. (4.44) hat einfache Exponentialfunktionen als Lösung

$$f(\varphi) = ce^{im\varphi}, \qquad \frac{\hbar}{i}\frac{df}{d\varphi} = \frac{\hbar}{i} imf = \hbar mf \,. \tag{4.45}$$

Der Normierungsfaktor folgt aus

$$(f,f) = \int_0^{2\pi} d\varphi |f|^2 = c^2 2\pi, \qquad c = \frac{1}{\sqrt{2\pi}} \,. \tag{4.46}$$

Es ergeben sich auch Einschränkungen für den Wert von m. Sie folgen im Wesentlichen aus der Vertauschungsrelation (4.41), siehe Abschnitte 5.6 und 5.7 Hier soll eine vereinfachende Argumentation verwendet werden. Auf den Unterschied zu Spinoren wird nicht eingegangen. Die Wellenfunktion muss (Abschn. 1.5.3) als eine physikalische Größe darstellende Funktion *eindeutig* sein. Wenn aber der Azimutwinkel um 2π vergrößert wird, ist man am selben Raumpunkt angelangt, also muss

$$f(\varphi + 2\pi) = f(\varphi), \qquad e^{im\varphi} e^{i2\pi m} = e^{im\varphi} \tag{4.47}$$

gelten. Das ist nur dann erfüllt, wenn m ganzzahlig ist. Die vollständige Lösung von (4.44) ist also

$$f(\varphi) = \frac{1}{\sqrt{2\pi}} e^{im\varphi}, \qquad m = 0, \pm 1, \pm 2, \ldots \,. \tag{4.48}$$

Der Drehimpuls ist gequantelt. *Die Projektion des Bahndrehimpulses auf eine Raumrichtung* (hier die z-Achse) *kann nur ganzzahlige Vielfache von $\hbar$ betragen.* Der endliche Wertebereich der Variablen φ wirkt sich so aus, wie die Begrenzung des klassischen Aufenthaltsbereiches bei gebundenen Zuständen. In dieser Weise wurde das Ergebnis (4.48) auch aus der Bohr-Sommerfeldschen Quantenbedingung (1.139) abgeleitet.

4.2.4 Eigenfunktionen und Eigenwerte von $\hat{\mathbf{L}}^2$

Der Operator $\hat{\mathbf{L}}^2$ (4.35)

$$\hat{\mathbf{L}}^2 = -\hbar^2 \left[\frac{\partial}{\partial\zeta}(1-\zeta^2)\frac{\partial}{\partial\zeta} + \frac{1}{1-\zeta^2}\frac{\partial^2}{\partial\varphi^2} \right] \tag{4.49}$$

hat eine kompliziertere Gestalt als $\hat{L}_z$, die Eigenwertgleichung

$$\hat{\mathbf{L}}^2 Y(\vartheta,\varphi) = \hbar^2 l(l+1) Y(\vartheta,\varphi) \qquad (Y,Y) = 1 \;, \tag{4.50}$$

ist nicht so einfach zu lösen wie bei $\hat{L}_z$. Den Eigenwert von $\hat{\mathbf{L}}^2$ haben wir in (4.50) in einer dem Endergebnis entsprechenden Form geschrieben. Das Normierungsintegral

$$(Y,Y) = \int_0^{2\pi} d\varphi \int_0^{\pi} d\vartheta \, \sin\vartheta |Y|^2 = \int_0^{2\pi} d\varphi \int_{-1}^{+1} d\zeta |Y|^2 \tag{4.51}$$

stellt hier eine Integration über alle Raumwinkel dar. Aus der Vertauschbarkeit von $\hat{\mathbf{L}}^2$ mit $\hat{L}_z$ folgt, dass beide Operatoren ein gemeinsames System von Eigenfunktionen haben. Wir können die Lösungen von Abschn. (4.2.3) verwenden, um das Eigenwertproblem (4.50) zu vereinfachen. $\hat{\mathbf{L}}^2$ aus (4.49) enthält die Variable φ nur als Ableitung, der letzte Summand ist proportional zu $\hat{L}_z^2$. Das ermöglicht den Separationsansatz

$$Y(\vartheta,\varphi) = P(\zeta) f(\varphi) = P(\zeta) e^{im\varphi} \quad , \quad \zeta = \cos\vartheta \;. \tag{4.52}$$

Die φ-Abhängigkeit der Eigenfunktionen Y wird durch die Eigenfunktionen von $\hat{L}_z$ bestimmt. Mit (4.52) vereinfacht sich (4.50) zu einer Gleichung für $P(\zeta)$

$$\left[\frac{d}{d\zeta}(1-\zeta^2)\frac{d}{d\zeta} - \frac{m^2}{1-\zeta^2} + l(l+1) \right] P(\zeta) = 0 \;. \tag{4.53}$$

Dabei wurde noch ein gemeinsamer Faktor $-\hbar^2$ herausgekürzt. Die Gleichung (4.53) soll hier nicht gelöst werden, wir müssen auf die Quantentheorie, die Ausführungen in Kapitel 5 und Spezialliteratur verweisen. Wir sehen aber, dass die Differentialgleichung (4.53) bei $\zeta = \pm 1$ Singularitäten besitzt. Daher werden die Lösungen $P(\zeta)$ im Allgemeinen auch an diesen Punkten singulär sein. Nur für spezielle Werte von l und m

$$l = 0,1,2,3,\ldots, \qquad m = -l, -l+1, \ldots, +l \tag{4.54}$$

ergeben sich normierbare Lösungen. Sie werden die zugeordneten Legendreschen Polynome P_l^m genannt, für $m = 0$ einfach Legendresche Polynome P_l. Eine Darstellung dieser Polynome ist $(m \geq 0)$

$$\begin{aligned} P_l^m &= (-1)^m (1-\zeta^2)^{m/2} \frac{d^m}{d\zeta^m} P_l(\zeta), \\ P_l^{-m} &= (-1)^m P_l^m, \\ P_l &= \frac{1}{2^l l!} \frac{d^l}{d\zeta^l} (\zeta^2 - 1)^l, \\ \int_{-1}^{+1} d\zeta P_{l'}(\zeta) P_l(\zeta) &= \frac{2}{2l+1} \delta_{l,l'} \,. \end{aligned} \tag{4.55}$$

Damit sind die Eigenfunktionen von $\hat{\mathbf{L}}^2$ bekannt. Bestimmt man noch einen Vorfaktor so, dass $(Y,Y) = 1$ wird, dann erhält man

$$\begin{aligned} \hat{\mathbf{L}}^2 Y_{lm}(\vartheta,\varphi) &= \hbar^2 l(l+1) Y_{lm}, \qquad \begin{matrix} l = 0,1,2,\ldots \\ m = -l,\ldots,+l \end{matrix} \\ Y_{lm} &= (-1)^m \sqrt{\frac{2l+1}{4\pi} \frac{(l-|m|)!}{(l+|m|)!}} P_l^m(\zeta) e^{im\varphi}, \\ (Y_{l'm'}, Y_{lm}) &= \int_0^{2\pi} d\varphi \int_{-1}^{+1} d\zeta \; Y^\star_{l'm'} Y_{lm} = \delta_{l,l'} \delta_{m,m'} \,. \end{aligned} \tag{4.56}$$

Diese Funktionen heißen *Kugelflächenfunktionen*. Sie bilden ein orthogonales und vollständiges System von Funktionen der Variablen ϑ, φ bzw. ζ, φ nach denen man jede Funktion dieser Variablen entwickeln kann. Vielfach interessieren Zustände bis zum Drehimpuls $l = 2$. Deswegen sollen die ersten Kugelflächenfunktionen explizit angegeben werden

$$\begin{aligned} Y_{00} &= \frac{1}{\sqrt{4\pi}}, \\ Y_{10} &= \sqrt{\frac{3}{4\pi}} \zeta, \\ Y_{1\pm1} &= \mp \sqrt{\frac{3}{8\pi}} (1-\zeta^2)^{1/2} e^{\pm i\varphi}, \\ Y_{20} &= \sqrt{\frac{5}{4\pi}} \frac{1}{2} (3\zeta^2 - 1), \\ Y_{2\pm1} &= \mp \sqrt{\frac{5}{24\pi}} 3(1-\zeta^2)^{1/2} \zeta e^{\pm i\varphi}, \\ Y_{2\pm2} &= \sqrt{\frac{5}{96\pi}} 3(1-\zeta^2) e^{\pm 2i\varphi} \,. \end{aligned} \tag{4.57}$$

Zusammenfassend können wir sagen, dass über die Drehimpulserhaltung im Zentralkraftfeld der Winkelanteil der Wellenfunktion bestimmt wurde. Dieser ist unabhängig von der Form des Potentials $V(r)$ und durch die Kugelflächenfunktionen gegeben. Die verschiedenen Lösungen der Schrödingergleichung lassen sich durch die Quantenzahlen zum Betrag l und zur z-Komponente m des Drehimpulses unterscheiden (dazu kommt dann noch die Energiequantenzahl), die den Wertebereich (4.54) durchlaufen.

Eine Übersicht über die Eigenschaften der Kugelflächenfunktionen wird in **MB9** gegeben.

4.2.5 Aufgaben

4.4. Der Hamiltonoperator eines starren Hantel-Moleküls, welches im Raum um den Koordinatenursprung rotiert („Rotator" mit zwei Freiheitsgraden, den Winkeln ϑ, φ (Kugelkoordinaten)) ist durch

$$\hat{\mathrm{H}} = \frac{\hat{\mathbf{L}}^2}{2I} \tag{4.58}$$

gegeben. Dabei ist $\hat{\mathbf{L}}$ der Operator des Bahndrehimpulses und I ist das Trägheitsmoment. Wie lauten die Energieeigenwerte E des zugehörigen Rotators? Sind die Energieeigenwerte entartet?

4.5. Ein Rotator mit zwei Freiheitsgraden, dem Polarwinkel ϑ und dem Azimutwinkel φ, sei zu einem bestimmten Zeitpunkt im Zustand mit der Wellenfunktion

$$u(\vartheta, \varphi) = N\left(\sin\vartheta\cos\varphi + \sin\vartheta\sin\varphi + \sqrt{3}\cos\vartheta\right) . \tag{4.59}$$

(N-Normierungsfaktor)

a) Wie gross ist die Wahrscheinlichkeit dafür, dass man bei einer Messung des Drehimpulsquadrats in diesem Zustand des Rotators den Wert $2\hbar^2$ findet?
b) Mit welcher Wahrscheinlichkeit findet man bei einer Messung des Observablenpaars Drehimpulsquadrat und z-Komponente des Drehimpulses das Messwertpaar $2\hbar^2$ für $\hat{\mathbf{L}}^2$ und 0 für $\hat{\mathrm{L}}_z$?

4.6. Es ist zu zeigen, dass die Erwartungswerte von $\hat{\mathrm{L}}_x$ und $\hat{\mathrm{L}}_y$ in einem Zustand ψ mit definiertem Wert von $\hat{\mathrm{L}}_z$ verschwinden.

4.3 Die radiale Bewegung

Zusammenfassung: Die Drehimpulserhaltung reduziert die Lösung der Schrödingergleichung für die dreidimensionale Bewegung auf die Betrachtung der eindimensionalen (radialen) Bewegung im Effektivpotential $V_{\text{eff}} = V(r) + \hbar^2 l(l+1)/2mr^2$. Der Radialteil $u(r)$ der Wellenfunktion $\chi(\mathbf{r}) = (u/r)Y(\vartheta, \varphi)$ hat hinsichtlich diskreter Eigenwerte, Knotenzahl, exponentiellem Abfall usw. die Eigenschaften der Wellenfunktion bei einer eindimensionalen Bewegung. Für kleine Abstände vom Zentrum ist u proportional zu r^{l+1}. Die Eigenwerte hängen nicht von der Orientierung m des Drehimpulses im Raum ab. Im Coulombpotential ergeben sich die beim Wasserstoffatom beobachteten Terme als Eigenwerte mit $n = n_r + l + 1$. Neben der Entartung zu verschiedenen m-Werten tritt eine Entartung von Zuständen mit verschiedener Knotenzahl n_r und verschiedenem Drehimpuls auf.

4.3.1 Die Schrödingergleichung für den Radialteil

Bei der Bewegung im Zentralkraftfeld erkennt man aus der Form des Hamiltonoperators

$$\hat{\mathrm{H}} = \frac{\hat{\mathrm{p}}_r^2}{2m} + \frac{\hat{\mathbf{L}}^2}{2mr^2} + V(r) , \qquad \hat{\mathrm{p}}_r = \frac{\hbar}{i}\frac{1}{r}\frac{\partial}{\partial r} r , \tag{4.60}$$

dass der Drehimpuls eine Erhaltungsgröße ist. Das ermöglicht den Ansatz (4.37)

$$\chi(\mathbf{r}) = \frac{u(r)}{r} Y_{lm}(\vartheta, \varphi) \tag{4.61}$$

für die Lösung der Schrödingergleichung

$$\left[-\frac{\hbar^2}{2m}\frac{1}{r}\frac{\partial^2}{\partial r^2} r + \frac{\hat{\mathbf{L}}^2}{2mr^2} + V(r) \right] \chi = E\chi . \tag{4.62}$$

Um Verwechslungen mit der Winkelvariablen φ zu vermeiden, nennen wir die Wellenfunktion jetzt $\chi(\mathbf{r})$ anstatt $\varphi(\mathbf{r})$. In (4.62) wirkt nur $\hat{\mathbf{L}}^2$ auf die Kugelflächenfunktionen. Da diese aber die Eigenfunktionen (4.56) von $\hat{\mathbf{L}}^2$ sind, können wir den Operator $\hat{\mathbf{L}}^2$ durch den zugehörigen Eigenwert $\hbar^2 l(l+1)$ ersetzen. Dann kann man den Winkelanteil der Wellenfunktion aus (4.62) herauskürzen und es verbleibt eine gewöhnliche Differentialgleichung für den Radialteil, den wir in (4.61) in der Form $u(r)/r$ geschrieben haben. Die Abspaltung des Faktors $1/r$ ist günstig, da dann (4.62) die Gestalt

$$-\frac{\hbar^2}{2m}\frac{1}{r}\frac{d^2}{dr^2} r\frac{u}{r} + \frac{\hbar^2 l(l+1)}{2mr^2}\frac{u}{r} + V(r)\frac{u}{r} = E\frac{u}{r} \tag{4.63}$$

erhält. Hier kürzen sich hinter der Differentiation die Faktoren r weg, und nach Multiplikation der ganzen Gleichung mit r ergibt sich die *radiale Schrödingergleichung*

$$\left[-\frac{\hbar^2}{2m}\frac{d^2}{dr^2}+\frac{\hbar^2 l(l+1)}{2mr^2}+V(r)\right]u(r) = Eu(r)$$
$$u(0)=0 \qquad (u,u)=1\,. \tag{4.64}$$

Wegen des Faktors $1/r$ in (4.61) muss $u(0)=0$ sein, damit die Wellenfunktion endlich bleibt. Die Normierungsbedingung für χ reduziert sich wegen der Normierung (4.51) der Kugelflächenfunktionen Y_{lm} auf

$$(\chi,\chi)=\int_0^\infty dr\, r^2\int_0^{2\pi} d\varphi\int_{-1}^{+1} d\zeta\,\left|\frac{u}{r}\right|^2 |\,Y_{lm}\,|^2=\int_0^\infty dr\,|\,u\,|^2=(u,u)\,. \tag{4.65}$$

(4.64) unterscheidet sich formal in keiner Weise von den in Kapitel 2 behandelten eindimensionalen Problemen. Die Variable heißt hier r, dort hieß sie x. Die Variable r überstreicht nur positive Werte. Für $r=0$ haben wir dafür die Randbedingung $u(0)=0$. Das Potential, in dem sich das Teilchen nach (4.64) bewegt , ist das *Effektivpotential*

$$V_{\text{eff}}(r)=\frac{\hbar^2 l(l+1)}{2mr^2}+V(r)\,. \tag{4.66}$$

das neben dem gegebenen Potential $V(r)$ das Zentrifugalpotential enthält. Wie in der klassischen Mechanik (4.23) müssen wir die *eindimensionale radiale Bewegung im Effektivpotential* untersuchen.

4.3.2 Der Radialteil der Wellenfunktion

Wir wollen zunächst den qualitativen Verlauf des Radialteils der Wellenfunktion bei der Bewegung im Coulombpotential $V(r)=-\in^2/r$ untersuchen. Dazu vereinfachen wir die Form der Schrödingergleichung (4.64) durch Einführung atomarer Einheiten (4.10), wobei wir den dimensionslosen Energiewert durch $E=-\kappa^2/2$ ausdrücken wollen. Analog zu (4.12) ergibt sich (nach Multiplikation mit -2)

$$\left[\frac{d^2}{dr^2}-\frac{l(l+1)}{r^2}+\frac{2}{r}-\kappa^2\right]u(r)=0, \qquad E=-\frac{\kappa^2}{2}\,. \tag{4.67}$$

Bei der Bewegung im Coulombpotential hat das Effektivpotential die in Abb. 4.3 dargestellte Form. Bei kleinen Abständen vom Zentrum überwiegt das abstoßende Zentrifugalpotential. In großen Abständen fällt das Zentrifugalpotential schneller auf Null ab als das Coulombpotential, so dass das Effektivpotential anziehend wird. Dazwischen liegt ein Minimum im Abstand $r_m=l(l+1)$ mit der Tiefe $V(r_m)=-1/r_m$. Wir interessieren uns für die gebundenen Zustände $E<0$ (d.h. $\kappa^2>0$).

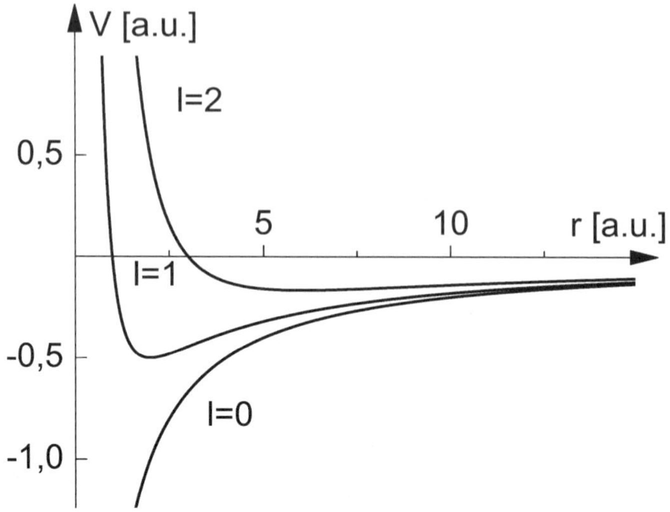

Abb. 4.3 Effektivpotential im Wasserstoffatom für verschiedene Drehimpulse.

In kleinen Abständen vom Zentrum kann man κ^2 und $2/r$ in (4.67) gegen das Zentrifugalpotential vernachlässigen. Die Schrödingergleichung reduziert sich auf

$$\left(\frac{d^2}{dr^2} - \frac{l(l+1)}{r^2}\right) u = 0 \,. \tag{4.68}$$

(4.68) ist durch einen einfachen Potenzansatz lösbar

$$u \sim r^\nu, \quad \nu(\nu-1) = l(l+1), \tag{4.69}$$

es ergibt sich eine quadratische Gleichung für den Exponenten. Die zwei Lösungen von (4.69) sind $\nu = l+1$ und $\nu = -l$. Die zweite Lösung scheidet wegen der Randbedingung $u(0) = 0$ aus. Für *kleine Abstände* verhält sich der Radialteil $u(r)$ also wie (das gilt auch für $l = 0$)

$$u(r) \sim r^{l+1} \quad \text{für} \quad r \to 0 \,. \tag{4.70}$$

Diese Aussage ist nicht auf die Bewegung im Coulombpotential beschränkt. Sie setzt nur voraus, dass bei kleinen Abständen das Zentrifugalpotential überwiegt. Je größer der Drehimpuls ist, desto langsamer wächst die Wellenfunktion von $r = 0$ aus an, desto kleiner ist also die Aufenthaltswahrscheinlichkeit in Kernnähe.

In großen Abständen ist das Effektivpotential in (4.67) auf Null abgeklungen und die Schrödingergleichung reduziert sich auf

$$\left(\frac{d^2}{dr^2}-\kappa^2\right)u=0, \quad u\sim e^{\pm\kappa r} \tag{4.71}$$

Von den beiden Lösungen scheidet die exponentiell anwachsende wegen der Normierbarkeit aus. Das Verhalten

$$u\sim e^{-\kappa r} \quad \text{für} \quad r\to\infty \tag{4.72}$$

ähnelt dem Ergebnis beim Potentialtopf. Wir haben einen exponentiellen Abfall mit r im Exponenten und einem Koeffizienten, der die Differenz zwischen dem asymptotischen Potentialwert $[V_{\text{eff}}(\infty)=\text{konst.}=0]$ und der Energie charakterisiert. Dieses Ergebnis ist also an $V_{\text{eff}}(\infty)=\text{konst.}$ gebunden. Bei anderem Verlauf, etwa $V(r)\sim r^2$ erhält man einen anderen Abfall, wie das auch beim harmonischen Oszillator in Abschn. 2.2.2 der Fall war. Die gesamte Lösung von (4.67) werden wir also in der Form

$$u(r)=r^{l+1}f(r)e^{-\kappa r} \tag{4.73}$$

ansetzen. Die herausgezogenen Faktoren beschreiben das asymptotische Verhalten für $r\to 0$ und $r\to\infty$. $f(r)$ muss die Oszillationen innerhalb des klassischen Aufenthaltsbereiches enthalten, insbesondere muss es die dem betrachteten Energiezustand entsprechende Knotenzahl liefern.

4.3.3 Der Radialteil der Wellenfunktion beim Wasserstoffatom

Jetzt wollen wir darangehen, die in (4.73) offene Funktion $f(r)$ für die *Bewegung im Coulombpotential* (4.67) zu bestimmen. Setzen wir (4.73) in (4.67) ein, dann erhalten wir eine Differentialgleichung für $f(r)$. Mit

$$\begin{aligned}
u' &= f[(l+1)r^l-\kappa r^{l+1}]e^{-\kappa r}\\
&\quad +f'r^{l+1}e^{-\kappa r}\,,\\
u'' &= f[l(l+1)r^{l-1}-2\kappa(l+1)r^l+\kappa^2r^{l+1}]e^{-\kappa r}\\
&\quad +f'[2(l+1)r^l-2\kappa r^{l+1}]e^{-\kappa r}\\
&\quad +f''r^{l+1}e^{-\kappa r}
\end{aligned} \tag{4.74}$$

ergibt sich nach Kürzen der Faktoren r^{l+1} und $e^{-\kappa r}$

$$\begin{aligned}
&-f''\\
&-f'\left[\frac{2(l+1)}{r}-2\kappa\right]\\
&-f\left[\frac{l(l+1)}{r^2}-\frac{2\kappa(l+1)}{r}+\kappa^2-\frac{l(l+1)}{r^2}+\frac{2}{r}-\kappa^2\right]=0\,.
\end{aligned} \tag{4.75}$$

Somit lautet die Bestimmungsgleichung für $f(r)$

$$\left[\frac{d^2}{dr^2}+2\left(\frac{l+1}{r}-\kappa\right)\frac{d}{dr}+\frac{2}{r}\left[1-\kappa(l+1)\right]\right]f(r)=0\,. \tag{4.76}$$

Da die Koeffizienten von (4.76) nur Potenzen von r enthalten und die Glieder alle von der Ordnung $(r)^{-2}$ bzw. $(r)^{-1}$ sind, lässt sich diese Gleichung durch einen Potenzreihenansatz lösen.

$$f(r)=\sum_{n=0}^{\infty}c_n r^n, \qquad c_0\neq 0\,. \tag{4.77}$$

In f muss $c_0 \neq 0$ sein, da in (4.73) schon das richtige asymptotische Verhalten abgespalten wurde. Schreiben wir

$$\begin{aligned}
f(r) &= c_0+\sum_{n=1}^{\infty}c_n r^n = c_0 + r\sum_{n=0}^{\infty}c_{n+1}r^n,\\
f'(r) &= \sum_{n=1}^{\infty}nc_n r^{n-1}=\sum_{n=0}^{\infty}(n+1)c_{n+1}r^n\\
&= c_1+r\sum_{n=0}^{\infty}(n+2)c_{n+2}r^n,\\
f''(r) &= \sum_{n=2}^{\infty}n(n-1)c_n r^{n-2}=\sum_{n=0}^{\infty}(n+2)(n+1)c_{n+2}r^n,
\end{aligned} \tag{4.78}$$

dann können wir (4.76) leicht nach Potenzen von r ordnen.

$$\begin{aligned}
\sum_{n=0}^{\infty} r^n \{\, &(n+2)(n+1)c_{n+2}+2(l+1)(n+2)c_{n+2}-2\kappa(n+1)c_{n+1}\\
&+2[1-\kappa(l+1)]c_{n+1}\,\}\\
&+\frac{2(l+1)}{r}c_1+\frac{2[1-\kappa(l+1)]}{r}c_0=0\,.
\end{aligned} \tag{4.79}$$

Die Koeffizienten aller Potenzen von r müssen in (4.79) verschwinden

$$\begin{aligned}
2(l+1)c_1+2[1-\kappa(l+1)]c_0=0,&\\
[(n+2)(n+1)+2(l+1)(n+2)]c_{n+2}&\\
+2[1-\kappa(l+1)-\kappa(n+1)]c_{n+1}=0\,.&
\end{aligned} \tag{4.80}$$

Die Bedingung für den Koeffizienten von r^{-1} wurde extra aufgeschrieben, sie wird jedoch für $n=-1$ auch durch die zweite Gleichung geliefert. Ersetzen wir noch n durch $n-1$, dann lautet die Rekursionsformel für die Koeffizienten der Potenzreihe (4.77)

$$c_{n+1}=-2\frac{1-\kappa(l+n+1)}{2(n+1)(l+1)+n(n+1)}c_n, \qquad n=0,1,\dots\,. \tag{4.81}$$

Die Betrachtungen sind analog zu denen beim harmonischen Oszillator (Abschn. 2.2.2), wo ebenfalls ein Potenzreihenansatz zur Lösung führte. Wir müssen das asymptotische Verhalten der Funktion $f(r)$ untersuchen. Durch $c_0 \neq 0$ wird das Verhalten (4.73) für $r \to 0$ nicht gestört. Wie sieht es für große r aus?

Für große Abstände wird $f(r)$ durch die hohen Potenzen von r bestimmt. Wie sehen deren Koeffizienten aus? Die Rekursionsformel (4.81) vereinfacht sich für große n zu

$$c_n = \frac{2\kappa}{n} c_{n-1} \approx \frac{(2\kappa)^n}{n!} c_0 \,. \tag{4.82}$$

Für diese einfache Form der Koeffizienten ist (4.77) aber geschlossen darstellbar

$$f(r) \approx c_0 \sum_{n=0} \sum_{n=0}^{\infty} \frac{(2\kappa r)^n}{n!} = c_0 e^{2\kappa r} \,. \tag{4.83}$$

Die Lösung von (4.76) ist also im Allgemeinen eine exponentiell anwachsende Funktion. Setzt man (4.83) in (4.73) ein, dann sieht man, dass der Radialteil $u(r)$ als Lösung von (4.67) mit $e^{\kappa r}$ exponentiell anwächst. Dieses Ergebnis ist nicht verwunderlich. Wir hatten gesehen, dass es zwei asymptotische Lösungen $\exp(\pm\kappa r)$ gibt. Bei Vorgabe einer bestimmten Funktionsform für kleine r wird die Integration von (4.67) im Allgemeinen auf eine Linearkombination dieser beiden Lösungen führen, von denen für große r die Lösung $e^{+\kappa r}$ überwiegt.

Nur unter speziellen Bedingungen wird die Lösung $e^{+\kappa r}$ im asymptotischen Verlauf nicht auftreten. Diese Bedingungen, die uns auf die Eigenwerte führen werden, ergeben sich aus der Forderung, dass $f(r)$ nicht wie in (4.83) exponentiell anwachsen darf. Das ist aber nur realisierbar, wenn die Reihe (4.77) abbricht, wenn f nur ein endliches Polynom ist. Dazu muss der Koeffizient, der c_{n+1} und c_n verbindet, für eine Potenz - sagen wir $n = n_r$ - verschwinden. Das ist für spezielle Werte von κ, d. h. für spezielle Energien, erreichbar, nämlich dann, wenn

$$\kappa = \frac{1}{n_r + l + 1}, \qquad n_r = 0, 1, 2, , \ldots \,. \tag{4.84}$$

ist. Mit (4.84) ergibt sich aus (4.81) $c_{n_r+1} = 0$. Damit verschwinden aber auch alle weiteren Koeffizienten, f wird ein Polynom mit der höchsten Potenz r^{n_r}.

(4.84) wählt bestimmte Energiewerte aus, wiederum hat uns die Normierungsforderung auf diskrete Eigenwerte geführt. Mit $E = -(\in^2/a_0)\kappa^2/2$ wobei wir im Endergebnis von den atomaren Einheiten wieder auf die dimensionsbehafteten Größen übergehen, sind die Eigenwerte

$$\begin{aligned} E_{n_r l} &= -\frac{\in^2}{2a_0} \frac{1}{(n_r + l + 1)^2}, \qquad n_r = 0, 1, 2, \ldots, \qquad l = 0, 1, 2, \ldots \\ E_n &= -\frac{\in^2}{2a_0} \frac{1}{n^2}, \qquad n = 1, 2, 3, \ldots \,. \end{aligned} \tag{4.85}$$

Bestimmt man die Koeffizienten (4.43) für verschiedene n_r und l und berechnet c_0 aus der Normierungsbedingung (4.26), dann ergibt sich für den Radialteil u_{nl} (mit

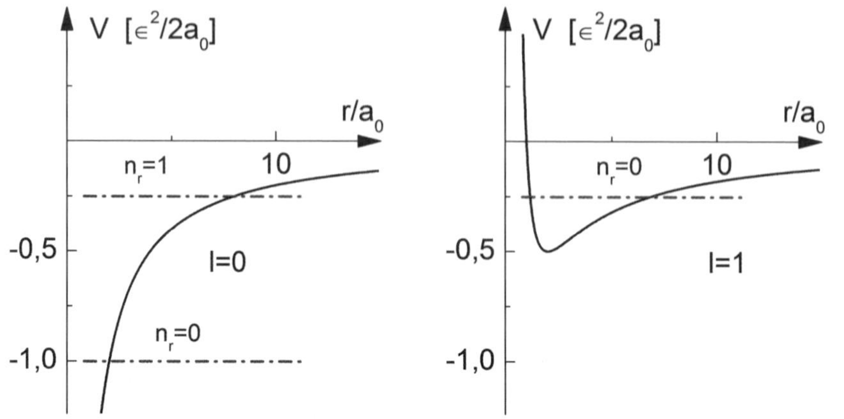

Abb. 4.4 Entartung der Eigenwerte zu verschiedenen Drehimpulsen.

der Quantenzahl n, nicht n_r, und den üblichen Buchstaben s,p,d für die Drehimpulswerte $l = 0,1,2$)

$$\begin{aligned}
u_{1s} &= \frac{2}{\sqrt{a_0}} \frac{r}{a_0} e^{-r/a_0}, \\
u_{2s} &= \frac{1}{\sqrt{2a_0}} \frac{r}{a_0} \left(1 - \frac{1}{2} \frac{r}{a_0}\right) e^{-r/2a_0}, \\
u_{3s} &= \frac{2}{3\sqrt{3a_0}} \frac{r}{a_0} \left[1 - \frac{2}{3} \frac{r}{a_0} + \frac{2}{27} \left(\frac{r}{a_0}\right)^2\right] e^{-r/3a_0}, \\
u_{2p} &= \frac{1}{\sqrt{24a_0}} \left(\frac{r}{a_0}\right)^2 e^{-r/2a_0}, \\
u_{3p} &= \frac{8}{27} \frac{1}{\sqrt{6a_0}} \left(\frac{r}{a_0}\right)^2 \left(1 - \frac{1}{6} \frac{r}{a_0}\right) e^{-r/3a_0}, \\
u_{3d} &= \frac{4}{81} \frac{1}{\sqrt{30a_0}} \left(\frac{r}{a_0}\right)^2 e^{-r/3a_0} .
\end{aligned} \tag{4.86}$$

Die Polynome, die sich für $f(r)$ ergeben, werden zugeordnete Laguerresche Polynome genannt, für $l = 0$ einfach Laguerresche Polynome.

(4.85) und (4.86) fassen die Ergebnisse für das Wasserstoffatom zusammen. Untersucht man Zustände zu einem festen Drehimpuls l, dann betrachtet man *ein bestimmtes Effektivpotential*. Die zugehörige radiale Schrödingergleichung hat Lösungen zu diskreten Energien, die durch ihre *Knotenzahl* charakterisiert werden können.

Zu jedem l gibt es einen Satz von Lösungen, die jeweils mit einer knotenfreien Radialfunktion als Grundzustand in dem betrachteten Effektivpotential beginnen. Wie in Abb. 4.4 dargestellt ist, besteht die Besonderheit beim Coulombpotential

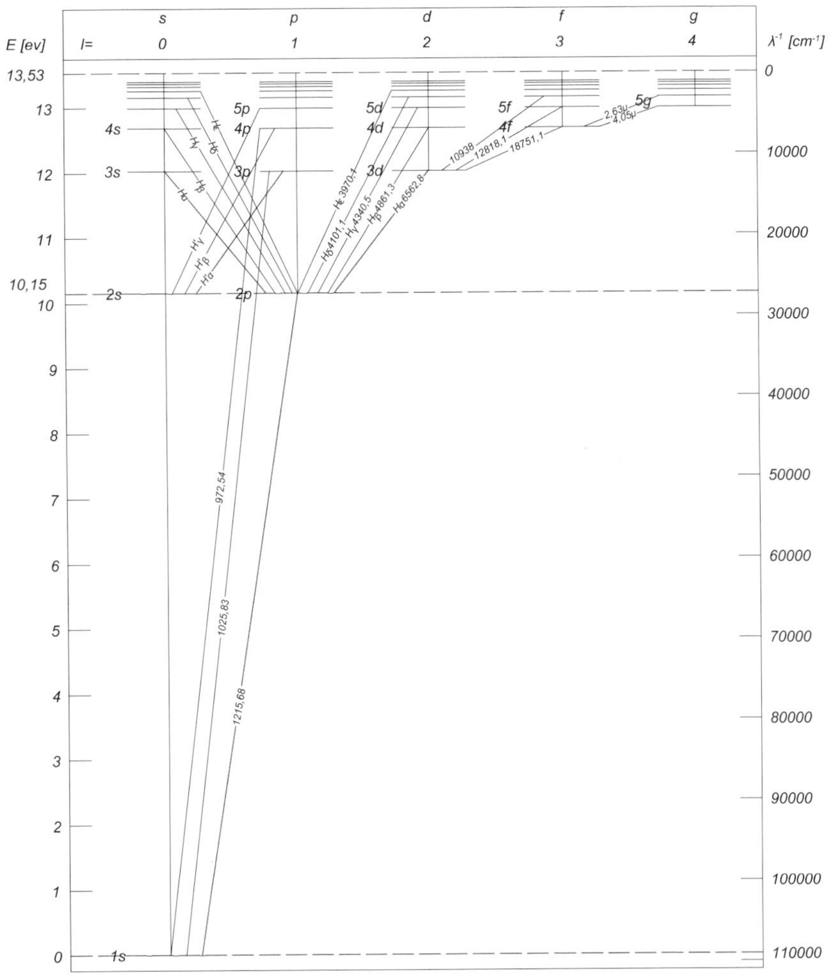

Abb. 4.5 Niveauschema des Wasserstoffatoms geordnet nach Drehimpuls (l) und Hauptquantenzahl (n). Die Stärke der Linien entspricht der Ühergangswahrscheinlichkeit [nach Schpolski, E. W.: *Atomphysik II*, 4. Aufl., Verlag der Wissenschaften, Berlin, 1967]

darin, dass der Grundzustand für $l = 1$ mit dem ersten angeregten Zustand für $l = 0$ entartet ist usw. Das hängt mit besonderen Invarianzeigenschaften des Coulombpotentials zusammen, auf die hier nicht eingegangen wird. Das Termschema (4.85) kann daher durch eine einzige Hauptquantenzahl $n = n_r + l + 1$ charakterisiert werden. Das ist gerade die Quantenzahl, die sich bei der Auswertung der spektroskopischen Daten (4.1) ergeben hatte. Mit $R' = \in^2 /2a_0$ wird auch die absolute Lage der experimentellen Terme richtig wiedergegeben.

Abb. 4.5 enthält das vollständige Niveauschema des Wasserstoffatoms.

Im Unterschied zu Abb. 4.2 sind die Energieterme durch *zwei Quantenzahlen* charakterisiert. Anstelle der anschauliche Eigenschaften beschreibenden Energiequantenzahl n_r wird die Hauptquantenzahl $n = n_r + l + 1$ verwendet. Das ist historisch bedingt, bei der Auswertung des Wasserstoffspektrums spielte zunächst die Hauptquantenzahl n die maßgebliche Rolle.

Statt der Drehimpulswerte $l = 0, 1, 2, 3, 4, \ldots$ schreibt man die Buchstaben s, p, d, f, g, ... Sie sind auch historisch zu verstehen, sie sind aus der Linienform bzw. aus dem Seriennamen (sharp, principal, diffuse, fundamental) abgeleitet.

Die Berechnung der Lösungen der radialen Schrödingergleichung für das Wasserstoffatom wird in **MB10** diskutiert. Das Notebook **MB11** diskutiert den Fall, dass sich das Wassterstoffatom in einem Potentialtopf befindet.

4.3.4 Bewegung im Zentralkraftfeld

Bewegungen im Zentralkraftfeld spielen eine solch zentrale Rolle - sie begegnen uns bei vielen Problemen der Atom-, Molekül-, Festkörper- und Kernphysik -, so dass wir die Ergebnisse der vorangegangenen Abschnitte noch einmal zusammenfassen wollen. Viele der Betrachtungen, die bis zu den Termwerten und den Eigenfunktionen des Wasserstoffatoms führten, besitzen Allgemeingültigkeit.

Bei der Bewegung im Zentralkraftfeld werden die Zustände durch die *Energie* (die zugehörige Quantenzahl ist die Knotenzahl n_r des Radialteils der Wellenfunktion), durch den *Betrag des Drehimpulses* l (der Eigenwert von $\hat{\mathbf{L}}^2$ ist $\hbar^2 l(l+1)$) und durch die *z-Komponente* m des *Drehimpulses* (der Eigenwert von $\hat{\mathrm{L}}_z$ ist $\hbar m$) klassifiziert. Die Eigenzustände haben die Form

$$\chi_{n_r lm}(\boldsymbol{r}) = \frac{1}{r} u_{n_r l}(r) Y_{lm}(\vartheta, \varphi) \,. \tag{4.87}$$

Aufgrund der Kugelsymmetrie des Potentials ist die Wellenfunktion in Kugelkoordinaten separierbar. Der Winkelanteil (die Kugelflächenfunktionen) ist durch die Eigenfunktionen der Drehimpulsgrößen

$$\begin{aligned} \boldsymbol{L}^2 Y_{lm} &= \hbar^2 l(l+1) Y_{lm}, \quad & l &= 0, 1, 2, \ldots\,, \\ L_z e^{im\varphi} &= \hbar m e^{im\varphi}, & m &= 0, \pm 1, \pm 2, \ldots, \pm l \end{aligned} \tag{4.88}$$

bestimmt. Die Kugelflächenfunktionen sind bekannte Funktionen (4.57), die von $V(r)$ unabhängig sind.

Der unbekannte Radialteil u der Wellenfunktion wird aus der radialen Schrödingergleichung

$$\left[-\frac{\hbar^2}{2m}\frac{d^2}{dr^2}+\frac{\hbar^2 l(l+1)}{2mr^2}+V(r)\right]u_{n_r l}(r)=E_{n_r l}u_{n_r l}(r)\,,\qquad u(0)=0\,,\qquad (u,u)=1 \tag{4.89}$$

berechnet. (4.89) zeigt, dass durch die Symmetrie des Potentials und die damit verbundene Drehimpulserhaltung das dreidimensionale Bewegungsproblem auf die Lösung einer eindimensionalen Schrödingergleichung reduziert wurde. (4.89) entspricht einer eindimensionalen Bewegung im Effektivpotential mit der Randbedingung $u(0)=0$. Für die numerische Lösung von (4.89) eignet sich besonders die Numerov-Methode (siehe **MB12**). [38]

Der Radialteil verläuft in kleinen Abständen vom Kraftzentrum proportional zu r^{l+1}, *mit wachsendem Drehimpuls sinkt also die Aufenthaltswahrscheinlichkeit in der Nähe des Kraftzentrums*. Im klassischen Aufenthaltsbereich besitzt u n_r Knoten. Für große Abstände fällt u exponentiell ab. In der Regel geht das Potential asymptotisch gegen Null (da in großen Abständen keine Kraftwirkungen auftreten). Dann ist $u \sim e^{-\kappa r}$, worin $\kappa \sim \sqrt{E}$ um so größer ist, je tiefer der betrachtete Zustand unter diesem asymptotischen Potentialwert liegt. In Abb. 4.6 ist der typische Verlauf von $u_{n_r l}$ zu sehen.

Die Eigenwerte hängen nur von den Quantenzahlen n_r und l ab, nicht von m. Im kugelsymmetrischen Potential kann die Energie nicht davon abhängen, in welche

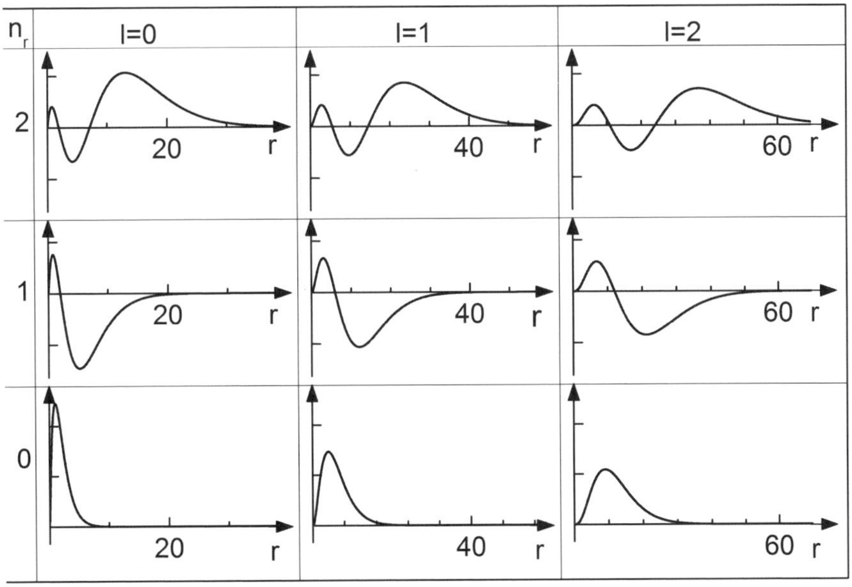

Abb. 4.6 Schematischer Verlauf des Radialteils u(r) der Wellenfunktion für verschiedene Knotenzahlen und zu verschiedenen Drehimpulsen.

Richtung der Drehimpuls zeigt (bzw. wie groß seine Projektion auf die z-Achse ist). Man kann die Terme daher wie in Abb. 4.7 nach n_r und l ordnen. Tatsächlich wird bei Atomspektren die Hauptquantenzahl $n = n_r + l + 1$ statt der Knotenzahl verwendet.

In der Kernphysik, zur Charakterisierung der Einteilchenzustände der Nukleonen im Atomkern, erhalten Zustände gleicher Knotenzahl dagegen die gleiche Energiequantenzahl $n = n_r + 1$. Außerdem schreibt man stets, wie schon erwähnt, statt der Bahndrehimpulswerte $l = 0, 1, 2, 3, 4, \ldots$ die Buchstaben $s, p, d, f, g, \ldots$ Die Zustände von Abb. 4.7 sind alle $(2l + 1)-$fach entartet, denn soviel verschiedene Werte m gibt es nach (4.88).

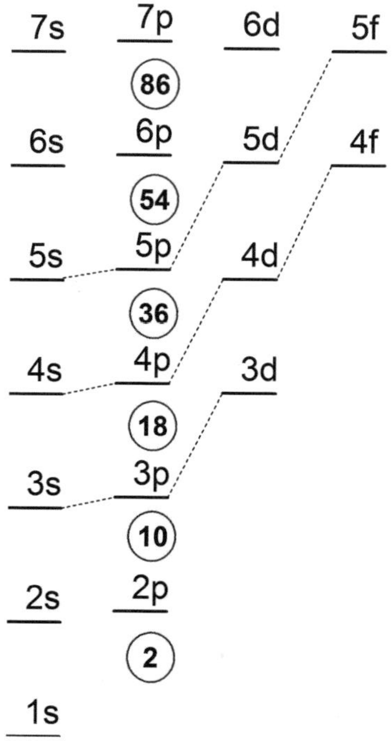

Abb. 4.7 Termschema im Zentralkraftfeld: Relative Lage der Energieterme der Elektronen im Atom in der Reihenfolge der Auffüllung im Periodischen System der Elemente (Tabellenanhang, Tab. II), geordnet nach Hauptquantenzahl $n = n_r + l + 1$ und Drehimpulsquantenzahl l. Während beim Wasserstoffatom Niveaus gleicher Hauptquantenzahl miteinander entartet sind, rücken hier mit wachsendem Drehimpuls durch die Abschirmung des Atomkerns die Terme nach oben. Zu einer Periode gehören Zustände verschiedener Hauptquantenzahl.

Für einen bestimmten Wert von l haben wir Zustände im gleichen Effektivpotential, die sich durch ihre Knotenzahl voneinander unterscheiden. Man hat für $l = 0$ also die Terme $n_r = 0, l = 0(1s), n_r = 1, l = 0(2s)$ usw. Für $l = 1$ gehört der unterste Term zu $n_r = 0, l = 1$, der mit $1p$ bei Kernspektren, bei Atomspektren - wegen $n = n_r + l + 1 = 2$ - mit $2p$ bezeichnet wird. Die angeregten Zustände sind entsprechend $3p, 4p, \ldots$ bei Atomspektren (sonst $2p, 3p, \ldots$). Die besondere Bezeichnung atomarer Spektren ist, wie schon in Abschn. 4.3.3 erwähnt, historisch bedingt. Bei der Auswertung des experimentellen Materials spielte das Wasserstoffatom mit seiner zusätzlichen Entartung eine dominierende Rolle. In Unkenntnis der Quanten-

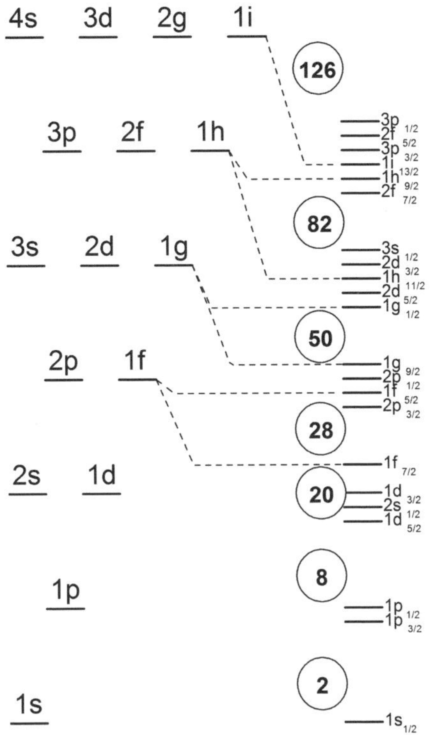

Abb. 4.8 Relative Lage der Energieniveaus der Neutroncn (bzw. Protonen) im Atomkern in der Reihenfolge der Auffüllung im Schalenmodell des Atomkerns, geordnet nach Energiequantenzahl $n = n_r + 1$ und Drehimpulsquantenzahl l. Die Termfolge lässt sich aus den Niveaus des dreidimensionalen harmonischen Oszillators durch Berücksichtigung der Spinbahnkopplung verstehen, durch die ein Niveau l in zwei mit $j = l \pm 1/2$ aufgespalten wird.

mechanik hielt man daher die Hauptquantenzahl für den charakteristischen Parameter. Beim Termschema des Atomkerns, an dessen Berechnung man entsprechend der Entwicklung der Vorstellungen über den Atomkern erst nach der Entdeckung der Quantenmechanik herangehen konnte, beginnt die Termfolge zu $l = 1$ mit dem Term $1p$. Hier haben also Zustände gleicher Knotenzahl die gleiche Ziffer. In Abb. 4.8 ist diese Bezeichnungsweise dargestellt.

Generell wächst die Energie - bei gleicher Knotenzahl - mit dem Drehimpuls, da man Zustände in einem stärker abstoßenden Potential betrachtet. Dagegen hängt die relative Lage der Zustände $n_r = 1, l = 0$ bzw. $n_r = 0, l = 1$ (d.h. der Zustände gleicher Hauptquantenzahl in der Bezeichnungsweise der Atomspektren) von der Form des Potentials ab. Beim Coulombpotential sind sie entartet, in Abb. 4.7 liegt der Term $n_r = 0, l = 1$ höher, in Abb. 4.8 tiefer.

4.3.5 Aufgaben

4.7. Man berechne die Fouriertransformierte der Wellenfunktion des Wasserstoffatoms im $1s$-Zustand

$$\psi_{1s}(\mathbf{r}) = \frac{1}{\sqrt{\pi a_0^3}} e^{-r/a_0} \ . \tag{4.90}$$

Dabei ist a_0 der Bohrsche Wasserstoffradius.

4.8. Gegeben sei ein Zentralkraftfeld, in dem ein diskretes Energiespektrum existiert. Man beweise, dass der zu einer bestimmten Drehimpulsquantenzahl l gehörige kleinste Energiewert mit zunehmendem l größer wird.

4.9. Die Wechselwirkung zwischen einem Proton und einem Neutron sei näherungsweise durch das Potential

$$V(r) = -Ae^{-r/a} \tag{4.91}$$

beschreibbar. Man berechne die Wellenfunktion des Grundzustandes ($l = 0$) und die Beziehung zwischen der Topftiefe A und der Größe a, die die Reichweite der Wechselwirkung charakterisiert.
Hinweis: Man führe die radiale Schrödingergleichung auf die Besselsche Differentialgleichung zurück.

4.4 Der Elektronenspin

Zusammenfassung: Der Stern-Gerlach-Versuch zeigt, dass das Elektron einen Eigendrehimpuls besitzt, der zu einer vorgegebenen Richtung die beiden Einstellmöglichkeiten $\pm\hbar/2$ hat. Das Elektron hat somit vier Freiheitsgrade, die die Lage im Raum und die Spinstellung beschreiben. Mit der Eigenbewegung ist ein magnetisches Moment der Größe μ_B verknüpft. Für den Spin des Elektrons ist das Verhältnis von magnetischen Moment zu Drehimpuls doppelt so groß wie bei der Bahnbewegung.

4.4.1 Magnetisches Moment einer rotierenden Ladung

Die Entdeckung und die Auswirkungen des Elektronenspins sind unlösbar damit verknüpft, dass eine *umlaufende Ladung ein magnetisches Dipolmoment besitzt*. Wir wollen dies in einer klassischen Betrachtung berechnen. Eine umlaufende Masse besitzt den Drehimpuls $\boldsymbol{L} = \boldsymbol{r} \times \boldsymbol{p}$. Der Radiusvektor überstreicht im Zentralkraftfeld in gleichen Zeiten gleiche Flächen, was als Flächensatz $L = 2m\dot{A}$ bezeichnet wird. Ein Ringstrom besitzt ein magnetisches Dipolmoment $\mathbf{M} = I\mathbf{A}$. Für ein Elektron im Zentralkraftfeld ergibt sich mit $I = e/\tau$ und $\dot{A} = A/\tau$ (τ ist die Umlaufzeit)

$$\mathbf{M}_L = \frac{e}{2m}\mathbf{L}, \quad M_{L,z} = -\mu_B \frac{L_z}{\hbar} \ . \tag{4.92}$$

(4.92) enthält die für die klassische Mechanik charakteristische Bahnkurve nicht mehr. Die quantenmechanische Auswertung führt auf denselben Ausdruck (4.92), nur dass **M** und **L** dann Operatoren sind.

Da der Drehimpuls von der Größenordnung $\hbar$ ist, ist die charakteristische Größenordnung des magnetischen Moments eines Elektrons

$$\mu_B = \frac{|e|\hbar}{2m} = 9,274 \cdot 10^{-24}\,\mathrm{Am}^2 \ . \tag{4.93}$$

Die Einheit μ_B wird *das Bohrsche Magneton* genannt. Der Vorzeichenwechsel in (4.92) tritt dadurch auf, dass e die (negative) Ladung des Elektrons bezeichnet.

Um das magnetische Moment des Elektrons beobachten zu können, müssen wir es in *Wechselwirkung mit einem äußeren Magnetfeld* bringen. Die Wechselwirkungsenergie ist

$$\hat{\mathrm{H}}_{\mathrm{magn}} = -\hat{\mathbf{M}}_L \cdot \mathbf{B} = -\hat{\mathrm{M}}_{L,z} B = \mu_B B \frac{\hat{\mathrm{L}}_z}{\hbar} \ . \tag{4.94}$$

Dabei haben wir die z-Achse in Richtung des Magnetfeldes gelegt. Da die Lösungen der Schrödingergleichung im Zentralkraftfeld Eigenfunktionen von $\hat{\mathrm{L}}_z$ sind, kann $\hat{\mathrm{L}}_z$ in (4.94) (es ist ein Zusatzterm im Hamiltonoperator, der auf die Wellenfunktion operiert) durch die Quantenzahl $\hbar m$ ersetzt werden, so dass die möglichen Energiezustände

$$E_{\mathrm{magn}} = \mu_B B m \tag{4.95}$$

durch die verschiedenen Einstellmöglichkeiten des Drehimpulses - und damit des magnetischen Momentes - zur Richtung des Magnetfeldes bestimmt sind.

4.4.2 Der Stern-Gerlach-Versuch

Bei diesem Experiment versucht man, das magnetische Moment von Atomen zu beobachten, indem man entsprechend Abb. 4.9 die Ablenkung von Atomstrahlen im inhomogenen Magnetfeld registriert.

Man muss sich zunächst die Kraftwirkungen des Magnetfeldes auf das Atom verdeutlichen. Im homogenen Magnetfeld wirkt auf einen Dipol nur ein Drehmoment $\mathbf{D} = \mathbf{M} \times \mathbf{B}$, keine Kraft, da sich die Wechselwirkungsenergie (4.95) bei einer Verschiebung des Dipoles nicht ändert.

Im inhomogenen Magnetfeld $B_z(z)$ tritt dagegen auch eine Kraft

$$\mathbf{F} = -\nabla E_{\mathrm{magn}} \tag{4.96}$$

auf. Die uns interessierende z-Komponente ist

$$F_z = M_z \frac{\partial B_z}{\partial z} \ . \tag{4.97}$$

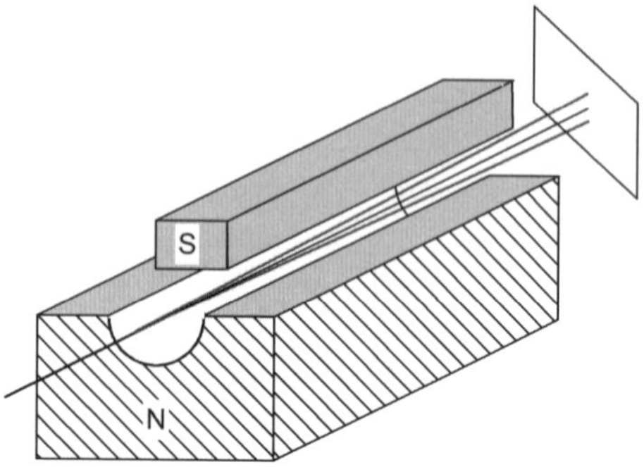

Abb. 4.9 Schema des Stern-Gerlach-Versuches. Der Strahl von Silberatomen wird im inhomogenen Magnetfeld zweifach aufgespalten. Aus der Größe der Ablenkung ergibt sich, dass ein Atom das magnetische Moment μ_B besitzt.

Auf die Atome des Atomstrahles wirken unterschiedliche Kräfte, je nach dem wie groß die z-Komponente des magnetischen Momentes ist. Das führt entsprechend Abb. 4.9 zu einer Aufspaltung des Atomstrahles. Dabei treten *soviel Teilstrahlen auf, wie es Einstellmöglichkeiten des Drehimpulses* - und damit unterschiedliche z-Komponenten M_z - gibt.

Der Versuch wurde zuerst mit einem Strahl von Silberatomen durchgeführt. Er wurde mit gleichen Ergebnissen mit Wasserstoffatomen wiederholt. Wir wollen uns in der Diskussion auf den zweiten Fall beziehen.

Welches Ergebnis erwarten wir nach den bisherigen Kenntnissen über das Wasserstoffatom? Im Grundzustand befindet sich das Elektron im $1s$-Zustand. Zum Bahndrehimpuls $l = 0$ gehört nach (4.92) aber auch ein verschwindendes magnetisches Moment. Es dürfte keine Ablenkung und Aufspaltung auftreten.

Tatsächlich wird jedoch eine *zweifache Aufspaltung* des Atomstrahles beobachtet. Dabei entspricht die Ablenkung einem magnetischen Moment M_z vom Betrag des Bohrschen Magnetons μ_B.

Dieses Ergebnis war nur so zu deuten, dass das *Elektron* einen *Eigendrehimpuls*, den *Elektronenspin*, und - einer Eigenrotation entsprechend - ein damit verknüpftes magnetisches Moment besitzt. (Der Atomkern kommt als Träger dieses Moments nicht in Frage, da wegen der großen Masse der Nukleonen die mit der Nukleonenbewegung verknüpften magnetischen Momente um einen Faktor 2000 kleiner als μ_B sind.) Auch die zweifache Aufspaltung weist darauf hin, dass das auftretende magnetische Moment nicht an eine Bahnbewegung geknüpft ist. Bei einem Drehimpuls l gibt es $2l + 1$ Einstellmöglichkeiten von L_z Bei der Aufspaltung im Magnetfeld müsste daher immer eine ungerade Anzahl von Teilstrahlen auftreten.

Die Entdeckung des Elektronenspins zeigt auch, dass das Elektron vier Freiheitsgrade besitzt. Das Elektron kann sich nicht nur an verschiedenen Orten aufhalten, sondern auch verschiedene Spineinstellungen besitzen. Es tritt zusätzlich eine Spinvariable auf. Im Unterschied zum kontinuierlich variierbaren Ortsvektor kann die Spinvariable des Elektrons nur zwei diskrete Werte - entsprechend der Zahl der möglichen Spineinstellungen - annehmen. Die Wellenfunktion, die den Zustand eines Elektrons vollständig beschreibt, ist also eine Funktion von vier Variablen, zu dem Ortsanteil der Wellenfunktion kommt noch der Spinanteil hinzu.

Da sich bei Drehimpulsen die möglichen z-Komponenten immer um $\hbar$ unterscheiden (diese Eigenschaft folgt aus der Vertauschungsrelation von Drehimpulsoperatoren, ausführlich wird dies in Kapitel 5 diskutiert), muss der *Spin des Elektrons den Wert* $s = 1/2$ besitzen, mit den beiden Einstellmöglichkeiten $m_s = \pm 1/2$. Statt der Aussagen (4.44), (4.50) und (4.54) für den Bahndrehimpuls hat man also für den Spin die Eigenwertgleichungen

$$\begin{aligned} \hat{\mathbf{s}}^2\chi &= \hbar^2 s(s+1)\chi\ , \qquad & s &= 1/2, \\ \hat{\mathrm{s}}_z\chi &= \hbar m_s\chi\ , \qquad & m_s &= -1/2, +1/2\ . \end{aligned} \tag{4.98}$$

Auf die Eigenfunktionen χ soll im Rahmen dieser Untersuchungen nicht eingegangen werden.

Das zweite ungewöhnliche Ergebnis des Stern-Gerlach-Versuchs stellt die Größe des magnetischen Moments dar. Versucht man, den aus klassischen Betrachtungen folgenden Zusammenhang (4.92) zwischen magnetischem Moment und Drehimpuls für den Spin s_z und das damit verknüpfte magnetische Moment $M_{s,z}$ zu übernehmen, dann ergibt sich für die z-Komponente $\pm\mu_B/2$. Man beobachtet jedoch eine z-Komponente des magnetischen Moments vom Betrag μ_B. Für die Spinbewegung muss also der Zusammenhang (4.92) in

$$\hat{\mathrm{M}}_{s,z} = \frac{e}{m}\hat{\mathrm{s}}_z = -2\mu_B\frac{\hat{\mathrm{s}}_z}{\hbar} \tag{4.99}$$

abgeändert werden.

In (4.98) und (4.99) sind die wichtigsten Ergebnisse des Stern-Gerlach-Versuchs zusammengefasst: *Das Elektron besitzt einen halbzahligen ($\hbar/2$) Eigendrehimpuls und ein magnetisches Moment, das um einen Faktor zwei größer ist, als es dem klassischen Verhältnis zwischen Drehimpuls und magnetischen Moment entspricht.*

Das Elektron hat also *vier Freiheitsgrade*, die *räumliche Lage* und die *Spineinstellung*. Zum räumlichen Anteil der Wellenfunktion kommt entsprechend noch ein Spinanteil hinzu. Verschiedene Zustände werden durch die Quantenzahlen der räumlichen Bewegung (z. B. n_r, l, m) und die Spinquantenzahl m_s klassifiziert.

Es ist bemerkenswert, dass der Stern-Gerlach-Versuch nicht mit Elektronen selbst durchgeführt werden kann, weil das Elektron kein neutrales System - wie das Wasserstoffatom - ist. Auf das Elektron wirkt die Lorentzkraft (1.80) $e\cdot\mathbf{v}\times\mathbf{B}$ mit einer z-Komponente $|ev_xB_y|$. B_y ist in dem inhomogenen Magnetfeld der Anordnung von Abb. 4.9, wie Abb. 4.10 zeigt, von Null verschieden. Die Quellfreiheit von $\mathbf{B}$ (1.30) führt auf

$$\frac{\partial B_y}{\partial y} = -\frac{\partial B_z}{\partial z}, \quad B_y(\pm\, b/2) = \pm\frac{b}{2}\frac{\partial B_z}{\partial z}\ . \tag{4.100}$$

Nehmen wir der Einfachheit halber an, dass $\partial B_z/\partial z$ in dem Strahl der Ausdehnung $\mathbf{a}\cdot\mathbf{b}$ konstant ist, dann wird B_y den Maximalwert (4.100) am Rande $y = b/2$ des

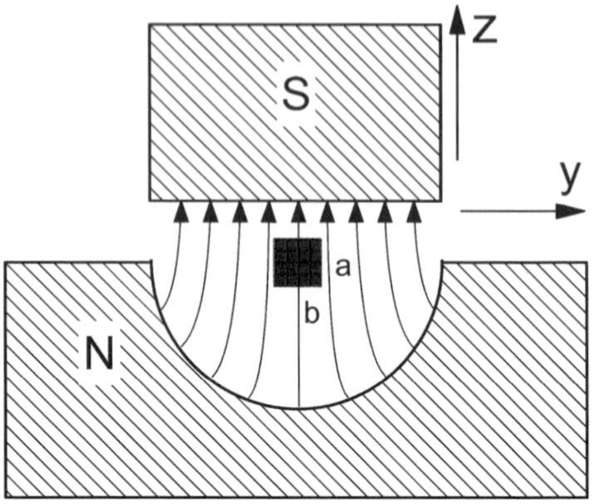

Abb. 4.10 Ablenkung des Elektronenstrahles im inhomogenen Magnetfeld. Die angenommene Ausdehnung des Strahles ist $\boldsymbol{a} \cdot \boldsymbol{b}$.

Bündels besitzen. Damit die Aufspaltung durch die unterschiedliche Orientierung des magnetischen Moments nicht überdeckt wird, muss die Lorentzkraft kleiner als die Kraft (4.97) auf den Dipol sein.

$$| ev_x B_y | = \left| ev_x \frac{b}{2} \frac{\partial B_z}{\partial z} \right| < \left| M_z \frac{\partial B_z}{\partial z} \right| = \left| \frac{e\hbar}{2m} \frac{\partial B_z}{\partial z} \right| . \tag{4.101}$$

Das führt auf die Forderung $b < \hbar/mv_x$ also nach einer Strahlbreite von der Größe der de-Broglie-Wellenlänge und wegen der Unschärferelation $m\Delta v_y b \geq \hbar$ auf $\Delta v_y > v_x$. Man hat kein Experiment mit einem Elektronen-„Strahl", Beugungseffekte dominieren. Bei neutralen Atomen tritt diese Kraft nicht auf. Für Ionen tritt in der Unbestimmtheitsrelation die Ionenmasse auf, so dass dann $\Delta v_y \ll v_x$ sein kann.

4.4.3 Der Einstein-de-Haas-Effekt

Das *Verhältnis von magnetischem Moment zu Spin der Elektronen* kann auch bei folgendem Experiment gemessen werden. Entsprechend Abb. 4.11 bringt man eine zylindrische ferromagnetische Probe in ein in Achsenrichtung (z-Richtung) weisendes Magnetfeld. Die magnetischen Momente der Elektronen richten sich im Magnetfeld aus. Hat man N beteiligte Elektronen, so ist das magnetische Moment der Probe nach (4.99)

$$\overline{M_{s,z}} = -Ng\mu_B m_s , \tag{4.102}$$

wobei das Experiment bestätigen soll, dass für Elektronen $|m_s| = 1/2$ und $g = 2$ ist.

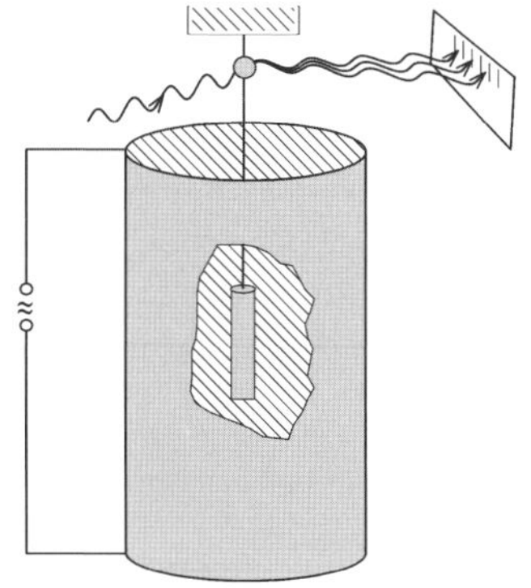

Abb. 4.11 Einstein-de-Haas-Effekt.

Nun wird die Magnetfeldrichtung umgekehrt. Als Folge klappen die Dipole um, die Magnetisierung ändert sich um

$$\Delta M_z = 2Ng\mu_B m_s \,. \tag{4.103}$$

Damit ist jedoch gleichzeitig eine Änderung

$$\Delta S_z = 2N\hbar|m_s| \tag{4.104}$$

des Drehimpulses des Elektronensystems verbunden. Diese Drehimpulsänderung ist nicht durch das Drehmoment im Magnetfeld bedingt. Das Drehmoment $\mathbf{D} = \mathbf{M} \times \mathbf{B}$ hat keine Komponente in Richtung von $\mathbf{B}$. Die Elektronen können die energetisch günstigere Einstellung, bei der die magnetischen Momente entsprechend (4.94) in Feldrichtung weisen, nur dadurch einnehmen, dass über die Wechselwirkung mit dem Kristallgitter dieses den Drehimpulsunterschied aufnimmt. Beim Ummagnetisieren erhält also die Probe den Drehimpuls (4.104) , sie fängt an, sich zu drehen.

Um diesen Drehimpuls nachzuweisen und zu messen, wird die Probe an einem Faden aufgehängt (Abb. 4.11) und die Magnetfeldrichtung mit der Eigenfrequenz der Torsionsschwingung gewechselt. Die Probe führt dann eine erzwungene Schwingung aus, deren Amplitude im vorliegenden Resonanzfall relativ groß ist. Sie wird so groß, dass die Schwingung beobachtbar ist.

Die Magnetisierung $\overline{M_z}$ bzw. ΔM_z und das die erzwungene Schwingung bewirkende Drehmoment (d. h. ΔS_z) können unabhängig voneinander gemessen werden. Das Verhältnis liefert mit (4.103) und (4.104) $g = 2$. Danach führt bei bekanntem N (4.103) auf $m_s = 1/2$. Man erhält die für den Spin des Elektrons charakteristischen, schon beim Stern-Gerlach-Versuch gefundenen Werte. Gleichzeitig hat man nachgewiesen, dass die *ferromagnetische Magnetisierung durch die Eigenmomente der Elektronen* bedingt ist.

4.4.4 Drehimpuls und magnetische Momente

Die Betrachtungen der vorangegangenen Abschnitte haben gezeigt, dass mit der Bahn- und Spinbewegung ein magnetisches Moment verknüpft ist. Dies wird nicht nur bei Elektronen beobachtet, und wir wollen deswegen die Ergebnisse für die wichtigsten in der Atom- und Kernphysik auftretenden Elementarteilchen, für Elektronen, Protonen und Neutronen, in Tab. 4.3 zusammenstellen.

Tabelle 4.3 Drehimpuls und magnetisches Moment von Elementarteilchen

Eigenschaft	Elektron	Proton	Neutron
Ladung	e	$-e$	0
Masse	m_e	$m_p \approx 1836\, m_e$	$m_n \approx m_p$
Spin	1/2	1/2	1/2
m_s	$\pm$ 1/2	$\pm$ 1/2	$\pm$ 1/2
m_L	$0, \pm1, \ldots$	$0, \pm1, \ldots$	$0, \pm1, \ldots$
Größenordnung von μ	μ_B	μ_K	μ_K
g_L	1	1	0
Vorzeichen von μ_L	$\uparrow\downarrow$	$\uparrow\uparrow$	-
g_S	2	2,7928	1,9131
Vorzeichen von μ_L	$\uparrow\downarrow$	$\uparrow\uparrow$	$\uparrow\downarrow$

Der Zusammenhang zwischen magnetischem Moment $\hat{\mathbf{M}}_J$ und Drehimpuls $\hat{\mathbf{J}}$ schreibt man in Anlehnung an (4.92) und (4.99)

$$\overline{\hat{\mathrm{M}}_{J,z}} = g_J \frac{q\hbar}{2m} m_J \, . \tag{4.105}$$

Im Allgemeinen interessiert nur die z-Komponente der Magnetisierung. In einem Zustand, in dem der Gesamtdrehimpuls $\hat{\mathbf{J}}$ des Systems eine z-Komponente $\hbar m_J$ besitzt, ist ihr Erwartungswert durch (4.105) gegeben. Ladung q und Masse m hängen von der betrachteten Teilchenart ab, g_J von der betrachteten Bewegung. Bei Elektronen tritt als Größenordnung das *Bohrsche Magneton* (4.93)

$$\mu_B = \frac{|e|\hbar}{2m_e} = 9,274 \cdot 10^{-24}\ \mathrm{Am}^2 \tag{4.106}$$

auf, bei Nukleonen das sogenannte *Kernmagneton*

$$\mu_K = \frac{|e|\hbar}{2m_p} = 5,051 \cdot 10^{-27}\ \mathrm{Am}^2 \, . \tag{4.107}$$

Der genaue Wert des magnetischen Moments wird durch den gyromagnetischen Faktor g angegeben. Nur für den Bahndrehimpuls kann g aus anschaulichen klassischen Betrachtungen (4.93) gewonnen werden. Der Spin ist ein relativistischer Effekt. Aus der Diracgleichung, der relativistischen Verallgemeinerung der Schrödingergleichung, folgt zwangsläufig $g = 2$ beim Elektronenspin.

Es soll nicht unerwähnt bleiben, dass genaue Messungen einen etwas von Zwei abweichenden Wert liefern. Diese Abweichungen können im Rahmen der Quantenelektrodynamik berechnet werden. Entsprechende Feldgleichungen der Nukleonen sind bisher unbekannt, so dass auch deren gyromagnetische Faktoren noch nicht aus den ersten Prinzipien berechnet werden können. Es ist bemerkenswert, dass das Neutron trotz seiner elektrischen Neutralität ein magnetisches Moment besitzt.

4.4.5 Aufgaben

4.10. Der Spin ist ein Drehimpuls. Es gelten also auch die Vertauschungsregeln für Drehimpulse. Die Spinkomponenten $\hat{S}_i$ können durch die Paulischen Spinmatrizen $\hat{\sigma}_i$ dargestellt werden. Die Paulischen Spinmatrizen sind durch

$$\hat{\sigma}_x = \begin{pmatrix} 0 & 1 \\ 1 & 0 \end{pmatrix} \quad , \quad \hat{\sigma}_y = \begin{pmatrix} 0 & -i \\ i & 0 \end{pmatrix} \quad , \quad \hat{\sigma}_z = \begin{pmatrix} 1 & 0 \\ 0 & -1 \end{pmatrix} \tag{4.108}$$

gegeben. Man zeige, dass die Spinoperatoren $\hat{S}_i = \hbar\hat{\sigma}_i/2$ die Drehimpulsvertauschungsregeln erfüllen. Man gebe die Eigenfunktionen χ_+, χ_- von $\hat{\sigma}_z$ an. Man werte mit $\hat{\sigma}_+ = (\hat{\sigma}_x + i\hat{\sigma}_y)/2$ den Ausdruck $\hat{\sigma}_+\chi_-$ aus. $\hat{\sigma}_\pm = (\hat{\sigma}_x \pm i\hat{\sigma}_y)/2$ sind die sogenannten Umklapp- oder Leiter-Operatoren. Machen Sie sich die Bedeutung der Bezeichnung klar.

4.11. Man beweise durch vollständige Induktion für $n \geq 2$:

$$(\hat{\sigma}_+\hat{\sigma}_-)^n = \hat{\sigma}_+\hat{\sigma}_- \tag{4.109}$$

für natürliche n.

4.12. Wie groß ist die Projektion des Quadrates des Spins $\hbar/2$ auf eine gegebene Richtung $\mathbf{a}$.
Hinweis: Man berechne $(\hat{\mathbf{S}} \cdot \mathbf{a})^2/a^2$.

Kapitel 5
Drehimpulsoperatoren

Zusammenfassung: Rein mathematische Überlegungen zu Drehungen führen auf Operatoren, die bis auf einen Dimensionsfaktor identisch sind mit den in der Quantentheorie verwendeten Drehimpulsoperatoren. Diese Überlegungen führen auf sogenannte Vertauschungsrelationen dieser Operatoren. Aus den Vertauschungsrelationen folgen weitgehende Aussagen über die Eigenfunktionen und Eigenwerte dieser Operatoren, die für alle Drehimpulse der Quantentheorie Gültigkeit haben.

5.1 Drehoperator

Wir diskutieren die Drehung einer mathematischen oder physikalischen Größe. Es kann ein Vektor sein, ein skalares Feld, ein Vektorfeld oder eine sonstige Größe. Wir nennen sie F. Die gedrehte Größe nennen wir $\tilde{F}$. Um diese Diskussion durchführen zu können, müssen wir zunächst festlegen, was wir unter einer Drehung verstehen: Eine Drehung ist ein Transformation, bei der die Norm invariant bleibt

$$\langle \tilde{F} \mid \tilde{F} \rangle = \langle F \mid F \rangle. \tag{5.1}$$

Ist F ein Vektor, dann ist die Norm das Skalarprodukt. Ist F die Wellenfunktion der Schrödingergleichung, dann ist die Norm das Normierungsintegral (1.157).

Wir führen einen Drehoperator $\hat{\mathrm{D}}$ ein, der die gedrehte Größe $\tilde{F}$ aus F erzeugt

$$\tilde{F} = \hat{\mathrm{D}} F. \tag{5.2}$$

Die Invarianz der Norm fordert

$$\begin{aligned} \langle \tilde{F} \mid \tilde{F} \rangle &= \langle \hat{\mathrm{D}} F \mid \hat{\mathrm{D}} F \rangle = \langle F \mid \hat{\mathrm{D}}^{\dagger} \hat{\mathrm{D}} \mid F \rangle , \\ \hat{\mathrm{D}}^{\dagger} &= \hat{\mathrm{D}}^{-1} \quad . \end{aligned} \tag{5.3}$$

$\hat{\mathrm{D}}$ muss ein unitärer Operator sein.

Um Eigenschaften dieses Operators detaillierter zu untersuchen, betrachten wir eine infinitesimale Drehung um einen Winkel $\mathbf{d}\varphi$. Der Betrag von $\mathbf{d}\varphi$ ist der Drehwinkel, die Richtung von $\mathbf{d}\varphi$ ist die Drehachse. Ist der Drehwinkel gleich Null, dann muss der Drehoperator gleich dem 1-Operator $\hat{\mathrm{I}}$ sein.

Es ist von Vorteil, statt des Drehoperators $\hat{\mathrm{D}}(\mathbf{d}\varphi)$ einen Operator $\mathbf{d}\varphi\hat{\mathbf{J}}$ über

$$\hat{\mathrm{D}}(\mathbf{d}\varphi) = e^{-ia\mathbf{d}\varphi\cdot\hat{\mathbf{J}}} \tag{5.4}$$

einzuführen. Damit ist sofort erfüllt, dass für den Drehwinkel Null $\hat{\mathrm{D}} = \hat{\mathrm{I}}$ gilt. a ist ein reeller Faktor. Auf Grund der Definition der Exponentialfunktion und der Definition einer hermitesch konjugierten Funktion gilt (A ist ein beliebiger Ausdruck)

$$\begin{aligned} \left(e^{iA}\right)^{-1} &= e^{-iA} \quad , \quad \left(e^{iA}\right)^{\dagger} = e^{-iA^{\dagger}} , \\ \left[\hat{\mathrm{D}}(\mathbf{d}\varphi)\right]^{\dagger} &= \left[e^{-ia\mathbf{d}\varphi\cdot\hat{\mathbf{J}}}\right]^{\dagger} = e^{ia\mathbf{d}\varphi\cdot\hat{\mathbf{J}}^{\dagger}} = \left[e^{-ia\mathbf{d}\varphi\cdot\hat{\mathbf{J}}^{\dagger}}\right]^{-1} \quad . \end{aligned} \tag{5.5}$$

Damit ist $\hat{\mathrm{D}}$ dann ein unitärer Operator, wenn $\hat{\mathbf{J}}^{\dagger} = \hat{\mathbf{J}}$ ein hermitescher Operator ist. Eine Drehung wird also durch den hermiteschen Operator $\hat{\mathbf{J}}$ erzeugt.

Der reelle Faktor a ändert die Definition von $\hat{\mathbf{J}}$ um den Faktor $1/a$. Er ändert nichts an den folgen Betrachtungen und wird daher zunächst $a = 1$ gesetzt. Es gibt zwei äquivalente Vorgehensweisen. Man kann die physikalische Größe drehen oder das Koordinatensystem in umgekehrte Richtung drehen. Wir betrachten den ersten Fall, im zweiten sollte $a = -1$ gewählt werden, um für $\hat{\mathbf{J}}$ den gleichen Ausdruck zu erhalten.

Wichtiger ist folgende Aussage über a: Die hier durchgeführten Überlegungen sind rein mathematische Betrachtungen. Für $a = 1$ ist $\hat{\mathbf{J}}$ ein dimensionsloser Operator. Der Drehimpuls in der Physik und der Drehimpulsoperator der Quantenmechanik sind aber dimensionsbehaftete Größen. Da die Betrachtungen zeigen werden, dass $\hat{\mathbf{J}}$ (für $a = 1$) bis auf einen Faktor $\hbar$ identisch ist mit den Drehimpulsoperatoren der Physik, ist es hier also zweckmäßig $a = 1/\hbar$ zu setzen, also den Drehoperator in der Form

$$\hat{\mathrm{D}}(\mathbf{d}\varphi) = e^{-\frac{i}{\hbar}\mathbf{d}\varphi\cdot\hat{\mathbf{J}}} \tag{5.6}$$

zu schreiben. Dann ist $\hat{\mathbf{J}}$ der Drehimpulsoperator der Physik. Zur Vereinfachung der Formeln werden wir aber bei den weiteren Überlegungen oft $a = 1$ beibehalten. Beschränkt man sich auf den Beitrag in erster Ordnung von $\mathbf{d}\varphi$, dann gilt

$$\hat{\mathrm{D}}(\mathbf{d}\varphi) = \hat{\mathrm{I}} - \frac{i}{\hbar}\mathbf{d}\varphi\cdot\hat{\mathbf{J}} \tag{5.7}$$

nach Reihenentwicklung der Exponentialfunktion.

5.2 Drehung eines Vektors

Wir wollen die Gestalt des Drehoperators für das Beispiel „Drehung eines Vektors“ ableiten. Wir betrachten in Abb. 5.1 einen Punkt P am Ort **r**. Er wird um eine Achse, die durch die Richtung des Drehwinkels $\mathbf{d}\boldsymbol{\varphi}$ gegeben ist, um den Winkel $d\varphi$ an die Stelle $\tilde{\mathrm{P}}$ am Ort $\tilde{\mathbf{r}}$ gedreht. Dabei überstreicht P ein Kreisstück, dessen Länge

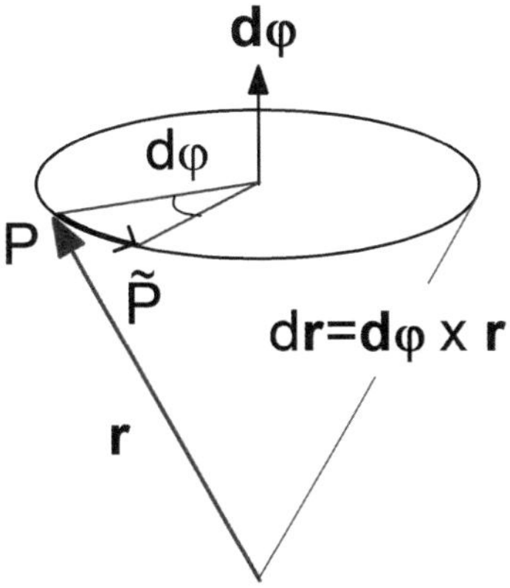

Abb. 5.1 Drehung eines Vektors um $\mathbf{d}\boldsymbol{\varphi}$.

durch das Produkt von Drehwinkel mal senkrechtem Abstand des Punktes P von der Drehachse gegeben ist. Die Bewegungsrichtung liegt tangential an dem Kreis. Der Differenzvektor $\tilde{\mathbf{r}} - \mathbf{r}$ ist also gerade gleich dem Kreuzprodukt $\mathbf{d}\boldsymbol{\varphi} \times \mathbf{r}$, oder

$$\tilde{\mathbf{r}} = \mathbf{r} + \mathbf{d}\boldsymbol{\varphi} \times \mathbf{r} \quad . \tag{5.8}$$

Diese Drehung wollen wir nun durch einen Drehoperator bzw. einen Drehimpuls entsprechend (5.7) beschreiben. Es soll hier vermerkt werden, dass man in der Physik Drehimpulse mit verschiedenen Buchstaben benennt, nicht nur mit **J**, je nach dem welcher Art die betrachtete physikalische Größe ist. Bei der Drehung eines Vektors verwendet man den Buchstaben **S** in Anlehnung an das Wort Spin. Wenn wir also (5.8) in der Form (5.7) betrachten, dann wird die Drehung des Punktes P (wieder mit $a = 1$) durch

$$\tilde{\mathbf{r}} = \left(\hat{\mathrm{I}} - i\mathbf{d}\boldsymbol{\varphi}\cdot\hat{\mathbf{S}}\right)\mathbf{r} \tag{5.9}$$

beschrieben. Betrachten wir nun den Spezialfall einer Drehung um die z-Achse, $\mathbf{d}\boldsymbol{\varphi} = d\varphi\,\mathbf{e}_z$, dann vereinfachen sich (5.9) und (5.8) zu

$$\begin{aligned}\tilde{\mathbf{r}} &= \left(\hat{\mathrm{I}} - id\varphi\hat{\mathrm{S}}_z\right)\mathbf{r} = \mathbf{r} + d\varphi\left[\mathbf{e}_y x - \mathbf{e}_x y\right] \\ &= \mathbf{r} - id\varphi\begin{pmatrix} 0 & -i & 0 \\ i & 0 & 0 \\ 0 & 0 & 0 \end{pmatrix}\mathbf{r}.\end{aligned} \tag{5.10}$$

Der Vergleich zeigt, dass der Operator S_z eine 3×3 Matrix der Gestalt

$$\hat{\mathrm{S}}_z = \begin{pmatrix} 0 & -i & 0 \\ i & 0 & 0 \\ 0 & 0 & 0 \end{pmatrix}, \hat{\mathrm{S}}_x = \begin{pmatrix} 0 & 0 & 0 \\ 0 & 0 & -i \\ 0 & i & 0 \end{pmatrix}, \hat{\mathrm{S}}_y = \begin{pmatrix} 0 & 0 & i \\ 0 & 0 & 0 \\ -i & 0 & 0 \end{pmatrix} \quad . \tag{5.11}$$

ist. $\hat{\mathrm{S}}_x$ und $\hat{\mathrm{S}}_y$ folgen aus analogen Rechnungen. Die Komponenten von $\hat{\mathbf{S}}$ sind - wie gefordert - hermitesche Operatoren. Die Eigenfunktionen von $\hat{\mathrm{S}}_z$ sind:

$$\begin{aligned}\hat{\mathrm{S}}_z\frac{1}{\sqrt{2}}\begin{pmatrix} 1 \\ i \\ 0 \end{pmatrix} &= \frac{1}{\sqrt{2}}\begin{pmatrix} 1 \\ i \\ 0 \end{pmatrix} = (+1)\frac{1}{\sqrt{2}}\begin{pmatrix} 1 \\ i \\ 0 \end{pmatrix} \\ \hat{\mathrm{S}}_z\frac{1}{\sqrt{2}}\begin{pmatrix} 1 \\ -i \\ 0 \end{pmatrix} &= \frac{1}{\sqrt{2}}\begin{pmatrix} -1 \\ i \\ 0 \end{pmatrix} = (-1)\frac{1}{\sqrt{2}}\begin{pmatrix} 1 \\ -i \\ 0 \end{pmatrix} \\ \hat{\mathrm{S}}_z\begin{pmatrix} 0 \\ 0 \\ 1 \end{pmatrix} &= \begin{pmatrix} 0 \\ 0 \\ 0 \end{pmatrix} = (0)\begin{pmatrix} 0 \\ 0 \\ 1 \end{pmatrix} \quad .\end{aligned} \tag{5.12}$$

Die Eigenwerte sind 0 und ± 1. Es ist die Sprechweise üblich, dass der Spin des Vektors den Wert 1 hat und die z-Komponente die Eigenwerte 0 und ± 1 besitzt. Diese Sprechweise wird später (Abschnitt 5.8) besser verständlich. Es sei noch am Rande vermerkt, dass die Auswahlregeln bei Absorption oder Emission eines Photons gerade durch diese Eigenschaften eines Vektors, genauer durch den Vektorcharakter des elektromagnetischen Feldes, bestimmt werden.

5.3 Drehung eines skalaren Feldes

Wir betrachten die Drehung eines beliebigen skalaren Feldes $F(\mathbf{r})$. In diesem Fall nennt man in der Physik den zugehörigen Drehimpulsoperator Bahndrehimpulsoperator und bezeichnet ihn mit $\hat{\mathbf{L}}$. Die Formel (5.7) lautet also

$$\hat{\mathrm{D}}(\mathbf{d}\varphi) = \hat{\mathrm{I}} - \frac{i}{\hbar}\mathbf{d}\varphi \cdot \hat{\mathbf{L}} \tag{5.13}$$

Veranschaulichen wir uns diese Drehung für den Spezialfall einer ebenen Welle $F(\mathbf{r}) = \exp(i\mathbf{k}\cdot\mathbf{r})$. Die Flächen gleicher Phase sind Ebenen mit dem Wellenvektor $\mathbf{k}$

als Normalenrichtung, wie es in Abb. 1.21 veranschaulicht wurde. Bei der Drehung dieses Feldes wird der Wellenvektor gedreht, wie Abb. 5.2 zeigt.

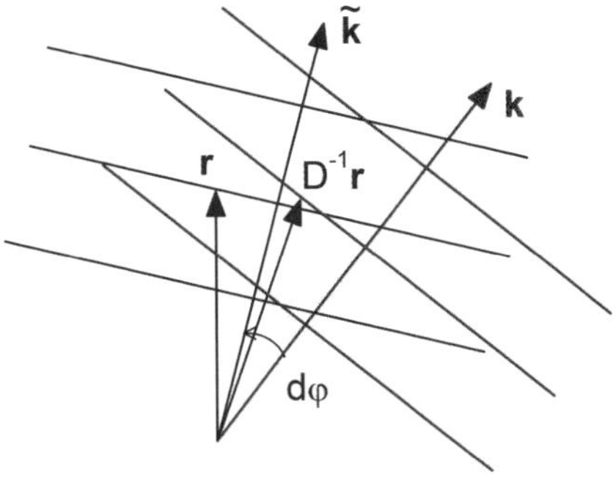

Abb. 5.2 Flächen gleicher Phase für F (rote Linien) und $\tilde{F}$ (schwarze Linien). Der Wert des gedrehten Feldes am Ort $\mathbf{r}, \tilde{F}(\mathbf{r})$, ist dabei gleich dem Wert des ursprünglichen Feldes F am Ort. $\hat{\mathrm{D}}^{-1}\mathbf{r}$.

Der Wert des gedrehten Feldes am Ort $\mathbf{r}, \tilde{F}(\mathbf{r})$, ist dabei gleich dem Wert des ursprünglichen Feldes F am Ort $\hat{\mathrm{D}}^{-1}\mathbf{r}$. Also gilt $\tilde{F}(\mathbf{r}) = F(\hat{\mathrm{D}}^{-1}\mathbf{r})$. Mit (5.2) und (5.8) erhalten wir daher

$$\tilde{F}(\mathbf{r}) = \hat{\mathrm{D}}F(\mathbf{r}) = F(\hat{\mathrm{D}}^{-1}\mathbf{r}) = F(\mathbf{r} - \mathbf{d}\boldsymbol{\varphi} \times \mathbf{r}) \ . \tag{5.14}$$

Dies gilt für beliebige skalare Felder, nicht nur für das Beispiel ebene Welle. Bei Entwicklung in eine Taylor-Reihe erhalten wir in erster Ordnung von $\mathbf{d}\boldsymbol{\varphi}$

$$\begin{aligned}\tilde{F}(\mathbf{r}) &= F(\mathbf{r}) - (\mathbf{d}\boldsymbol{\varphi} \times \mathbf{r}) \cdot \frac{\partial}{\partial \mathbf{r}} F(\mathbf{r}) \\ &= F(\mathbf{r}) - \mathbf{d}\boldsymbol{\varphi} \cdot \left(\mathbf{r} \times \frac{\partial}{\partial \mathbf{r}}\right) F(\mathbf{r}) = \left[\hat{\mathrm{I}} - \frac{i}{\hbar}\mathbf{d}\boldsymbol{\varphi} \cdot \left(\mathbf{r} \times \frac{\hbar}{i}\frac{\partial}{\partial \mathbf{r}}\right)\right] F(\mathbf{r}) \quad .\end{aligned} \tag{5.15}$$

Beim Vergleich mit (5.13) ergibt sich also für den Bahndrehimpulsoperator

$$\hat{\mathbf{L}} = \mathbf{r} \times \frac{\hbar}{i}\frac{\partial}{\partial \mathbf{r}} = \mathbf{r} \times \hat{\mathbf{p}} \quad . \tag{5.16}$$

Das ist der Ausdruck, den wir in (4.22) für den Bahndrehimpuls $\hat{\mathbf{L}}$ verwendet haben. Hiermit zeigt sich die Richtigkeit des Faktors $a = 1/\hbar$, um von dem mathematischen Operator $\hat{\mathbf{J}}$ (5.4) zum physikalischen Drehimpuls zu gelangen.

5.4 Vertauschung von Drehungen

Drehungen sind nicht vertauschbar. Abb. 5.3 zeigt ein Beispiel für zwei Drehungen, eine Drehung D_1 von 90 Grad um die x-Achse und eine Drehung D_2 von 90 Grad um die y-Achse. Im ersten Fall wird ein Quader Q zuerst um die x-Achse und danach um die y-Achse gedreht, also $D_2 D_1$ Q gebildet, im zweiten Fall wird $D_1 D_2$ Q erzeugt. Die Endergebnisse sind völlig verschieden voneinander, also Drehungen sind nicht

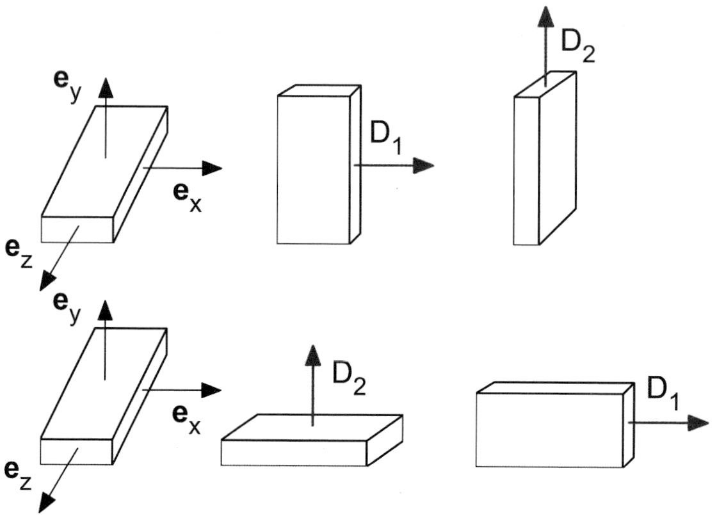

Abb. 5.3 Zweifache Drehung eines Quaders.

vertauschbar!

Um den Unterschied der Ergebnisse berechnen zu können, betrachten wir zwei infinitesimale Drehungen $\mathbf{d}\varphi_1$ und $\mathbf{d}\varphi_2$. Wir drehen einen Punkt P am Ort $\mathbf{r}$

$$\tilde{\tilde{\mathbf{r}}} = \hat{\mathrm{D}}(\mathbf{d}\varphi_2)\hat{\mathrm{D}}(\mathbf{d}\varphi_1)\mathbf{r} \quad , \quad \tilde{\tilde{\mathbf{r}}}' = \hat{\mathrm{D}}(\mathbf{d}\varphi_1)\hat{\mathrm{D}}(\mathbf{d}\varphi_2)\mathbf{r} \tag{5.17}$$

und erhalten zwei Ergebnisse $\tilde{\tilde{\mathbf{r}}}$ bzw. $\tilde{\tilde{\mathbf{r}}}'$, je nach dem, in welcher Reihenfolge wir die Drehungen durchführen. Wir fragen danach, um welchen Winkel $\mathbf{d}\varphi$ wir den Ort $\tilde{\tilde{\mathbf{r}}}'$ drehen müssen, damit er sich mit $\tilde{\tilde{\mathbf{r}}}$ deckt, also

$$\tilde{\tilde{\mathbf{r}}} = \hat{\mathrm{D}}(\mathbf{d}\varphi)\tilde{\tilde{\mathbf{r}}}' \tag{5.18}$$

gilt. $d\varphi$ muss gleich Null sein, wenn $d\varphi_1$ gleich Null ist, weil dann ja tatsächlich nur eine Drehung um $\mathbf{d}\varphi_2$ durchgeführt wird. Ebenso muss $\mathbf{d}\varphi$ verschwinden, wenn $d\varphi_2$ gleich Null ist. $\mathbf{d}\varphi$ ist daher von zweiter Ordnung klein! Wir müssen bei der Berechnung also die zweite Ordnung berücksichtigen, können aber höhere Ordnungen vernachlässigen. Die Drehungen D_2D_1 und D_1D_2 führen auf:

$$\begin{aligned}
\tilde{\mathbf{r}} &= \mathbf{r} + \mathbf{d}\varphi_1 \times \mathbf{r}\,, \\
\tilde{\tilde{\mathbf{r}}} &= \tilde{\mathbf{r}} + \mathbf{d}\varphi_2 \times \tilde{\mathbf{r}} \\
&= \mathbf{r} + \mathbf{d}\varphi_1 \times \mathbf{r} + \mathbf{d}\varphi_2 \times \mathbf{r} + \mathbf{d}\varphi_2 \times (\mathbf{d}\varphi_1 \times \mathbf{r})\,, \\
\tilde{\tilde{\mathbf{r}}}' &= \mathbf{r} + \mathbf{d}\varphi_2 \times \mathbf{r} + \mathbf{d}\varphi_1 \times \mathbf{r} + \mathbf{d}\varphi_1 \times (\mathbf{d}\varphi_2 \times \mathbf{r}) \quad .
\end{aligned} \tag{5.19}$$

In der Gleichung (5.18) lassen wir Korrekturterme neben $\mathbf{d}\varphi$ weg, weil $\mathbf{d}\varphi$ ja schon in zweiter Ordnung klein ist.

$$\tilde{\tilde{\mathbf{r}}} = \tilde{\tilde{\mathbf{r}}}' + \mathbf{d}\varphi \times \tilde{\tilde{\mathbf{r}}}' \approx \tilde{\tilde{\mathbf{r}}}' + \mathbf{d}\varphi \times \mathbf{r}. \tag{5.20}$$

Der Vergleich von (5.19) und (5.20) liefert

$$\begin{aligned}
\mathbf{d}\varphi \times \mathbf{r} &= \mathbf{d}\varphi_2 \times (\mathbf{d}\varphi_1 \times \mathbf{r}) - \mathbf{d}\varphi_1 \times (\mathbf{d}\varphi_2 \times \mathbf{r}) \\
&= \mathbf{d}\varphi_1 \mathbf{d}\varphi_2 \cdot \mathbf{r} - \mathbf{d}\varphi_2 \mathbf{d}\varphi_1 \cdot \mathbf{r} \\
&= -(\mathbf{d}\varphi_1 \times \mathbf{d}\varphi_2) \times \mathbf{r}\,.
\end{aligned} \tag{5.21}$$

Der Drehwinkel $\mathbf{d}\varphi$ ist also durch

$$\mathbf{d}\varphi = -\mathbf{d}\varphi_1 \times \mathbf{d}\varphi_2 \tag{5.22}$$

gegeben. Wie schon diskutiert, verschwindet $\mathbf{d}\varphi$, wenn einer der Drehwinkel $d\varphi_1$ oder $d\varphi_2$ verschwindet. $\mathbf{d}\varphi$ ist aber auch Null, wenn beide Drehungen um die gleiche Achse erfolgen, denn das Kreuzprodukt von zwei parallelen Vektoren ist gleich Null. Drehungen um die gleiche Achse sind also - als Spezialfall - vertauschbar. Sie entsprechen *einer* Drehung um diese Achse mit der Summe der Winkel.

5.5 Vertauschungsrelationen

Wir haben in Abschnitt 5.4 gelernt, dass Drehungen nicht vertauschbar sind. Weiterhin haben wir am Beispiel „Drehung von Vektoren“ abgeleitet, dass der Unterschied zwischen einer Drehung D_2D_1 und einer Drehung D_1D_2 durch eine weitere Drehung um den Winkel (5.22) kompensiert werden kann.

Wir kehren jetzt wieder zu den allgemeinen, nicht an eine spezielle physikalische Größe gebundenen, Überlegungen zurück. Welche Eigenschaften des Operators $\hat{\mathbf{J}}$ hat die Nichtvertauschbarkeit von Drehungen zur Folge? Wir betrachten die Forderung

$$\hat{\mathrm{D}}(\mathbf{d}\varphi_2)\hat{\mathrm{D}}(\mathbf{d}\varphi_1)F = \hat{\mathrm{D}}(\mathbf{d}\varphi)\hat{\mathrm{D}}(\mathbf{d}\varphi_1)\hat{\mathrm{D}}(\mathbf{d}\varphi_2)F \tag{5.23}$$

mit $\mathbf{d}\varphi$ aus (5.22). Mit den Abkürzungen $\hat{\mathrm{D}}(\mathbf{d}\varphi_1) = \hat{\mathrm{D}}_1, \hat{\mathrm{D}}(\mathbf{d}\varphi_2) = \hat{\mathrm{D}}_2$ und $\hat{\mathrm{D}}(\mathbf{d}\varphi) = \hat{\mathrm{D}}$ lassen sich linke und rechte Seite von (5.23) umformen in

$$\hat{\mathrm{D}}_2\hat{\mathrm{D}}_1 F = \left[\hat{\mathrm{I}} + (\hat{\mathrm{D}}_2 - \hat{\mathrm{I}}) + (\hat{\mathrm{D}}_1 - \hat{\mathrm{I}}) + (\hat{\mathrm{D}}_2 - \hat{\mathrm{I}})(\hat{\mathrm{D}}_1 - \hat{\mathrm{I}})\right] F \tag{5.24}$$

und

$$\begin{aligned}\hat{\mathrm{D}}\hat{\mathrm{D}}_1\hat{\mathrm{D}}_2 F &= \left[\hat{\mathrm{I}} + (\hat{\mathrm{D}} - 1\hat{\mathrm{I}})\right]\left[1\hat{\mathrm{I}} + (\hat{\mathrm{D}}_1 - \hat{\mathrm{I}}) + (\hat{\mathrm{D}}_2 - 1\hat{\mathrm{I}}) + (\hat{\mathrm{D}}_1 - \hat{\mathrm{I}})(\hat{\mathrm{D}}_2 - \hat{\mathrm{I}})\right] F \\ &\approx \left[\hat{\mathrm{I}} + (\hat{\mathrm{D}}_1 - \hat{\mathrm{I}}) + (\hat{\mathrm{D}}_2 - \hat{\mathrm{I}}) + (\hat{\mathrm{D}}_1 - \hat{\mathrm{I}})(\hat{\mathrm{D}}_2 - \hat{\mathrm{I}}) + (\hat{\mathrm{D}} - \hat{\mathrm{I}})\right] F.\end{aligned} \tag{5.25}$$

Da $(\hat{\mathrm{D}} - 1)$ von zweiter Ordnung klein ist, konnten wir in (5.25) Terme höherer Ordnung weglassen. Es verbleibt die Forderung

$$(\hat{\mathrm{D}} - \hat{\mathrm{I}}) = (\hat{\mathrm{D}}_2 - \hat{\mathrm{I}})(\hat{\mathrm{D}}_1 - \hat{\mathrm{I}}) - (\hat{\mathrm{D}}_1 - \hat{\mathrm{I}})(\hat{\mathrm{D}}_2 - \hat{\mathrm{I}}) . \tag{5.26}$$

Betrachten wir nur die Terme zweiter Ordnung dieser Gleichung, dann können wir setzen:

$$(\hat{\mathrm{D}} - 1) = -\frac{i}{\hbar}\mathbf{d}\varphi \cdot \hat{\mathbf{J}} \quad , \quad (\hat{\mathrm{D}}_1 - 1) = -\frac{i}{\hbar}\mathbf{d}\varphi_1 \cdot \hat{\mathbf{J}} \quad , \quad (\hat{\mathrm{D}}_2 - 1) = -\frac{i}{\hbar}\mathbf{d}\varphi_2 \cdot \hat{\mathbf{J}}. \tag{5.27}$$

Damit erhalten wir mit (5.22)

$$\frac{i}{\hbar}(\mathbf{d}\varphi_1 \times \mathbf{d}\varphi_2) \cdot \hat{\mathbf{J}} = \left(\frac{i}{\hbar}\right)^2 \left[\mathbf{d}\varphi_2 \cdot \hat{\mathbf{J}}\, \mathbf{d}\varphi_1 \cdot \hat{\mathbf{J}} - \mathbf{d}\varphi_1 \cdot \hat{\mathbf{J}}\, \mathbf{d}\varphi_2 \cdot \hat{\mathbf{J}}\right] \quad . \tag{5.28}$$

Bei der weiteren vektoriellen Umformung müssen wir darauf achten, das wir die Reihenfolge der beiden rechts stehenden Operatoren $\hat{\mathbf{J}}$ nicht verändern, weswegen wir zwischenzeitlich Indizes l (links) und r (rechts) ergänzen. Die Umformung in ein doppeltes Kreuzprodukt und die Umformung des Spatproduktes entsprechend den Regeln der Vektorrechnung liefern

$$\begin{aligned}\frac{i}{\hbar}(\mathbf{d}\varphi_1 \times \mathbf{d}\varphi_2) \cdot \hat{\mathbf{J}} &= \left(\frac{i}{\hbar}\right)^2 \left[\mathbf{d}\varphi_2 \cdot \hat{\mathbf{J}}_l\, \mathbf{d}\varphi_1 \cdot \hat{\mathbf{J}}_r - \mathbf{d}\varphi_1 \cdot \hat{\mathbf{J}}_l\, \mathbf{d}\varphi_2 \cdot \hat{\mathbf{J}}_r\right] \\ &= -\left(\frac{i}{\hbar}\right)^2 \mathbf{d}\varphi_1 \cdot \left[\mathbf{d}\varphi_2 \times (\hat{\mathbf{J}}_l \times \hat{\mathbf{J}}_r)\right] \\ &= -\left(\frac{i}{\hbar}\right)^2 (\mathbf{d}\varphi_1 \times \mathbf{d}\varphi_2) \cdot (\hat{\mathbf{J}}_l \times \hat{\mathbf{J}}_r) \quad .\end{aligned} \tag{5.29}$$

Als Ergebnis erhalten wir die Vertauschungsrelation

$$\hat{\mathbf{J}} \times \hat{\mathbf{J}} = -\frac{\hbar}{i}\hat{\mathbf{J}}. \tag{5.30}$$

Da $\hat{\mathbf{J}}$ ein Vektoroperator ist mit den drei Operatoren $\hat{\mathrm{J}}_x, \hat{\mathrm{J}}_y$ und $\hat{\mathrm{J}}_z$, gilt nicht die einfache Vektorregel, dass das Kreuzprodukt zweier gleicher Vektoren gleich Null ist. Die z-Komponente der Gleichung (5.30) lautet

$$\hat{\mathrm{J}}_x\hat{\mathrm{J}}_y - \hat{\mathrm{J}}_y\hat{\mathrm{J}}_x = -\frac{\hbar}{i}\hat{\mathrm{J}}_z. \tag{5.31}$$

Verschiedene Komponenten des Drehimpulsoperators sind nicht vertauschbar! Gleichung (5.31) wird oft als Definitionsgleichung für Drehimpulse verwendet. Wir haben gesehen, wie diese Gleichung aus der Definition der Drehimpulsoperatoren (5.6) als erzeugende Operatoren von Drehungen folgt. Diese Gleichung ergab sich aus rein mathematischen Betrachtungen. Mit der Identifikation von $\hat{\mathbf{J}}$ mit dem physikalischen Drehimpuls gilt (5.31) für alle in der Physik auftretenden Drehimpulse.

5.6 Drehimpuls-Eigenfunktionen

Die Drehimpulskomponenten sind nicht vertauschbar (5.30),(5.31)

$$\hat{J}_x\hat{J}_z = \hat{J}_z\hat{J}_x + \frac{\hbar}{i}\hat{J}_y \quad , \quad \hat{J}_y\hat{J}_z = \hat{J}_z\hat{J}_y - \frac{\hbar}{i}\hat{J}_x. \tag{5.32}$$

Jedoch lässt sich das Quadrat des Drehimpulses mit seinen Komponenten vertauschen, wie die folgende Rechnung am Beispiel J_z zeigt:

$$\begin{aligned}
\hat{\mathbf{J}}^2\hat{J}_z &= \left(\hat{J}_x^2 + \hat{J}_y^2 + \hat{J}_z^2 \right)\hat{J}_z \\
&= \hat{J}_x\left(\hat{J}_z\hat{J}_x + \frac{\hbar}{i}\hat{J}_y\right) + \hat{J}_y\left(\hat{J}_z\hat{J}_y - \frac{\hbar}{i}\hat{J}_x\right) + \hat{J}_z^3 \\
&= \left(\hat{J}_z\hat{J}_x + \frac{\hbar}{i}\hat{J}_y\right)\hat{J}_x + \frac{\hbar}{i}\hat{J}_x\hat{J}_y + \left(\hat{J}_z\hat{J}_y - \frac{\hbar}{i}\hat{J}_x\right)\hat{J}_y - \frac{\hbar}{i}\hat{J}_y\hat{J}_x + \hat{J}_z^3 \\
&= \hat{J}_z\left(\hat{J}_x^2 + \hat{J}_y^2 + \hat{J}_z^2\right) = \hat{J}_z\hat{\mathbf{J}}^2.
\end{aligned} \tag{5.33}$$

Es gilt also

$$[\hat{\mathbf{J}}^2, \hat{J}_z] = 0. \tag{5.34}$$

Analog kann die Vertauschbarkeit von $\hat{\mathbf{J}}^2$ mit $\hat{J}_x$ bzw. mit $\hat{J}_y$ bewiesen werden. Zu vertauschbaren Operatoren existiert ein gemeinsames System von Eigenfunktionen (3.2.3). In der Regel betrachtet man Funktionen, die Eigenfunktion von $\hat{\mathbf{J}}^2$ und $\hat{J}_z$ sind. Wir bezeichnen sie mit $\mid j\mu\rangle$. Sie sind orthogonal und normiert (2.17):

$$\langle j'\mu' \mid j\mu\rangle = \delta_{j,j'}\delta_{\mu,\mu'} \tag{5.35}$$

Die Eigenwertgleichungen lauten

$$\hat{J}_z \mid j\mu\rangle = \hbar\mu \mid j\mu\rangle, \tag{5.36}$$

$$\hat{\mathbf{J}}^2 \mid j\mu\rangle = \hbar^2\lambda \mid j\mu\rangle \quad . \tag{5.37}$$

$\hbar\mu$ und $\hbar^2\lambda$ sind die Eigenwerte von $\hat{J}_z$ und von $\hat{\mathbf{J}}^2$. μ und λ sind dimensionslos. Es ist üblich, die Eigenfunktionen nicht durch λ, sondern durch j, den Maximalwert von μ, zu kennzeichnen. Der Zusammenhang zwischen λ und μ wird im Abschnitt 5.8 abgeleitet.

5.7 Umklapp-Operatoren

Es ist nützlich, die Operatoren

$$\hat{J}_+ = \hat{J}_x + i\,\hat{J}_y\ ,$$
$$\hat{J}_- = \hat{J}_x - i\,\hat{J}_y \tag{5.38}$$

einzuführen. $\hat{J}_- = \hat{J}_+^\dagger$ ist der hermitesch konjugierte Operator zu $\hat{J}_+$. Unter Verwendung von (5.32) finden wir die Vertauschungen

$$[\hat{J}_z, \hat{J}_+] = \hbar \hat{J}_+ \quad , \quad [\hat{J}_z, \hat{J}_-] = -\hbar \hat{J}_-\ . \tag{5.39}$$

Die erste, zum Beispiel, ergibt sich aus

$$\begin{aligned}[\hat{J}_z, \hat{J}_+] &= [\hat{J}_z, \hat{J}_x] + i[\hat{J}_z, \hat{J}_y] \\ &= -\frac{\hbar}{i}\hat{J}_y + i\frac{\hbar}{i}\hat{J}_x = \hbar\hat{J}_+\ .\end{aligned} \tag{5.40}$$

Unter Verwendung von (5.39) und (5.36) erhalten wir

$$\begin{aligned}\hat{J}_z\hat{J}_+ \mid j\mu\rangle &= \left(\hat{J}_+\hat{J}_z + \hbar\hat{J}_+\right) \mid j\mu\rangle \\ &= \hbar(\mu+1)\hat{J}_+ \mid j\mu\rangle , \\ \hat{J}_z\hat{J}_- \mid j\mu\rangle &= \hbar(\mu-1)\hat{J}_- \mid j\mu\rangle \quad .\end{aligned} \tag{5.41}$$

Daraus liest man ab, dass $\hat{J}_+ \mid j\mu\rangle$ und $\hat{J}_- \mid j\mu\rangle$ Eigenfunktionen von $\hat{J}_z$ mit den Eigenwerten $\hbar(\mu+1)$ bzw. $\hbar(\mu-1)$ sind:

$$\begin{aligned}\hat{J}_+ \mid j\mu\rangle &= \hbar c_+ \mid j, \mu+1\rangle\ , \\ \hat{J}_- \mid j\mu\rangle &= \hbar c_- \mid j, \mu-1\rangle\end{aligned} \tag{5.42}$$

c_+ und c_- sind zunächst unbekannte Normierungsfaktoren. (5.42) zeigt, warum man $\hat{J}_\pm$ als Umklappoperatoren bezeichnet.

Wir können aus dieser Ableitung ersehen, dass $\hat{J}_z$ neben dem Eigenwert $\hbar\mu$ auch die Eigenwerte $\hbar(\mu \pm 1)$ besitzt. Es gibt also eine Folge von Eigenwerten $\hbar\mu$, die um $\Delta\mu = 1$ auseinander liegen. Weiterhin muss $\hat{J}_z$ neben dem Eigenwert $\hbar\mu$ auch den Eigenwert $-\hbar\mu$ haben, da sich bei Umkehr der frei wählbaren Richtung der z-Achse das Eigenwertspektrum nicht ändern kann. Da der Drehimpuls eine endliche Größe ist, muss es schließlich einen maximalen Wert von μ geben, den wir $\mu_{\max} = j$ nennen wollen. Aus diesen Eigenschaften folgt, dass es nur zwei Folgen von μ-Werten geben kann:

$$\begin{aligned}\mu &= -j, -j+1, \ldots, -2-1, 0, 1, 2, \ldots, j, \\ \mu &= -j, -j+1, \ldots, -\tfrac{3}{2} - \tfrac{1}{2}, \tfrac{1}{2}, \tfrac{3}{2}, \ldots, j \quad .\end{aligned} \tag{5.43}$$

$\hat{J}_z$ kann in Einheiten $\hbar$ nur ganzzahlige oder halbzahlige Eigenwerte besitzen. Welche Folge auftritt, hängt von der konkret betrachteten physikalischen Größe ab. Bei der Drehung eines Vektors haben wir in Abschnitt 5.2 die ganzzahlige Folge erhalten.

5.8 Eigenwerte von $\hat{\mathbf{J}}^2$

In (5.37) und (5.42)

$$\hat{\mathbf{J}}^2 \mid j\mu\rangle = \hbar^2\lambda \mid j\mu\rangle \quad , \quad \hat{J}_\pm \mid j\mu\rangle = \hbar c_\pm \mid j, \mu \pm 1\rangle \tag{5.44}$$

treten die Faktoren λ und $c_\pm$ auf, deren Werte noch zu bestimmen sind. Zunächst formen wir das Produkt der Umklappoperatoren (5.38) um

$$\begin{aligned}\hat{J}_-\hat{J}_+ &= \left(\hat{J}_x - i\hat{J}_y\right)\left(\hat{J}_x + i\hat{J}_y\right) \\ &= \hat{J}_x^2 + \hat{J}_y^2 + i\left(\hat{J}_x\hat{J}_y - \hat{J}_y\hat{J}_x\right) \\ &= \hat{\mathbf{J}}^2 - \hat{J}_z^2 - \hbar\hat{J}_z.\end{aligned} \tag{5.45}$$

Der Erwartungswert dieses Produktes ist mit (5.36), (5.37) und (5.45)

$$\langle \mu j \mid \hat{J}_-\hat{J}_+ \mid \mu j\rangle = \hbar^2\left(\lambda - \mu^2 - \mu\right). \tag{5.46}$$

Dann berechnen wir diesen Erwartungswert unter Ausnutzung, dass $\hat{J}_-$ der zu $\hat{J}_+$ hermitesch konjugierte Operator ist:

$$\langle \mu j \mid \hat{J}_-\hat{J}_+ \mid \mu j\rangle = \langle \hat{J}_+\mu j \mid \hat{J}_+\mu j\rangle = \hbar^2 \mid c_+ \mid^2 . \tag{5.47}$$

Durch Vergleich erhalten wir die Beziehung

$$\mid c_+ \mid^2 = \lambda - \mu(\mu+1). \tag{5.48}$$

Für $\mu = \mu_{\max} = j$ kann es nun keinen Zustand mit dem Eigenwert $\mu = j+1$ geben! Das steht mit (5.42) nur dann in Einklang, wenn $c_+ = 0$ für $\mu = j$ gilt, denn dann ist $\hat{J}_+ \mid jj\rangle = 0$, also nicht normierbar, und damit kein physikalischer Zustand. Aus (5.48) folgt somit

$$\lambda = j(j+1) \tag{5.49}$$

für den Eigenwert des Quadrates des Drehimpulses. Alle Ergebnisse können wir in den Gleichungen

$$\begin{aligned}
\hat{\mathbf{J}}^2 \mid j\mu\rangle &= \hbar^2 j(j+1) \mid j\mu\rangle \\
\hat{\mathrm{J}}_z \mid j\mu\rangle &= \hbar\mu \mid j\mu\rangle \\
j &= \begin{cases} 0,1,2,\ldots \\ \frac{1}{2},\frac{3}{2},\frac{5}{2},\ldots \end{cases} \\
\hat{\mathrm{J}}_+ \mid j\mu\rangle &= \hbar\sqrt{j(j+1)-\mu(\mu+1)} \mid j,\mu+1\rangle \\
\hat{\mathrm{J}}_- \mid j\mu\rangle &= \hbar\sqrt{j(j+1)-\mu(\mu-1)} \mid j,\mu-1\rangle
\end{aligned} \tag{5.50}$$

zusammenfassen.

Abschließend sei noch einmal betont, dass die Gleichungen (5.50) für alle in der Physik auftretenden Drehimpulse gelten.

5.9 Aufgaben

5.1. Es ist zu zeigen, dass

$$\hat{\mathrm{L}}_+ = \hbar e^{i\varphi}\left[\frac{\partial}{\partial\vartheta} + i\cot\vartheta\frac{\partial}{\partial\varphi}\right] \tag{5.51}$$

der Umklappoperator $\hat{\mathrm{L}}_+$ des Bahndrehimpulses ist. Man wende den Operator auf Eigenfunktionen des Bahndrehimpulses an.

5.2. Die Beziehung

$$\left[\hat{\mathbf{J}}^2,\mathbf{A}\right] = i\left(\mathbf{A}\times\hat{\mathbf{J}} - \hat{\mathbf{J}}\times\mathbf{A}\right) \tag{5.52}$$

ist zu beweisen. Dabei ist **A** eine vektorielle Größe, die den Vertauschungsregeln

$$\left[\hat{\mathrm{J}}_i,A_k\right] = i\varepsilon_{ikl}A_l \tag{5.53}$$

genügt. ε_{ijk} ist der vollständig antisymmetrische Tensor dritter Stufe.

Kapitel 6
Tabellenanhang

Tabelle 6.1

[1ex]]Physikalische Konstanten
Die in Klammern gesetzte Zahl bedeutet die Standardabweichung in Einheiten der letzten Stelle. $\in^2$ ist eine Abkürzung für $\mu_0 c^2 e^2/4\pi = e^2/4\pi\varepsilon_0$ [nach *Mohr, P.J.; Taylor, B.N.; Newell, D.B.*: Rev. Mod. Phys. 80 (2008)]

Größe	Symbol	Wert		Einheit
Lichtgeschwindigkeit im Vakuum	c	299 792 458		$\mathrm{m\,s^{-1}}$
Permeabilität des Vakuums (Definition)	μ_0	4π	10^{-7}	$\mathrm{N\,A^{-2}}$
Dielektrizitätskonstante des Vakuums	ε_0	8,854 817	10^{-12}	$\mathrm{As\,V^{-1}m^{-1}}$
Feinstrukturkonstante	α	7,297 352 5376(50)	10^{-3}	
	$1/\alpha$	137,035 999 679(94)		
Elementarladung	e	-1,602 176 487(40)	10^{-19}	As
Plancksches Wirkungsquantum	h	6,626 068 96(33)	10^{-34}	$\mathrm{Ws^2}$
	$\hbar$	1,054 571 628(53)	10^{-34}	$\mathrm{Ws^2}$
Avogadro Konstante	N_A	6,022 141 79(30)	10^{23}	$\mathrm{mol^{-1}}$
Faradaysche Konstante $F = eN_A$	F	96485,339 9(24)		$\mathrm{As\,mol^{-1}}$
Atomare Masseneinheit Masse (^{12}C)=12 u	u	1,660 538 782(83)	10^{-27}	kg
Ruhemasse des Elektrons	m	9,109 382 15(45)	10^{-31}	kg
Ruhemasse des Protons	m_p	1,672 621 637(83)	10^{-27}	kg
Ruhemasse des Neutrons	m_n	1,674 927 211(84)	10^{-27}	kg
Massenverhältnis	m_p/m	1836,152 672 47(0)		

Größe	Symbol	Wert		Einheit
Spezifische Ladung des Elektrons	$\|e\|/m$	1,758 820 150(44)	10^{11}	$\mathrm{As\,kg^{-1}}$
Rydbergkonstante	R_∞	10 973 731,568 527(73)		$\mathrm{m^{-1}}$
$R'_\infty = \in^2/2a_0 = hcR_\infty$	R'_∞	13,605 691 93(34)		eV
$R_\infty \cdot c$		3,289 841 960 361(22)	10^{15}	Hz
Bohrscher Wasserstoffradius $a_0 = \hbar^2/m\in^2$	a_0	0,529 177 208 59(36)	10^{-10}	m
Klassischer Elektronenradius $r_0 = \in^2/mc^2 = \alpha^2 a_0$	r_0	2,817 940 289 4(58)	10^{-15}	m
Comptonwellenlänge des Elektrons $\lambda_C = h/mc$	λ_C	2,426 310 217 5(33)	10^{-12}	m
Comptonwellenlänge des Protons $\lambda_C = h/m_p c$	$\lambda_{C,p}$	1,321 409 844 6(19)	10^{-15}	m
Comptonwellenlänge des Neutrons $\lambda_C = h/m_n c$	$\lambda_{C,n}$	1,319 590 895 1(20)	10^{-15}	m
Verhältnis Å* zu Angström $\lambda(\mathrm{W\,K}\alpha_1) \equiv 0,209010$ Å*	Å*/Å	1,000 020 6(6)		
Verhältnis XE zu Angström $\lambda(\mathrm{Cu\,K}\alpha_1) \equiv 1537,400\,XE$	XE/Å	1,002 076 99(28)	10^{3}	
Magnetisches Moment des Elektrons in μ_B	μ_e/μ_B	-1,001 159 652 181 11(74)		
Bohrsches Magneton $\mu_B = \|e\|\hbar/2m$	μ_B	9,274 009 15(23)	10^{-24}	$\mathrm{A\,m^2}$
Magnetisches Moment des Elektrons	μ_e	-9,284 763 77(23)	10^{-24}	$\mathrm{A\,m^2}$
Magnetisches Moment des Protons in μ_B	μ_p/μ_B	1,521 032 209(12)	10^{-3}	
Magnetisches Moment des Protons	μ_p	1,410 606 662(37)	10^{-26}	$\mathrm{A\,m^2}$
Kernmagneton $\mu_K = e\hbar/2m_p$	μ_K	5,050 783 24(13))	10^{-27}	$\mathrm{A\,m^2}$
Gaskonstante	R	8,314 472(15)		$\mathrm{Ws\,mol^{-1}\,K^{-1}}$
Boltzmannkonstante $k = R/L$	k	1,380 650 4(24)	10^{-23}	$\mathrm{Ws\,K^{-1}}$
Stefan-Boltzmann-Konstante $\sigma = (\pi^2/60)k^4/c^2\hbar^3$	σ	5,670 400(40)	10^{-8}	$\mathrm{W\,m^{-2}\,K^{-4}}$
Erste Strahlungskonstante	c_1	3,741 771 18(19)	10^{-16}	$\mathrm{W\,m^2}$

Größe	Symbol	Wert		Einheit
$c_1 = 2\pi hc^2$				
Zweite Strahlungskonstante	c_2	1,438 775 2(25)	10^{-2}	m K
$c_2 = hc/k$				
Gravitationskonstante	G	6,674 28(67)	10^{-11}	$m^3s^{-2}kg^{-1}$

Tabelle 6.2 Periodisches System der Elemente

Symbol[1)], Ordnungszahl ← Relative Massenzahl ← Elektronenkonfiguration der Schalen

1) IUPAC Standard

H^{1} 1,008 1s^{1}																	He^{2} 4,003 1s^{2}
Li^{3} 6,939 2s^{1}											Be^{4} 9,012 2s^{2}	B^{5} 10,811 2s^{2}2p^{1}	C^{6} 12,011 2s^{2}2p^{2}	N^{7} 14,007 2s^{2}2p^{3}	O^{8} 15,999 2s^{2}2p^{4}	F^{9} 18,998 2s^{2}2p^{5}	Ne^{10} 20,183 2s^{2}2p^{6}
Na^{11} 22,990 3s^{1}											Mg^{12} 24,312 3s^{2}	Al^{13} 26,982 3s^{2}3p^{1}	Si^{14} 28,086 3s^{2}3p^{2}	P^{15} 30,974 3s^{2}3p^{3}	S^{16} 32,064 3s^{2}3p^{4}	Cl^{17} 35,453 3s^{2}3p^{5}	Ar^{18} 39,948 3s^{2}3p^{6}
K^{19} 39,102 4s^{1}	Ca^{20} 40,08 4s^{2}	Sc^{21} 44,956 3d^{1} 4s^{2}	Ti^{22} 47,90 3d^{2} 4s^{2}	V^{23} 50,942 3d^{3} 4s^{2}	Cr^{24} 51,996 3d^{5} 4s^{1}	Mn^{25} 54,938 3d^{5} 4s^{2}	Fe^{26} 55,847 3d^{6} 4s^{2}	Co^{27} 58,933 3d^{7} 4s^{2}	Ni^{28} 58,71 3d^{8} 4s^{2}	Cu^{29} 63,54 3d^{10} 4s^{1}	Zn^{30} 65,37 3d^{10} 4s^{2}	Ga^{31} 69,72 4s^{2}4p^{1}	Ge^{32} 72,59 4s^{2}4p^{2}	As^{33} 74,922 4s^{2}4p^{3}	Se^{34} 78,96 4s^{2}4p^{4}	Br^{35} 79,909 4s^{2}4p^{5}	Kr^{36} 83,80 4s^{2}4p^{6}
Rb^{37} 85,47 5s^{1}	Sr^{38} 87,62 5s^{2}	Y^{39} 88,905 4d^{1} 5s^{2}	Zr^{40} 91,22 4d^{2} 5s^{2}	Nb^{41} 92,906 4d^{4} 5s^{1}	Mo^{42} 95,94 4d^{5} 5s^{1}	Tc^{43} (99) 4d^{6} 5s^{1}	Ru^{44} 101,07 4d^{7} 5s^{1}	Rh^{45} 102,91 4d^{8} 5s^{1}	Pd^{46} 106,4 4d^{10}	Ag^{47} 107,87 4d^{10} 5s^{1}	Cd^{48} 112,40 4d^{10} 5s^{2}	In^{49} 114,82 5s^{2}5p^{1}	Sn^{50} 118,69 5s^{2}5p^{2}	Sb^{51} 121,75 5s^{2}5p^{3}	Te^{52} 127,60 5s^{2}5p^{4}	J^{53} 126,90 5s^{2}5p^{5}	Xe^{54} 131,30 5s^{2}5p^{6}
Cs^{55} 132,91 6s^{1}	Ba^{56} 137,34 6s^{2}	La^{57} 138,91 5d^{1} 6s^{2}	Hf^{72} 178,49 4f^{14} 5d^{2} 6s^{2}	Ta^{73} 180,95 5d^{3} 6s^{2}	W^{74} 183,85 5d^{4} 6s^{2}	Re^{75} 186,2 5d^{5} 6s^{2}	Os^{76} 190,2 5d^{6} 6s^{2}	Ir^{77} 192,2 5d^{9}	Pt^{78} 195,09 5d^{9} 6s^{1}	Au^{79} 196,97 5d^{10} 6s^{1}	Hg^{80} 200,59 5d^{10} 6s^{2}	Tl^{81} 204,37 6s^{2}6p^{1}	Pb^{82} 207,19 6s^{2}6p^{2}	Bi^{83} 208,98 6s^{2}6p^{3}	Po^{84} (209) 6s^{2}6p^{4}	At^{85} (210) 6s^{2}6p^{5}	Rn^{86} (222) 6s^{2}6p^{6}
Fr^{87} (223) 7s^{1}	Ra^{88} (226) 7s^{2}	Ac^{89} (227) 6d^{1} 7s^{2}	Rf^{104} (267)	Db^{105} (268)	Sg^{106} (271)	Bh^{107} (272)	Hs^{108} (270)	Mt^{109} (276)	Ds^{110} (281)	Rg^{111} (280)	Cn^{112} (285)		Fl^{114} (259)		Lv^{116} (259)		

Ce^{58} 140,12 4f^{2} 6s^{2}	Pr^{59} 140,91 4f^{3} 6s^{2}	Nd^{60} 144,24 4f^{4} 6s^{2}	Pm^{61} (147) 4f^{5} 6s^{2}	Sm^{62} 150,35 4f^{6} 6s^{2}	Eu^{63} 151,96 4f^{7} 6s^{2}	Gd^{64} 157,25 4f^{7} 5d^{1} 6s^{2}	Tb^{65} 158,92 4f^{8} 5d^{1} 6s^{2}	Dy^{66} 162,50 4f^{10} 6s^{2}	Ho^{67} 164,93 4f^{11} 6s^{2}	Er^{68} 167,26 4f^{12} 6s^{2}	Tm^{69} 168,93 4f^{13} 6s^{2}	Yb^{70} 173,04 4f^{14} 6s^{2}	Lu^{71} 174,97 4f^{14} 5d^{1} 6s^{2}
Th^{90} 232,04 6d^{2} 7s^{2}	Pa^{91} 231,04 5f^{2} 6d^{1} 7s^{2}	U^{92} 238,03 5f^{3} 6d^{1} 7s^{2}	Np^{93} (237) 5f^{4} 7s^{2}	Pu^{94} (244) 5f^{6} 7s^{2}	Am^{95} (243) 5f^{7} 7s^{2}	Cm^{96} (247) 4f^{14} 6d^{1} 7s^{2}	Bk^{97} (247)	Cf^{98} (251)	Es^{99} (252)	Fm^{100} (257)	Md^{101} (258)	No^{102} (259)	Lr^{103} (262)

Tabelle 6.3 Energieumrechnungsfaktoren.
Die in Klammern gesetzte Zahl bedeutet die Standardabweichung in Einheiten der letzten Stelle [nach *Mohr, P.J.; Taylor, B.N.; Newell, D.B.:* Rev. Mod. Phys. 80 (2008)]

Größe			Wert		Einheit
1 kg·c^2			5,609 589 12(14)	10^{29}	MeV
1 u·c^2			931,494 028(23)		MeV
Ruheenergie des Elektrons mc^2			0,510 998 910(13)		MeV
Ruheenergie des Protons $m_p c^2$			938,272 013(23)		MeV
Ruheenergie des Neutrons $m_n c^2$			939,565 346(23)		MeV
1 eV =			1,602 176 487(40)	10^{-19}	Ws
	$= hf$,	f =	2,417 989 454(60)	10^{14}	Hz
	$= hc/\lambda$,	$1/\lambda$ =	0,806 554 465(20)	10^{6}	m^{-1}
	$= kT$,	T =	1,160 450 5(20)	10^{4}	K
Dipolenergie im Feld $B = 1\ Vs/m^2$:					
$\mu_B \cdot B$ =			5,788 38(1)	10^{-5}	eV
	$= hf$,	f =	1,399 612(4)	10^{10}	Hz
	$= hc/\lambda$,	$1/\lambda$ =	46,686 0(1)		m^{-1}
	$= kT$,	T =	0,671 71(2)		K
$\mu_K \cdot B$ =			3,152 452(5)	10^{-8}	eV
	$= hf$,	f =	7,622 53(2)	10^{6}	Hz
	$= hc/\lambda$,	$1/\lambda$ =	2,542 603(7)	10^{-2}	m^{-1}
	$= kT$,	T =	3,658 3(1)	10^{-4}	K

Sachverzeichnis

Literaturverzeichnis

1. Peter Rennert. *Einführung in die Quantenphysik*. Teuber-Verlag, Leipzig, 1978. Die Abbildungen mit den Messergebnissen von O. Brümmer, U. Berg und K. Berndt wurden diesem Buch entnommen.
2. Max Planck. Über eine Verbesserung der Wienschen Spektralgleichung. *Verhandlungen der Deutschen Physikalischen Gesellschaft*, 2:202–204, 1900.
3. Max Planck. Zur Theorie des Gesetzes der Energieverteilung im Normalspektrum. *Verhandlungen der Deutschen Physikalischen Gesellschaft*, 2:237–245, 1900.
4. Albert Einstein. Über einen die Erzeugung und Verwandlung des Lichtes betreffenden heuristischen Gesichtspunkt. *Annalen der Physik*, 322:132–148, 1905.
5. Philipp Lenard. Erzeugung von Kathodenstrahlen durch ultraviolettes Licht. *Sitzungsberichte der mathematisch-naturwissenschaftlichen Classe der Kaiserlichen Akademie der Wissenschaften Wien*, 108, Abth. II a:1649–1666, 1899.
6. Philipp Lenard. Erzeugung von Kathodenstrahlen durch ultraviolettes Licht. *Annalen der Physik*, 307:359–375, 1900.
7. Philipp Lenard. Ueber die lichtelektrische Wirkung. *Annalen der Physik*, 313:149–198, 1902.
8. Arthur H. Compton. The spectrum of scattered x-rays. *Phys. Rev.*, 22:409–413, Nov 1923.
9. Arthur H. Compton. A quantum theory of the scattering of x-rays by light elements. *Phys. Rev.*, 21:483–502, May 1923.
10. Louis de Broglie. Ondes et quanta. *Comptes Rendus*, 177:517, 1923.
11. Louis de Broglie. Quanta de lumière, diffraction et interférences. *Comptes Rendus*, 177:548, 1923.
12. Louis de Broglie. Les quanta, la théorie cinétique des gaz et le principe de Fermat. *Comptes Rendus*, 177:630, 1923.
13. Walter M. Elsasser. Bemerkungen zur Quantenmechanik freier Elektronen. *Naturwissenschaften*, 13:711, 1925.
14. Clinton Davisson und C. H. Kunsman. The scattering of low speed electrons by platinum and magnesium. *Phys. Rev.*, 22:242–258, Sep 1923.
15. Clinton Davisson und Lester H. Germer. Diffraction of electrons by a crystal of nickel. *Phys. Rev.*, 30:705–740, Dec 1927.
16. Karl-Michael Schindler, W. Huth, and W. Widdra. Improved extraction of I-V curves from low-energy electron diffraction images. *Chemical Physics Letters*, 532:116–118, 2012.
17. Gustav Robert Kirchhoff. Über den Zusammenhang zwischen Emission und Absorption von Licht und Wärme. *Monatsberichte der Königlich Preußischen Akademie der Wissenschaften zu Berlin*, pages 783–87, 1859.

18. Gustav Robert Kirchhoff. Ueber das Verhältnis zwischen dem Emissionsvermögen und dem Absorptionsvermögen der Körper für Wärme und Licht. *Annalen der Physik*, 185:275–301, 1860.
19. Klaus Hübner. *Gustav Robert Kirchhoff - Das gewöhnliche Leben eines außergewöhnlichen Mannes*. Verlag Regionalkultur, Ubstadt-Weiher, Heidelberg, Neustadt a.d.W., Basel, 2010.
20. Josef Stefan. Über die Beziehung zwischen der Wärmestrahlung und der Temperatur. *Sitzungsberichte der mathematisch-naturwissenschaftlichen Classe der kaiserlichen Akademie der Wissenschaften*, 79:391–428, 1879.
21. Ludwig Boltzmann. Ableitung des Stefan'schen Gesetzes, betreffend die Abhängigkeit der Wärmestrahlung von der Temperatur aus der electromagnetischen Lichttheorie. *Annalen der Physik*, 258:291–294, 1884.
22. Willy Wien. Ueber die Energievertheilung im Emissionspectrum eines schwarzen Körpers. *Annalen der Physik und Chemie*, 294:662–669, 1896.
23. Albert Einstein. Die Plancksche Theorie der Strahlung und die Theorie der spezifischen Wärme. *Annalen der Physik*, 327:180–190, 1906.
24. Peter Debye. Zur Theorie der spezifischen Wärmen. *Annalen der Physik*, 344:789–839, 1912.
25. Johann Jacob Balmer. Notiz über die Spectrallinien des Wasserstoffes. *Verhandlungen der Naturforschenden Gesellschaft in Basel*, 7:548–560, 750–752, 1885.
26. Johann Jacob Balmer. Notiz über die Spectrallinien des Wasserstoffs. *Annalen der Physik*, 261:80–87, 1885.
27. Walther Ritz. On a new law of series spectra. *Astrophysical Journal*, 28:237–243, 1908.
28. Ernest Rutherford. The Scattering of α and β Particles by Matter and the Structure of the Atom. *Philosophical Magazine*, 21:669–688, 1911.
29. Niels Bohr. The Constitutions of Atoms and Molecules, Part I. *Philosophical Magazine*, 26:1–25, 1913.
30. Niels Bohr. On the Constitution of Atoms and Molecules, Part II System Containing Only a Single Nucleus. *Philosophical Magazine*, 26:476–502, 1913.
31. James Franck und Gustav Hertz. Über Zusammenstöße zwischen Elektronen und Molekülen des Quecksilberdampfes und die Ionisierungsspannung desselben. *Verhandlungen der Deutschen Physikalischen Gesellschaft*, 16:457–467, 1914.
32. Henry G. J. Moseley. The high frequency spectra of the elements. *Philosophical Magazine*, 26:1024, 1913.
33. Erwin Schrödinger. Quantisierung als Eigenwertproblem (Erste Mitteilung). *Annalen der Physik*, 79384:361–376, 1926.
34. Erwin Schrödinger. Quantisierung als Eigenwertproblem (Zweite Mitteilung). *Annalen der Physik*, 384:489–527, 1926.
35. B. Jonsson. Solving the Schrodinger equation in arbitrary quantum-well potential profiles using the transfer matrix method. *IEEE Journal of Quantum Electronics*, 26:2025–2035, 1990.
36. S. Vatannia. Airy's functions implementation of the transfer-matrix method for resonant tunneling in variably spaced finite superlattices. *IEEE Journal of Quantum Electronics*, 32:1093–1105, 1996.
37. D.C. Hutchings. Transfer matrix approach to the analysis of an arbitrary quantum well structure in an electric field. *Applied Physics Letters*, 55:1082–84, 1989.
38. Ernst Hairer, Syvert Paul Norsett, and Gerhard Wanner. *Solving ordinary differential equations I: Nonstiff problems*. Springer-Verlag, 1993.